ランチェスターモデル

小宮 享
Toru komiya

まえがき

　第2次世界大戦中にイギリス・アメリカ等を中心として数理モデルを駆使して軍事運用の改善を試みるオペレーションズ・リサーチ (OR) が誕生するはるか以前，1900年をまたぐ年代に本書の主題であるランチェスターモデルが発案された．ルネッサンス期以降，現代科学の基礎を築いてきた分析と統合の手法が，自然科学分野の理解に大成功を収めてきた時代である．自然科学で成功した思考の枠組みを，社会科学や人文科学など，自然科学以外の分野の問題にも適用し，新たな発見や視点を見出そうとした試みがなされ始めた時代である．ランチェスターモデルも，そうした試みのひとつである．戦闘行為を検討対象として，戦闘主体である兵士や戦闘機などの戦闘単位が戦闘の継続により損耗していく過程に着目して数理モデルを構成し，モデルを通した数学的な思考を経て，戦闘様相の変化の様子や勝敗の趨勢を予測しようとすることが狙いであった．

　ランチェスターモデルの発案者でありモデル名にも冠されているF.W.ランチェスターは，従来の兵士同士の戦い方と，当時の最新兵器であった航空機の戦い方の違いを別々のモデルに整理し，それぞれの戦闘様相で兵力損耗の振る舞いが異なることを説明した．このモデルが提案されてから，すでに100年以上が経過している．この間に様々な戦場で繰り広げられてきた幾多の戦闘では，戦闘単位が使用する武器や戦闘集団が実行する戦術が大きく変化し，20世紀初頭にランチェスターが想定した交戦イメージからはだいぶ状況が変わってしまった．こうした状況の変化に対しても，その後の多くのランチェスターモデル研究者たちは，対応する数理モデルを構築し分析を行ってきた．交戦の数理モデルの継続的な研究の結果，モデル自体に対する考え方や解釈も広がり続けている．そうした変遷の様子についても本書で詳しく見ていく．

　日本におけるランチェスターモデルを取り巻く状況を概観すると，初めて日本に導入されたのは1920年前後である [24]．第2次世界大戦前に海軍の教育機関，砲術学校や海軍大学校などで教授され，士官の教養として広く浸透し始めた [43], [25]．一方，第2次大戦後は，戦前の教育思想に対する大幅な反省・見直しの下で，あまりにミリタリー過ぎるランチェスターモデルは，ほぼ，無視され続けてきた．しかし戦後しばらくすると，民間部門にランチェスターモデルがスピンオフし，例えば，競合する会社間で先んじるための戦略的な思考ベースとしてもてはやされるようになった．日本においては現在この分野での広がりが，盛んなようであるが，本来は純粋にミリタリーに特化したモデルであり，欧米各国では第2次世界大戦以降も今日まで脈々と研究され続けている．

　こうした経緯の中で，日本におけるランチェスターモデルが浸透している実状は，ミリタリー部門・民間部門によらず，基本的な1次則モデル，2次則モデルとその応用程度までの理解であり，その後の拡張については，紹介するチャネルがほぼ皆無であったせいもあり，伝播が停止している状況である．すなわち，ランチェスターモデルに関しては，大げさではなく，100年前の知識レベルで停滞している状況である．日本における理解水準の現状を改善・底上げするべく，基本モデル以降の100年間での主要な話題について紹介し，最近の扱われ

方についてまで認識していただきたい，という気持ちが本書を書く一つの動機となった．また，本来の使用方向である純粋にミリタリーな展開の中で，ルネッサンス期以降，戦闘という社会現象を，科学的に捉えようとしてきた先達たちの努力の足取りをも本書で把握していただければ幸いである．

　連綿と続くランチェスターモデル研究は，戦闘の抑止に貢献することや戦闘発生時の被害低減に役立てられることをめざすことが究極の目的である．軍事的な研究だからといって毛嫌いするのではなく，軍事的な衝突を起こさないために，あるいは衝突が起こったとしてもそこでの被害を局限するための事前シミュレーションのためのツールという立場をご理解いただき，研究に対する寛容な視線を持ち合わせて向き合っていただきたい．併せて今後の軍事部門や民間部門での活用のヒントを本書で見つけていただければありがたいと思う．

　本書の構成としては，ランチェスターモデルが考案され，研究されてきた時間の経過におおまかに沿うような順番で記述していく．まず，第1章では，本書のタイトルであるランチェスターモデルについて，その成立した背景や基本的な用語や解の概念を確認する．ランチェスターモデルが記述される連立微分方程式に関し，数学的な厳密解を得る過程について概説するとともに，近似的な数値解法により簡単に解が得られる手続きや計算例も紹介する．第2章では，第1章の基本的なランチェスターモデルが想定する状況から外れるような状況，具体的には，システム化された大規模部隊間の交戦や，逆に，小規模な部隊どおしの戦い，また，兵力差が顕著な，圧倒的に大規模な部隊と小規模な部隊間で交戦が生起する際の扱いをどのようにモデル化しているか，などについて紹介する．数学的な交戦モデルの扱い方を説明するばかりでは面白みに欠けるので，第3章では，実際の交戦にランチェスターモデルを適用した場合の当てはまり具合について，これまでの事例研究から紹介する．理論面ばかりではなく，ランチェスターモデルがどれほど現実的な交戦状況を説明でき，戦闘状況の推移を再現できているかを示すことが狙いである．次の第4章では，より現代的な交戦に目を向けて，ゲリラ戦におけるモデル，および，防空能力を具備するような近代化された部隊どおしの戦いに関するモデルを紹介する．後者のモデルでは，近似的に3次則モデルが記述できることを示す．また，このモデルでの兵力損耗プロセスが従来の1次則モデル，2次則モデルとは異なる特性があることを説明する．第5章では，前章までの兵力量依存性に関する議論から話題を替え，兵力損耗の要因となるもう1つの要素である撃破速度について，これまでの研究成果を紹介する．ランチェスターモデルに関する世間での一般的な説明では，撃破速度に関しては，あまり深く説明されていないように思われるが，実はこの部分に様々な交戦ルールや攻撃情報の取得方式などを盛り込む余地があり，モデルの記述力を飛躍的に高められる可能性があることから，ぜひ，注意深く読んでいただき，理解していただきたい部分である．第6章は，さらに最近の研究成果として，過去のいくつかの戦闘状況にランチェスターモデルをあてはめ，パラメータ分析を行うことで，非整数次の一般化ランチェスターモデルとして記述できる事例を紹介する．ランチェスターモデルを記述する際には，必ずしも1次，2次，3次というような，きっちりとした整数次数にこだわる必要はまったくなく，その呪縛から開放するモデルである．続く第7章では，戦闘経過とともに兵力に掛かるベキ数(=兵力量依存性)が変化していく，ピカソモデルを提案する．第8章では，それまでの研究成果を統合的に見ることで，一般化ランチェスターモデルの理解の仕方と活用方法を示す．最終章では，今後のランチェスターモデル研究の方向性についての個人的な見解を示す．誕生から100年が経過し，戦闘行為をも数学的に記述しようとした試みが，どの程度その目標に近づけているか整理し，より確かなものとするために必要な努力が何であるかを提起して

本書の議論を締めくくる．

　本書の前半部分は，モデルに関心がある方々の多くに理解されている内容であると思われるが，中間部分に関しては，日本においてはあまり紹介されておらず，初見の方がほとんどだと思われる．また，終盤は個人的な研究からの見解をまとめている．本書を通じてランチェスターモデルの世界がどれほど深められてきているか，ご理解いただき，今後のわが国におけるランチェスターモデル研究の契機としてもらえるならばありがたいと思う．

We didn't start the fire, It was always burning, Since the world's been turning.

目 次

第 1 章 ランチェスターモデルとは　1
  1.1 ランチェスターモデルの生い立ち　1
  1.2 1 次則モデル　4
  1.3 2 次則モデル　12
  1.4 Helmbold の拡張モデル　15

第 2 章 はみだすところ　18
  2.1 少数兵力間の交戦モデル　18
    2.1.1 確率論的 1 次則モデル　19
    2.1.2 確率論的 2 次則モデル　22
  2.2 大規模な混成兵力間の交戦モデル　24
    2.2.1 層別型モデル　24
    2.2.2 合成型モデル　26
  2.3 非対称兵力間の交戦モデル　27
  2.4 積極的に兵力分断する展開に持ち込む交戦モデル　29

第 3 章 実戦への適用　31
  3.1 硫黄島の戦闘　31
    3.1.1 戦闘の経緯　31
    3.1.2 戦闘モデルの定式化と解　32
    3.1.3 モデルの検証と考察　35
  3.2 その他の事例研究　38

第 4 章 現代的な戦闘様相への対応　41
  4.1 ゲリラ戦闘モデル　41
  4.2 ミサイル防空機能を考慮したモデル　46
    4.2.1 はじめに　46
    4.2.2 モデルの構築　46
    4.2.3 勝敗の決着：崩壊点　53

第 5 章 撃破速度の考え方　56
  5.1 基本モデルでの撃破速度の組み立てと問題点　56
  5.2 2 次則モデルの撃破速度の分解　57
  5.3 Bonder-Farrell の撃破速度　60
  5.4 目標の重要度に応じて攻撃開始時刻差がある撃破速度　69
    5.4.1 撃破速度モデルの構築　70

	5.4.2	シミュレーションによる数値例	77
	5.4.3	おわりに	85
5.5	取得目標情報が共有可能である環境での撃破速度		86
	5.5.1	撃破速度モデルの構築	87
	5.5.2	直列取得方式におけるサイクル時間	87
	5.5.3	並列取得方式におけるサイクル時間	89
	5.5.4	将来戦闘機の性能を比較検討するための確率論的モデル	92
	5.5.5	おわりに	102
5.6	撃破速度モデルの総括		103

第6章　一般化モデルへの拡張　　104

- 6.1 非整数次数のモデル ... 104
- 6.2 日露戦争の陸上戦闘での検証 ... 114
  - 6.2.1 撃破速度が時間に依存する2次則モデル ... 114
  - 6.2.2 日露戦争陸戦への一般化モデルの適用 ... 115
  - 6.2.3 日露戦争陸戦モデルの定式化 ... 120
  - 6.2.4 史実との照合 ... 125
  - 6.2.5 おわりに ... 132

第7章　ピカソモデルの試み　　134

- 7.1 ベキ数の意味づけ ... 136
- 7.2 偵察部隊と打撃部隊と防空部隊で構成される層別型モデル ... 136
  - 7.2.1 はじめに ... 136
  - 7.2.2 モデルの構築 ... 137
  - 7.2.3 撃破速度の設定 ... 140
  - 7.2.4 数値例 ... 142

第8章　一般化モデルの意義と使用方法　　153

- 8.1 一般化モデルの意義 ... 153
- 8.2 一般化モデルの使用方法 ... 158

第9章　新たな100年へ　　162

- 9.1 モデルを視る新たな視点 ... 162
- 9.2 軍事科学モデルと自然科学モデル ... 175
- 9.3 野望 ... 178
- 9.4 残された課題 ... 180

付録A　数学的補足　　182

- A.1 微分方程式の数値解法 ... 182
  - A.1.1 オイラー法，修正オイラー法，ルンゲ・クッタ法 ... 182
  - A.1.2 連立微分方程式の数値解法 ... 185
  - A.1.3 プログラミング実習 ... 186
- A.2 マルコフ連鎖モデル ... 188
  - A.2.1 概念と用語の定義 ... 189

A.2.2	2状態マルコフ連鎖モデル	191
A.2.3	例題	194

参考文献 198

あとがき 202

第1章　ランチェスターモデルとは

1.1　ランチェスターモデルの生い立ち

　ランチェスターモデルとは，敵対する2つの兵力が交戦する際に，戦闘の経過に伴い兵力量が損耗 (減少) していく様子を連立微分方程式により表現する数理モデルである．

　ランチェスターモデルという名前のとおり，イングランドのF.W.ランチェスター (Frederick William Lanchester) が1916年に「Aircraft in Warfare: The Dawn of the Fourth Arm」(戦争における航空機：第4の兵器の夜明け) という書籍を出版して公表された [31]．旧来の武器 (槍や刀など) どおしを用いて，短距離で，主に1対1で交戦する際の損耗プロセスと，新たに登場してきた航空機など，より長距離で効果を発揮する武器どおしが複数対複数で交戦する際の損耗プロセスの違いをイメージして，それぞれ独立した微分方程式によって損耗の様子を記述し，後者の戦闘が従来の武器による戦闘に比較して，より優位に進められること (兵力集中の原理) を説明した．余談ながら，ランチェスターは戦闘モデル以外の分野においても活躍した技術者であり，航空機の翼の周辺を流れる空気の研究や，自動車産業において今日でも採用されているディスクブレーキの開発などで貢献している．

　交戦における損耗プロセスを定式化し分析する試みは，しかし，ランチェスターだけが成しえたわけではなく，ほぼ同時期に，別々の場所で，他の 'ランチェスターたち' も独立して研究を開始していたことが後に明らかとなっている．それは，オシポフ (Osipov)，フィスケ (Fiske)，チェース (Chase) らである [19]．

　M.オシポフはロシア人であることは確かであるが，詳しい学歴や職歴などは不明である．1915年に (本章で以下説明する) ランチェスター2次則モデルに関する5編の論文を発表した．しかし，当時のロシアはヨーロッパの片隅であったために，出版された論文は，その存在すら長い間，他の国々の研究者には知られてこなかった．一方で，旧ソ連邦内のミリタリーOR関係者の間では，オシポフのモデルはある程度利用されていたようである．1975年にChuyev and Mikhaylovにより刊行されたForecasting in Military Affairsの中の微分方程式モデルの一部としてランチェスターモデルが解説されている．その後の1987年にCoulter and Harrisにより，また，1995年にはHelmbold and Rehmによる翻訳 [22] が次々と出版され公知となるようになった．

　B.A.フィスケ (Bradley A. Fiske) は米海軍の提督だった．海軍において，日々の運用や最新の技術改革を担当し，木造蒸気船から鋼鉄の艦艇への変革をもたらした．彼は，1905年に "米国海軍運用方針 (American Naval Policy)" を発表した [18]．この中でランチェスター2次則モデルの概念を導入し，兵力集中の原則についても触れている．(ちなみにこの論文は海軍協会の受賞論文となっている．) また，損耗理論について発案したことにも触れている．しかしながらこの成果物は海軍内部にとどまり，ほとんど知られることはなかった．公知となるのは1916年のイギリスでの「The Navy as a Fighting Machine」(戦闘機械としての海軍) の出版以降である．

ランチェスタモデルとは？

- **ランチェスターの方程式 (OR wiki より)**
  - 赤軍(R)と青軍(B)が対抗している場合の各軍の損耗量を(連立)微分方程式で表した戦闘損耗見積もり関係式のこと．

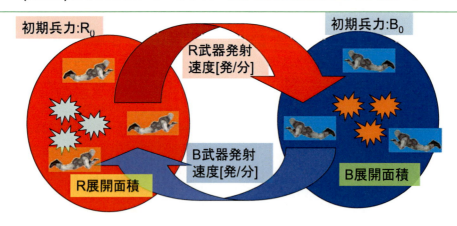

図 1.1: ランチェスターモデルのイメージ

この書籍が1918年に再編集された際の脚注に，1902年に海軍大学で出版されたJ.V.チェース (Jehu Valentine Chase) 大尉 (当時) の論文「Sea Fights: A Mathematical Investigation of the Effect of Superiority of Force in」を参照したことが記されている．彼の論文の付録として採録された，わずか3ページ程度の数学的な記載の存在は，しかし，1972年になるまで公開されることは無かった．その後，1921年になってから，当時のチェース大佐は数理的な記述部分を再編し公開した．その中では，2次法則や兵力集中の原理，生存性の観点から見た艦船規模の編成のあり方について述べている．

このように数理的な視点から戦闘を理解しようとする試みが同時多発的に発生したことは，自然科学における数理的表現の成功を，社会科学，特に戦闘行為にも波及させたいと思う意思の現れであり，当時の科学的思考が極まった，まさに機が熟した歴史の必然と思われる．

ランチェスターモデルの解説に入る前に，モデルが生まれるまでの時代的な背景についてもう少しさかのぼって考察しておきたい．これまで見てきたように，科学的な視点に基づいて戦闘を記述したい，という欲求は，ヨーロッパにおけるルネッサンスが起源といえるだろう．自然科学分野の諸問題を数学や物理学を用いて記述する試みに成功し，社会科学方面への拡張を模索していた時期であることは，前述のとおりであるが，一方で，近代ヨーロッパは，小国が群雄割拠する混沌とした状況にあった．その中で，多くの優れた軍事学者，経験を積んだ軍務に明るい軍人が輩出されてきた．彼らの思考の成果を辿り，ランチェスターモデルの誕生にも間接的に寄与したと思われる時代の空気に触れておきたい．

カール・フォン・クラウゼヴィッツ (1780-1831) は，プロイセン王国の将校であり，ナポレオン戦争にも参加した軍事学者である [10]．彼の死後，1832年に出版された「戦争論」では，政治の延長として戦争に至ること，戦闘における摩擦，戦場の霧，防御の優位性などの概念が提唱されている．彼が提唱した概念の多くが，本書で扱う様々なランチェスターモデルの

1.1. ランチェスターモデルの生い立ち

成立に基盤的な影響を与えているといえる.

クラウゼヴィッツが理論的な軍事学者であるのに対し, アントワーヌ＝アンリ・ジョミニ (1779-1869) は, より実践的な軍事学者である [27]. 1838 年に「戦争概論」を出版し, 戦争における普遍的な原理の導出を重視した. 具体的には, 勝敗を決定づけるような空間的な場所 (決勝点) に攻撃を速攻で仕掛け, できる限り速やかに各個撃破しようとする作戦 (内線作戦) である. ただし, その実現には, 内線と呼ばれる機動力のある兵力の運用態勢が不可欠である. 海上においては, 内線を複雑にする地形的制約はあまりなく, より幾何学的な, 点や線や角度などが内線となる. そうした重要性を指摘したのがアメリカ海軍の軍事学者, アルフレッド・セイヤー・マハン (1840-1914) である [35]. マハンは海軍で活躍した歴史家, 戦略研究家であり, 制海権や海上封鎖, 大艦巨砲主義などについて研究している. また, 兵力集中の原理など戦略的な戦闘の原理も提唱している. 前述したように米国においてランチェスターモデルを提唱したフィスケやチェースは, いずれも海軍所属であり, 当時の米国海軍が軍事運用の研究機関として, 優れた組織であったことをうかがわせる. 他にも多くの軍人や軍事学者が活躍した時期であり, 彼らが戦闘行為での心理や行動を細分化して分析し, 解釈して, 統合して, まとめる, というスタイルを確立してくれたことが, 後の'ランチェスターたち'による定式化に結実したものと確信する.

ランチェスターモデルは現代ではオペレーションズ・リサーチ (OR) の一分野, 特にミリタリー OR の主要テーマとして扱われ, 海外では盛んに研究されてきているが, これまでの説明からも明らかなように, その生い立ちは, OR が活用され始めた年代よりも古い. OR は第 2 次世界大戦 (WW2) の頃の組織的な活動から始まり, 軍事作戦分野での成果を収めてきたが, それ以前に, ランチェスターモデルや待ち行列モデルなどによる数理的な解析手法がすでに登場していた. 軍事 OR として作戦分析に用いられた様々な数理モデルは, WW2 後にまとめられ [41], ほぼ同時期に考案された線形計画法や動的計画法などの OR の根幹をなす重要な理論とともに体系化され, 利用されていった. 現在では OR での軍事的な利用は, ごくわずかで, むしろ民間部門での活用が主流となり広く普及している状況である.

以上, ランチェスターモデルの生い立ちや, これまで体系化されてきた OR の中での立ち位置などについて概観した. 以下からは, 戦闘モデルの具体的な中身について見ていく. まず, ランチェスターが提唱した, 基本的な 1 次則モデル, 2 次則モデルを解説し, 次にそれらを包括的に拡張している Helmbold モデルについて解説する. 関連する基本的な用語や概念についても併せて解説する.

各モデルを解説する前に本章の各モデルに共通する, 交戦を実施する両軍の前提事項を整理しておく.

1. 単一兵種：現代のシステム化部隊のように, 各部隊が兵装に応じて特化した機能 (偵察部隊や普通科や砲科などの区分) を持つのではなく, 戦闘に参加する個々の戦闘単位 (兵士, 戦闘機など) が全て同じ機能を持つ.

2. 均質性：部隊内の個々の戦闘単位は, すべてが同じ能力を有する. ある戦闘単位が優れた攻撃能力を持ち, 逆にある戦闘単位は劣っている, ということはない. 脆弱性についても, 個々の戦闘単位間で差はなく, 全てが同じ能力値を持つ.

3. 攻撃態様：攻撃しあう部隊間で, 攻撃対象の敵の個々の戦闘単位はいずれも射程内に存在する. すなわち, 敵軍の展開領域に存在する個々の戦闘単位への攻撃では, 必ず

砲弾を到達させることができる．逆に，攻撃を受ける際には，敵のあらゆる戦闘単位から攻撃を受ける可能性がある．

4. 一様性：時間的・空間的に攻撃は一様である．戦闘開始時より終息時まで攻撃の激しさは一定であり，より激しくなることも，逆に弱まることもない．また，展開領域内でも一様である．部分的に攻撃が密な領域と疎な領域は存在しない．これにより照準射撃実施状況下では，攻撃が完全にコントロールされている状態が想定される．展開領域内で，残存する各戦闘単位は，終始，同じ攻撃能力を発揮し続け，また，同じ攻撃圧を受け続け損耗して行く．

1.2　1次則モデル

以下では敵対する2つの勢力，青軍 (B)，赤軍 (R) が交戦する状況を想定する[1]．この交戦中での双方の軍の任意の時点 t における兵力損耗を以下の連立微分方程式により表現する．

$$\begin{cases} \dfrac{dR(t)}{dt} = -b_1 B(t) R(t) \\ \dfrac{dB(t)}{dt} = -r_1 R(t) B(t) \ . \end{cases} \quad (1.1)$$

この連立方程式を導出プロセスを説明する代表的な交戦状況のイメージを，図 1.2 に示す．両軍に所属する個々の戦闘単位は，敵軍の個々の戦闘単位の存在位置は確認できないものの，その展開地域は把握できている状況で交戦する．こうした状況から，本モデルを地域射撃モデルと呼ぶこともある．交戦する B,R 軍は，交戦開始時 $t=0$ には初期兵力数 B_0, R_0 から攻撃を開始する．また，この時点での兵力展開面積を A_B, A_R とし両軍で既知の情報とする．個々の戦闘単位が攻撃に用いる兵器について，1発の砲弾が着弾して危害を及ぼす面積を a_B, a_R とし，単位時間当たりの発射弾数を s_B, s_R とする．これらの数値も既知情報である．交戦中のある瞬間 t に B(R) 軍が撃破する R(B) 軍の兵力を考える際には，個々の敵の戦闘単位の位置が把握できないために，敵が展開する「面積」を攻撃する，というアイディアで敵の損害を評価する．B軍の1戦闘単位は単位時間当たり $a_B s_B$ だけ敵陣地に損害を与えうる．この際，発射される各砲弾のオーバーラップは考慮しない．B軍には時点 t で $B(t)$ 戦闘単位が残存しているので，撃破しうる敵陣地は $B(t) a_B s_B$ となる．一方，R 軍の展開地域 A_R には同じ時点で $R(t)$ 戦闘単位が生存し戦闘に参加している．すなわち，平均して単位面積当たり $R(t)/A_R$ 戦闘単位がエリア内に存在していることになる．（この場合，数学的な記述での連続性を考慮し，整数を緩和した小数兵力数も許容している点に注意する．）以上の考察の結果，ある瞬間 t での R 軍の損耗兵力は，この両者の積で表現される．すなわち

$$\frac{dR(t)}{dt} = -B(t) a_B s_B \times \frac{R(t)}{A_R} = -\frac{a_B s_B}{A_R} B(t) R(t) = -b_1 B(t) R(t) \ . \quad (1.2)$$

右辺にマイナスがついていることは，各瞬間での兵力変化がマイナス，すなわち減少していくことを示している．（マイナスの符号がないと戦闘している各瞬間で兵力量が増えていっ

---

[1] ランチェスターモデルを記述する際に，X 軍対 Y 軍とか A 軍対 B 軍などの表記により対抗関係を示すことが一般的である．書籍 (著者) によっても表記は異なるが，本書では，青軍は自軍を，赤軍は敵軍をイメージするものとする．ただし，この色分けは，特定の国家や地域等を意識した色分けではないことに注意されたい．

1.2. 1次則モデル

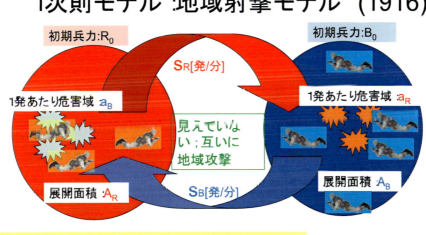

図 1.2: 1次則モデルの交戦イメージ

てしまうという，おかしな現象の数式になってしまう．) また，定数部分を b_1 として書き換えているが，これは，攻撃の各瞬間で B 軍の 1 戦闘単位が撃破する面積割合を表していて，**撃破速度** と呼ばれる一定の攻撃能力値である．(添え字の 1 は，1次則モデルでの攻撃能力であることを示す．以下では，必要に応じてこのような添え字をつけてモデルに対応した撃破速度を区別する．) この撃破速度という用語は，書物によっては，損耗率 (attrition rate) や損耗係数 (attrition coefficient) などと，攻撃を受ける立場から表現されることもあるが，本書では攻撃側で制御可能なパラメータとの認識から，"撃破速度" に統一して表記する．

R 軍の損耗を表現する微分方程式も，戦闘様相の対称性を考慮すれば，まったく同じ議論から，上式で R と B を交換した微分方程式を得ることができる．これらより，ランチェスター 1次則モデルの基本形は (1.1) のように求められることがわかる．

ここで，時刻 t における両軍の瞬間的な兵力損耗の比は，連立した微分方程式 (1.1) の両辺をそれぞれ割ることで以下のように表現される．

$$\frac{dR(t)}{dB(t)} = \frac{b_1}{r_1}. \tag{1.3}$$

この瞬間的な損耗割合を解釈すれば，左辺は，B 軍が 1 兵力単位損耗する際に，R 軍にどれだけの損耗が生じるかを表現している．その答えは，右辺が示すように，B 軍の攻撃能力 b_1 が R 軍の攻撃能力 r_1 に比べ，相対的にどれだけ大きいか，ということがカギとなる．B 軍の攻撃能力 b_1 が相対的に大きいほど，また，その逆で R 軍の攻撃能力 r_1 が相対的に小さいほど，左辺で示される R 軍兵力の損耗は大きくなることが，この式から理解される．この攻撃能力の比を **交換比** と呼ぶ．

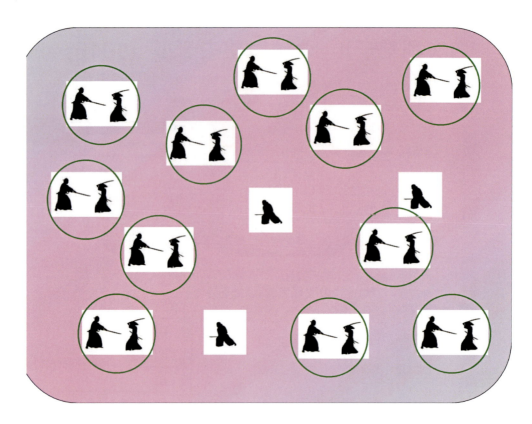

図 1.3: 1 対 1 の接近戦

1 次則モデルと呼ばれる具体的な意味や，連立微分方程式の解の特徴などについては以下で議論するが，そのまえに，1 次則モデルが成立する連立微分方程式系は，実は無数に存在することに触れておく．(1.1) の形にモデル構成されるランチェスター 1 次則モデルであるが，一般に，任意の実数 m, n について

$$\begin{cases} \dfrac{dR(t)}{dt} = -bB(t)^m R(t)^n \\ \dfrac{dB(t)}{dt} = -rR(t)^n B(t)^m \end{cases} \tag{1.4}$$

で示される連立式により兵力損耗過程が表現されるモデルでは，ランチェスター 1 次則モデルの特徴を持つこと (=同じフェーズ解となること；フェーズ解の意味については以下で説明する．) が以下の議論から示される．これは，(1.4) の両辺を互いに割ることで，(1.3) に帰着することから説明できる．ただし，フェーズ解として同じ振る舞いをするだけであって，個々の兵力の時間的な変化を示す時間解については，それぞれの微分方程式ごとにまったく異なる．

たとえば，図 1.3 のような複数の武士どおしが刀で 1:1 で戦っている状況も同じフェーズ解に至る．ランチェスターモデルは，多数対多数の戦闘を想定しているので，あえて 1:1 になるように書くならば，まず R 側の損耗は，次式のように書くことができる．

$$\frac{1}{R}\frac{dR}{dt} = -b(\times 1_B) \quad \rightarrow \quad \frac{dR}{dt} = -bR\,. \tag{1.5}$$

1.2. 1次則モデル

1:1 で戦うことを想定しているので，R 側武士 1 人の損耗は全体損耗 dR/dt を R 人で割ることで，1 人あたりのダメージを表現する．一方，B の武士 1 人 (1_B) は，剣術のたしなみが b だけあるとする．これらの表現からわかるように，武士 1 人 1 人のダメージや，剣の腕前は，双方で平均化されて扱われる．特段すぐれた剣豪や，不死身の剣士はおらず，双方の軍内で，みな同じ剣術の能力が前提である．B 側の武士たちについても同じ定式化が成り立つ．

$$\frac{1}{B}\frac{dB}{dt} = -r(\times 1_R) \quad \to \quad \frac{dB}{dt} = -rB \ . \tag{1.6}$$

さて，刀を持った武士同士がいたるところで戦っているという状況は，戦場において，武士どおしが，1:1 対応で存在している，すなわち，戦闘中の各瞬間で，$R = B$ が成立していると考えられる．(あぶれている武士はいないのである．あぶれているとしても戦闘に参加していないので戦闘員数に含めては考えない．)　従って，これらの 2 つの式より次の関係を導くことができる．

$$r\frac{dR}{dt} = -rbR = -brB = b\frac{dB}{dt} \ . \tag{1.7}$$

これより，撃破速度パラメータ b, r の意味合いは違うものの，形の上では (1.3) と同じ関係式を導くことができ，結局，この武士どおしの戦いも同じフェーズ解に至ることがわかる．ただし，(1.5)(あるいは (1.6)) からわかるように，時間解は $dR/R = -bdt$ (あるいは，$dB/B = -rdt$) を積分した結果より，単調減少する単純な指数関数 ($R(t) = R_0 \exp(-bt)$ (あるいは $B(t) = B_0 \exp(-rt)$)) となる．これらは以下に示す (1.1) の時間解 $R(t), B(t)$ とは異なる結果である．

議論を先走ってしまったので，話題を元に戻してフェーズ解及び 1 次則モデルと呼ばれる理由について説明する．(1.1) の両式から

$$\frac{dR(t)}{dt} = \frac{b_1}{r_1}\frac{dB(t)}{dt} \tag{1.8}$$

と変形した式が得られる．これより両辺を時間に関し定積分し，交戦開始時 $t = 0$ での双方の初期兵力量 $R(0) = R_0, B(0) = B_0$ を代入すれば，

$$R_0 - R(t) = \frac{b_1}{r_1}\{B_0 - B(t)\} \tag{1.9}$$

あるいは

$$B(t) = B_0 - \frac{r_1}{b_1}\{R_0 - R(t)\} \tag{1.10}$$

のように書くことができる．(1.9) で議論すれば，交戦開始後の任意の時刻 t において，R 軍の初期兵力からの減少数 (兵士ならば死傷者数) $R_0 - R(t)$ は，B 軍の初期兵力からの減少数 $B_0 - B(t)$ の定数倍，より具体的には交換比倍になっていることがわかる．このような同時刻での双方の兵力の関係性を示した式のことを特に **フェーズ解** と呼ぶ．

いくつかの初期兵力から交戦を開始する際のフェーズ解を図 1.4 に示す．上の図は $b_1 = r_1$ (B 軍の攻撃能力と R 軍の攻撃能力が等しい) のケース，下の図は $b_1 = 2r_1$ (B 軍の攻撃能力は R 軍の攻撃能力の 2 倍) のケースである．いずれのケースとも個々の初期兵力量 (B_0, R_0)

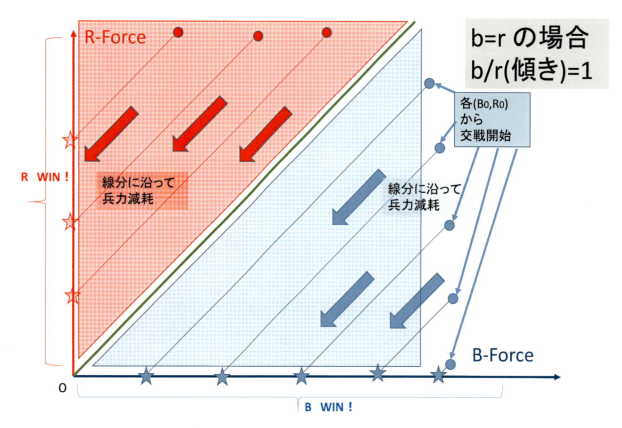
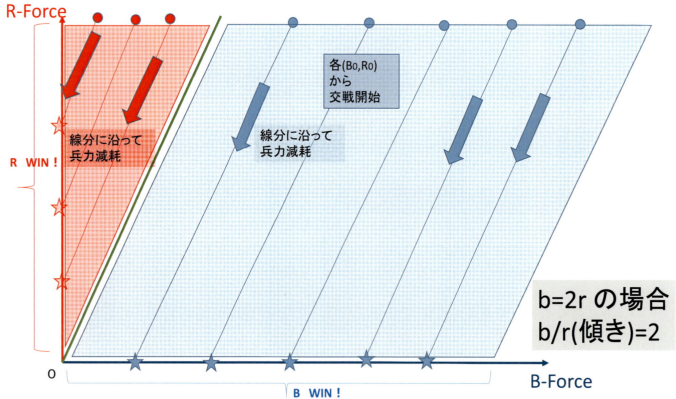

図 1.4: いくつかのフェーズ解のイメージ（上: $b_1 = r_1$, 下: $b_1 = 2r_1$）

1.2. 1次則モデル

(●で代表したような平面内の各点)から直線に沿って兵力量が減少(損耗)していき,やがては,どちらかの軍の兵力が0となって戦闘は終了する(★の点).この図の例では,横軸(B軍の軸)に到達した段階でR軍兵力がゼロとなるので,B軍の勝ち,逆にタテ軸(R軍の軸)に到達するとR軍の勝ち(=B軍の負け)と言う結果になる.また,このときの各直線の傾きが交換比であり,戦闘開始の初期点●によらず,交戦中は常に一定である.戦闘が経過する過程で,両軍の損耗の様子が,線形(=1次式)の関係で変化していくフェーズ解の特徴から,一般的に1次則モデルと呼ばれている.

この傾きを大きくする(小さくする)ほど,戦闘はB軍(R軍)優位に進められる.すなわち,上下の図を比較してみると,攻撃能力が2倍になった下図では,B軍が勝利で終結する初期兵力の組(B_0, R_0)の存在領域が拡大しており,勝敗が引き分ける緑の均衡線(**優勢分岐線と呼ぶ**.)近傍下側の,B軍兵力量がR軍兵力量よりも劣る領域から交戦を開始しても,B軍が勝利する結果になることがこの図から読み取れる.

次に時間解について説明する.時間解とは個々の兵力$R(t), B(t)$が時間の経過とともにどのように減少していくかを表現する時間に依存する関数である.(1.1)が$R(t), B(t)$によらず対称な形をしているので,以下では,$R(t)$に関して解くことを説明する.まず,$B(t)$が(1.10)で書き直せることから,(1.1)の上の式に代入すれば

$$\frac{dR(t)}{dt} = -b_1 \left(B_0 - \frac{r_1}{b_1}\{R_0 - R(t)\} \right) R(t) = (r_1 R_0 - b_1 B_0) R(t) - r_1 R^2(t) \tag{1.11}$$

を得る.右辺の逆数を考え,部分分数に分解するため,仮の定数としてα, βを設定する.

$$\frac{1}{R(t)\{(r_1 R_0 - b_1 B_0) - r_1 R(t)\}} = \frac{\alpha}{R(t)} + \frac{\beta}{(r_1 R_0 - b_1 B_0) - r_1 R(t)}. \tag{1.12}$$

この式の右辺を通分して左辺と比較すればα, βは以下の形に決定される.ただし,当面$r_1 R_0 - b_1 B_0 \neq 0$とする.

$$\alpha = \frac{1}{r_1 R_0 - b_1 B_0}, \quad \beta = \frac{r_1}{r_1 R_0 - b_1 B_0}. \tag{1.13}$$

これらの定数を元の式に代入すれば,以下の形に変形される.

$$\left\{ \frac{\frac{1}{r_1 R_0 - b_1 B_0}}{R(t)} - \frac{\frac{r_1}{r_1 R_0 - b_1 B_0}}{r_1 R(t) + (b_1 B_0 - r_1 R_0)} \right\} \frac{dR(t)}{dt} = 1. \tag{1.14}$$

この式の両辺にdtを掛ければ,変数分離型の微分方程式となり,左辺は$dR(t)/R(t)$の形の積分となり,一方,右辺は,定数についてのdtの積分となる.両辺で個別に積分を実行し,積分定数をC_1とまとめて表記すれば,$R(t)$は以下の式に解くことができる.

$$R(t) = \frac{(b_1 B_0 - r_1 R_0) \exp\{(r_1 R_0 - b_1 B_0)(t + C_1)\}}{1 - r_1 \exp\{(r_1 R_0 - b_1 B_0)(t + C_1)\}}. \tag{1.15}$$

C_1を決定するためには,開始時刻$t=0$での初期兵力量R_0を考慮して,

$$R(0) = R_0 = \frac{(b_1 B_0 - r_1 R_0) \exp\{(r_1 R_0 - b_1 B_0) C_1\}}{1 - r_1 \exp\{(r_1 R_0 - b_1 B_0) C_1\}} \tag{1.16}$$

より,以下のように決定される.

$$C_1 = \frac{1}{r_1 R_0 - b_1 B_0} \ln \left| \frac{R_0}{b_1 B_0} \right|. \tag{1.17}$$

この値を (1.15) に代入することで，R 軍の時間解 $R(t)$ は，最終的に次の式で書けることがわかる．

$$R(t) = R_0 \frac{(b_1 B_0 - r_1 R_0) \exp(r_1 R_0 t)}{b_1 B_0 \exp(b_1 B_0 t) - r_1 R_0 \exp(r_1 R_0 t)} . \tag{1.18}$$

B 軍の時間解も同様の手続きにより求められる．

$$B(t) = B_0 \frac{(r_1 R_0 - b_1 B_0) \exp(b_1 B_0 t)}{r_1 R_0 \exp(r_1 R_0 t) - b_1 B_0 \exp(b_1 B_0 t)} = B_0 \frac{(b_1 B_0 - r_1 R_0) \exp(b_1 B_0 t)}{b_1 B_0 \exp(b_1 B_0 t) - r_1 R_0 \exp(r_1 R_0 t)} . \tag{1.19}$$

一方，先ほど保留した $r_1 R_0 - b_1 B_0 = 0$ の場合には，(1.11) まで戻って，簡略化された式が出発点となる．

$$\frac{dR(t)}{dt} = -r_1 R^2(t) . \tag{1.20}$$

この式も変数分離型の微分方程式 $dR(t)/R^2(t) = -r_1 dt$ となり，初期条件を代入することで，時間 t に関し反比例する，以下の関係式が得られる．

$$R(t) = \frac{R_0}{r_1 R_0 t + 1}, \quad B(t) = \frac{B_0}{b_1 B_0 t + 1} . \tag{1.21}$$

図 1.5, 1.6 は，それぞれ $r_1 R_0 - b_1 B_0$ がゼロでない場合とゼロの場合の時間解の例を示したものである．ゼロでない場合の図 1.5 のパラメータ値は初期兵力 $B_0 = R_0 = 100$，撃破速度 $b_1 = 0.002, r_1 = 0.001$ である．この例では，B 軍の攻撃能力は R 軍の 2 倍としているので，フェーズ解のイメージでも触れたように，2 倍の速さで R 軍兵力が損耗していく．100 ステップ時間ののちには，R 軍兵力はほぼゼロになる ($100 \to 0$) のに対し，B 軍兵力は 50 戦闘単位を残存させ ($100 \to 50$)，勝利で終わることがわかる．図 1.6 でのパラメータ値の設定は，初期兵力 $B_0 = 100, R_0 = 50$，撃破速度 $b_1 = 0.01, r_1 = 0.02$ である．(この設定により $r_1 R_0 - b_1 B_0 = 0$ となる．) この例では，R 軍の残存兵力は B 軍の残存兵力の 1/2 を，交戦開始時よりずっと維持したまま (理論的には無限時間まで)，両者の兵力がゼロ以上で減耗し続ける．これは，パラメータ設定より $r_1 R_0 = b_1 B_0$ であることから，(1.21) の分母が常に等しく，また，(1.21) の形からわかるように，両者の兵力が (時間)$^{-1}$ の形をしているためである．(ただし現実的には劣勢側はいずれかの時点で政治的判断などにより敗北を認めて，交戦終了となるはずである．)

これらの図は時間解 (1.18),(1.19) あるいは (1.21) に時刻 $t = 1, 2, \cdots$ を代入した各時点での残存兵力をプロットすれば描くことができる．一方，本書の後半に登場してくるような，解析的に明確な形で時間解が求められないような微分方程式では，各時刻 t での残存兵力が計算できないため，兵力損耗図を描くことができない．しかし，ここに示した図とほぼ同様なイメージのグラフは，微分方程式の数値解法を用いれば近似的に描くことができる．図 1.5, 1.6 も解析的な時間解に t の値を次々に代入して描いたわけではなく，数値解法の中でも，もっとも簡単なオイラー法により，微分方程式 (1.1) から，時々刻々と変化する兵力量 (の近似値) を計算してプロットしたものである．数値解法を用いるのは，解を得るまでの手続きが簡便であること，また，計算する対象が比較的混乱している戦場での死傷者数であり，自然科学や工業分野と比べて正確性が不十分でも許容されること，したがって，戦闘経過時のおおよその残存兵力変化が示せればよいと思われることなどからである．このような理由から，本書で以下に示す兵力損耗のグラフは，すべて数値解法によるものである．微分方程式の数値解法の詳細は付録にまとめる．

1.2. 1次則モデル

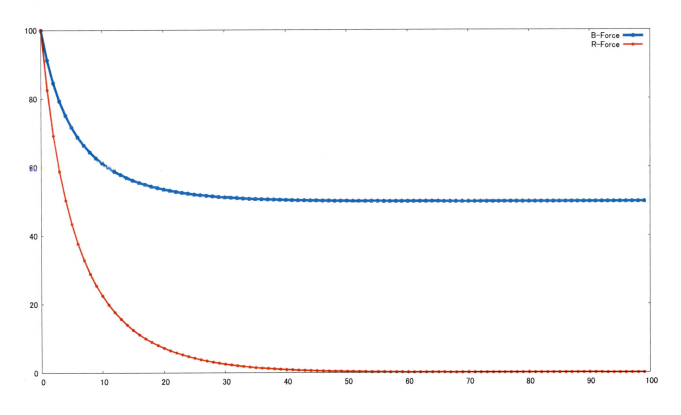

図 1.5: 1次則モデルの時間解（$r_1 R_0 - b_1 B_0 \neq 0$ の場合）

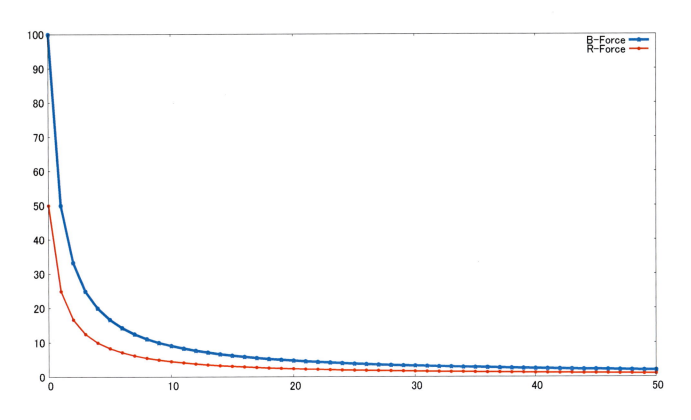

図 1.6: 1次則モデルの時間解（$r_1 R_0 - b_1 B_0 = 0$ の場合）

1.3 2次則モデル

次にランチェスターが考案したもうひとつの兵力損耗に関するモデルである2次則モデルについて解説する．2次則モデルは以下の連立微分方程式により記述される．(撃破速度 b, r の添え字の2は2次則モデルであることを示す．) 初期条件は1次則モデルと同様，交戦開始時 $t = 0$ において $R(0) = R_0, B(0) = B_0$ とする．

$$\begin{cases} \dfrac{dR(t)}{dt} = -b_2 B(t) \\ \dfrac{dB(t)}{dt} = -r_2 R(t) \ . \end{cases} \tag{1.22}$$

戦闘様相は1次則モデルの場合と大きく異なる．ランチェスターが当時の新兵器である航空機を空中戦で利用することを想定して考案したモデルである．自軍の個々の戦闘単位には，敵軍のどの戦闘単位を攻撃するかが常に割り当てられており，目標の撃破判定後は速やかに別の攻撃目標に移換されるような攻撃態様である．こうした状況から，本モデルを前節の地域射撃モデル(=1次則モデル)に対して照準射撃モデルと呼ぶこともある．R 軍を例にすれば1戦闘単位(例えば戦闘機1機)は単位時間当たり砲弾を s_R 発射可能とする．この砲弾1発1発は単発撃破確率(SSKPとも呼ぶ) p_R を持つので1戦闘単位の単位時間当たりの攻撃能力(期待撃破機数)は $p_R s_R$ となる．このような攻撃能力を持った戦闘単位が各時刻で $R(t)$ だけ存在するので，$r_2 = p_R s_R$ と書きかえれば，上記の損耗関係式が導かれる．この式は1次則モデルの式とは異なり，自軍の損耗が，もっぱら敵軍の個々の戦闘単位の攻撃能力とその兵力量のみにより引き起こされる形をしている．これは，モデルの組み立て上，個々の戦闘単位の位置が「お見とおし」なので，1次則モデルのように自軍兵力の戦場内での存在密度情報には依存しない，という考え方に基づくためである．

次に2次則モデルでのフェーズ解について考える．(1.22)の右辺をそろえるように，上式には $r_2 R(t)$ を，下式には $b_2 B(t)$ をそれぞれ掛ければ以下の関係式が得られる．

$$r_2 R(t) \frac{dR(t)}{dt} = -b_2 r_2 B(t) R(t) = b_2 B(t) \frac{dB(t)}{dt} \ . \tag{1.23}$$

この式を見れば $R(t)$ と $B(t)$ が左辺・右辺で完全に分離されているので容易に積分でき，その結果，以下の関係式を得る．

$$r_2 \{R_0^2 - R^2(t)\} = b_2 \{B_0^2 - B^2(t)\} \ . \tag{1.24}$$

この結果を1次則モデルの場合と同様に説明すれば，初期兵力の2乗 B_0^2, R_0^2 と任意の時点でのそれぞれの兵力量の2乗 $B^2(t), R^2(t)$ の差分は，比例関係にあるということである．このように兵力量の2乗の変化量が両兵力で比例関係にあるという特徴から，(1.22)で示される損耗微分方程式は2次則モデルと呼ばれている．

2次則モデルのフェーズ解を図1.8, 1.9に示す．R 軍の初期兵力 R_0 は100に固定し，B 軍は $B_0 = 100, 90, \cdots, 10$ と10刻みで減少させる．攻撃能力は図1.8では等しく，図1.9ではB 軍が優勢な状況 ($b_2 = 0.002, r_2 = 0.001$) を想定した．いずれの図からもわかるように，1次則モデルとは異なり，交戦の終盤に近づくにつれ，敗北側の戦力が急激に減少していく．(勝利側は減少を抑えつつ勝利に至る．) これが，当時から多くの軍事学者により指摘され

1.3. 2次則モデル

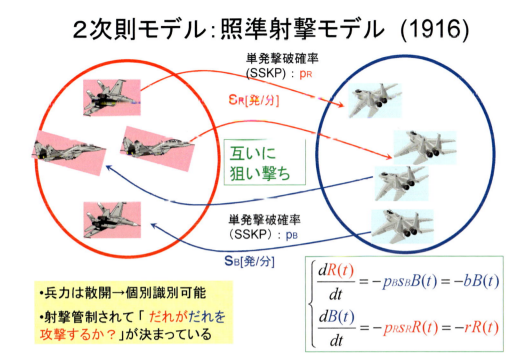

図 1.7: 2次則モデルの交戦イメージ

てきている **兵力集中の効果** である．数式上では，例えばB軍兵力で考えるならば，兵力量 B を B_1, B_2 に分割して投入するよりも，全兵力 $B(= B_1 + B_2)$ で投入する方が攻撃能力が高いこと（$b_2(B_1+B_2)^2 > b_2 B_1^2 + b_2 B_2^2$）を意味している．これに対し，前節の1次則モデルでは兵力集中効果は働かない．（$b_1(B_1+B_2) = b_1 B_1 + b_1 B_2$）図1.9はB軍の攻撃能力がR軍の攻撃能力の2倍の場合の例である．攻撃能力が高いので，図1.8とは異なり，B軍勢力が劣勢の $B_0 = 90, 80$ の場合でも勝利できるが，$B_0 = 70$ まで減少すると，B軍は敗北してしまう．この条件で引き分けとなる初期兵力 B_0 は，$B(t), R(t)$ が同時にゼロになるとして，(1.24) より $r_2 R_0^2 = b_2 B_0^2$ の関係から $B_0 = \sqrt{r_2/b_2} R_0 = \sqrt{0.001/0.002} \times 100 = 70.7$（小数兵力を許容）と計算できる．すなわち，2次則モデルでの優勢分岐線は $\sqrt{r_2} R_0 = \sqrt{b_2} B_0$ であり，これは，フェーズ解の図では，原点を通る直線となる．また，$\sqrt{r_2} R_0 > \sqrt{b_2} B_0$ となる (B_0, R_0) より交戦が開始できればR軍の勝利となり，逆の不等号ではB軍の勝利となる．

次に2次則モデルの時間解を導出するプロセスについて解説する．(1.22) の $R(t)$ に関する微分方程式を再度微分すれば，以下の関係式を得る．

$$\frac{d^2 R(t)}{dt^2} = -b_2 \frac{dB(t)}{dt} = b_2 r_2 R(t) . \tag{1.25}$$

この関係式は，工学分野の初期の段階で学習する振動を記述する微分方程式であり，様々な理工系分野の初等的なテキストでその導出プロセスが解説されている．この方程式の一般解は，積分定数を C_1, C_2 とすると次の式で記述される．

$$R(t) = C_1 \exp(-\sqrt{b_2 r_2}\, t) + C_2 \exp(\sqrt{b_2 r_2}\, t) . \tag{1.26}$$

積分定数を決定するために，まず，$t = 0$ での初期兵力 $R(0) = R_0$ を代入すると

$$C_1 + C_2 = R_0 \tag{1.27}$$

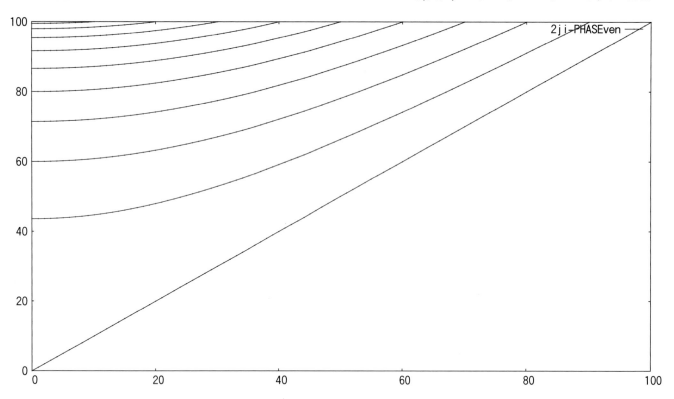

図 1.8: 2次則モデルのフェーズ解 ($R_0 = 100, B_0 = 100 - 10, b_2 = r_2 = 0.002$)

が得られ，これより C_2 を消去して

$$R(t) = C_1 \exp(-\sqrt{b_2 r_2}\, t) + (R_0 - C_1) \exp(\sqrt{b_2 r_2}\, t) \tag{1.28}$$

と書くことができる．この式をさらに微分して，元々の微分方程式と再度見比べると，次の式が得られる．

$$\frac{dR(t)}{dt} = -C_1 \sqrt{b_2 r_2} \exp(-\sqrt{b_2 r_2}\, t) + (R_0 - C_1)\sqrt{b_2 r_2} \exp(\sqrt{b_2 r_2}\, t) = -b_2 B(t) . \tag{1.29}$$

$B(t)$ について整理して書き直せば，

$$B(t) = \frac{C_1}{b_2} \sqrt{b_2 r_2} \exp(-\sqrt{b_2 r_2}\, t) - \frac{R_0 - C_1}{b_2} \sqrt{b_2 r_2} \exp(\sqrt{b_2 r_2}\, t) \tag{1.30}$$

が得られる．B軍の初期兵力 $B(0) = B_0$ を上式に代入し，整理すれば，C_1 が決定される．

$$C_1 = \frac{b_2 B_0 + R_0 \sqrt{b_2 r_2}}{2\sqrt{b_2 r_2}} . \tag{1.31}$$

この結果を (1.28) に代入し，整理すると以下の形に時間解 $R(t)$ が決定される．

$$\begin{aligned} R(t) &= R_0 \frac{\exp\{\sqrt{b_2 r_2}\, t\} + \exp\{-\sqrt{b_2 r_2}\, t\}}{2} - B_0 \sqrt{\frac{b_2}{r_2}} \frac{\exp\{\sqrt{b_2 r_2}\, t\} - \exp\{-\sqrt{b_2 r_2}\, t\}}{2} \\ &= R_0 \cosh\{\sqrt{b_2 r_2}\, t\} - B_0 \sqrt{\frac{b_2}{r_2}} \sinh\{\sqrt{b_2 r_2}\, t\} . \end{aligned} \tag{1.32}$$

同様な手順で時間解 $B(t)$ を計算でき，結果は以下の式となる．

$$B(t) = B_0 \cosh\{\sqrt{b_2 r_2}\, t\} - R_0 \sqrt{\frac{r_2}{b_2}} \sinh\{\sqrt{b_2 r_2}\, t\} . \tag{1.33}$$

1.4. Helmboldの拡張モデル

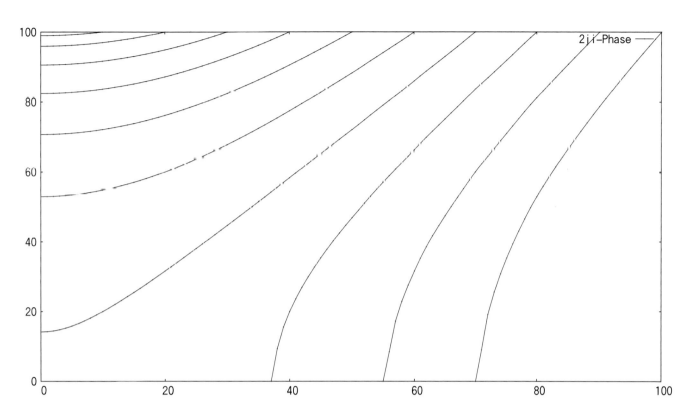

図 1.9: 2次則モデルのフェーズ解 ($R_0 = 100, B_0 = 100 - 10, b_2 = 0.002, r_2 = 0.001$)

上式で $\cosh, \sinh$ は双曲線関数であり，以下で定義される．

$$\cosh x = \frac{e^x + e^{-x}}{2}, \quad \sinh x = \frac{e^x - e^{-x}}{2} . \tag{1.34}$$

B軍が勝利する条件で，戦闘終了するまでの継続時間 t_{end} は，(1.32) で $R(t) = 0$ とおくことで，以下の終了時刻が得られる．

$$t_{end} = \frac{1}{2\sqrt{b_2 r_2}} \log\left\{\frac{\sqrt{b_2}B_0 + \sqrt{r_2}R_0}{\sqrt{b_2}B_0 - \sqrt{r_2}R_0}\right\} \quad \text{ただし } \sqrt{b_2}B_0 > \sqrt{r_2}R_0 . \tag{1.35}$$

また，その時点での B 軍の残存兵力は (1.24) で $R(t) = 0$ とおくことで，
$B(t_{end}) = \sqrt{B_0^2 - (r_2/b_2)R_0^2}$ と計算される．

図 1.10 に 2 次則モデルの時間解の例を示す．この図のパラメータ値は，初期兵力 $B_0 = R_0 = 100$，攻撃能力 $b_2 = 0.02, r_2 = 0.01$ である．初期兵力数は対等であるものの，攻撃能力が 1/2 の R 軍は，ほぼ一直線で兵力が減少していく．一方，B 軍は，戦闘終盤では，ほとんど兵力を損耗することはなくなる．このパラメータ設定で戦闘終了までの経過時間及びそのときの B 軍の兵力を上で求めた式により計算すると $t_{end} = 62.32\cdots$, $B(62.32) = \sqrt{5000} = 70.71\cdots$

数値解法で近似計算した結果も $t = 62$ が終了時刻となり，その時点での B 軍の残存兵力は $B(62) = 70.71$ となり，理論式での計算値とほぼ同様の結果が得られていることがわかる．

1.4　Helmbold の拡張モデル

兵力の絶対的な規模というよりも，むしろ相対的な兵力の規模により，兵力が有効に機能するか否か，という点に着目し，Helmbold は従来のランチェスターモデルを拡張したモデ

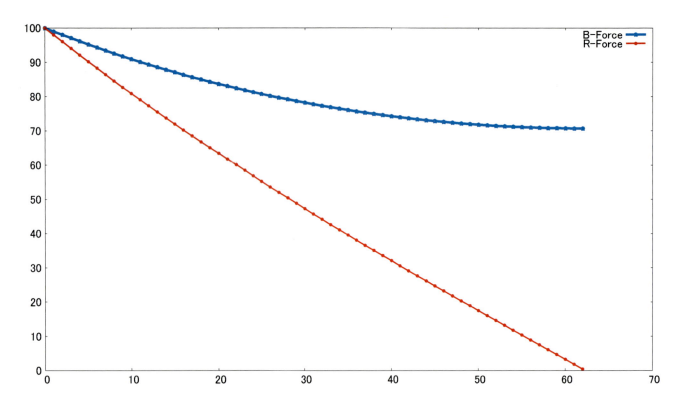

図 1.10: 2次則モデルの時間解 ($B_0 = R_0 = 100, b_2 = 0.02, r_2 = 0.01$)

ルを提案した [21]．例えば初期兵力比 R_0/B_0 が，かなり大きいときには，R軍は兵力をもてあまし，十分な攻撃能力をB軍に投射し得ないと考えた．彼は経験的に，地形の起伏や戦場の空間的広がりなどにより，戦闘能力を十分に発揮できていないことを感じ，そうした制約が従来のランチェスターモデルでは十分に表現しきれていないと感じていた．この点での改良を目指して，以下の形の拡張モデルを提案した．(撃破速度の添え字のhはHelmboldモデルであることを示す．)

$$\begin{cases} \dfrac{dR(t)}{dt} = -b_h B(t) \left(\dfrac{R(t)}{B(t)}\right)^{1-w} \\[2mm] \dfrac{dB(t)}{dt} = -r_h R(t) \left(\dfrac{B(t)}{R(t)}\right)^{1-w} \end{cases} \tag{1.36}$$

ここで，w は，Weissパラメータと呼ばれる定数であり，$0 \leq w \leq 1$ の範囲の値をとるとする．この両式からフェーズ解を導こう．両辺をそれぞれ割ることで次の関係式が得られる．

$$\frac{dR(t)}{dB(t)} = \frac{b_h}{r_h} \left(\frac{B(t)}{R(t)}\right)^{2w-1} = \frac{b_h}{r_h} \left(\frac{B(t)}{R(t)}\right)^{c-1}. \tag{1.37}$$

最後の等号への変形で $c = 2w$ とした．このとき，B, R を左辺と右辺に分離して表記すれば

$$r_h R^{c-1}(t) dR(t) = b_h B^{c-1}(t) dB(t) \tag{1.38}$$

となる．もともとの2次則モデルの (1.23) と比べると，兵力に掛かる指数が実数 $c-1$ に緩和されており，自由度が増していることがわかる．さらにこの式を $[0,t]$ で積分することに

1.4. Helmbold の拡張モデル

より，以下のフェーズ解が得られる．

$$r_h(R_0^c - R^c(t)) = b_h(B_0^c - B^c(t)) \ . \tag{1.39}$$

この式で Weiss パラメータの値を設定することで，これまでのモデルを導出することができる．例えば，$c=2\ (w=1)$ では，2 次則モデルとなり，$c=1\ (w=1/2)$ とおけば，1 次則モデルになる．さらには，$c=0\ (w=0)$ の場合には，ログ法則モデルとなる．

ここで，ログ法則モデル (ロガリズミックモデル) について簡単に触れておこう．ログ法則モデルは，時間解が指数関数となるモデルである．軍事的なモデルに限らないが，これまで同様に軍事的なパラメータ R, B を用いて表現すると，以下の連立微分方程式で記述される．

$$\begin{cases} \dfrac{dR(t)}{dt} &= -b_h R(t) \\[6pt] \dfrac{dB(t)}{dt} &= -r_h B(t) \ . \end{cases} \tag{1.40}$$

右辺では敵軍に依存する撃破速度を使用して減少効果を表現しているが，兵力に関しては自軍兵力に依存する形となっている．自軍兵力に起因する減少要因は，例えば，単位時間当たりの事故の発生件数とか，病気や脱柵などであり，そうした場合に自軍兵力に比例して損耗が発生する様子を表現するモデルである．ただし，その場合は自軍に依存する撃破速度 (損耗率) が採用されるべきであるが．また，この両式は，物理現象の原子核の崩壊過程での残存原子数の時間変化を表現する微分方程式と同じ形式でもある．連立されているそれぞれの微分方程式では，すでに R,B 軍それぞれで独立した変数により示されているので，容易に時間解を求めることができる．

$$B(t) = B_0 \exp(-r_h t), \quad R(t) = R_0 \exp(-b_h t) \ . \tag{1.41}$$

さらにログ法則モデルのフェーズ解を求めるために，連立されている (1.40) の両式をつなぐ．

$$\frac{dR(t)}{b_h R(t)} = \frac{dB(t)}{r_h B(t)} \ . \tag{1.42}$$

両辺を $[0, t]$ で積分すると対数が登場する式が得られる．このとき，兵力については従来同様に $[R_0, R(t)]$ あるいは $[B_0, B(t)]$ を上限・下限とする．

$$\frac{1}{r_h} \log \frac{B_0}{B(t)} = \frac{1}{b_h} \log \frac{R_0}{R(t)} \quad \rightarrow \quad b_h \log \frac{B_0}{B(t)} = r_h \log \frac{R_0}{R(t)} \ . \tag{1.43}$$

さらに式変形して行くと，ログ法則モデルのフェーズ解として以下の式が得られる．

$$\left(\frac{B(t)}{B_0}\right)^{b_h} = \left(\frac{R(t)}{R_0}\right)^{r_h} \ . \tag{1.44}$$

Helmbold の拡張モデルは，(1.39) のフェーズ解の考察で見たように，基本的な 1 次則，2 次則モデルを包含し記述する，より一般的なモデルであることがわかる．

第2章　はみだすところ

　前章では，'ランチェスターたち'が提案した兵力損耗モデルで基本的な1次則モデル，2次則モデルを導入し，それらを包含する拡張モデルも紹介したが，本章では，これらの基本的な枠組みから外れると思われる兵力構成状況での交戦モデルについて議論する．具体的には，(1) 交戦する双方の兵力数が極端に少ない場合，また，現代戦で見られるような，(2) 単機能部隊が連携してシステム化された大規模部隊どおしが交戦する場合，さらには，(3) 一方のみが多数兵力で少数敵兵力と対戦する場合，の3つの状況について，これまでの研究成果から紹介する．

2.1　少数兵力間の交戦モデル

　ランチェスターモデルが創案された当時に想定した交戦状況は，比較的大規模な均一の性能を持つ，ある程度まとまった兵力どおしが交戦する状況，たとえば，大規模な歩兵や騎兵が交戦する状況や，きたるべき戦闘機どおしの大規模空中戦がイメージされたと思われる．

　この段階では，小規模な局地戦闘や特殊戦など数名程度からなる少数兵力どおしの交戦状況を想定していたわけではなく，こうした状況に彼が考案したモデルを当てはめると，どんな不具合が生じるか？という問題は考慮されていなかったものと推察する．小規模兵力間の交戦状況を改めて考えた場合，まず，最少単位の交戦，すなわち1対1の戦いは，決闘モデルと呼ばれる，ランチェスターモデルとは別の枠組みで研究がなされている．この問題もランチェスターモデルと同様に，長年にわたって，広範に，また，深く研究されているが，本書で扱う対象からは外れるので詳細については触れない．このモデルが対象とする具体的な問題例としては，冷戦期のアメリカとソ連のICBMの戦いの分析などが研究されている．

　もう少し兵力数が増えて，5対5とか10対10など(同数でなくて構わないが)での交戦については，交戦中の損耗が確率的に生じるというアイディアに基づいて，確率論的なランチェスターモデルが研究されている[6]．ここで登場する"確率論的な"モデルに対し，前章で説明した，多数兵力間での交戦損耗を扱うオリジナルのランチェスターモデルは，"決定論的な"(ランチェスター)モデルと呼ばれることもある．それは，第1章でも見たように，勝敗の行方が初期条件(双方の初期兵力量や撃破速度)を与えることで決定されてしまうため，その後の戦闘推移が1次則や2次則などの損耗法則によらず，確定的に推移していくからである．

　ここで5対5とか10対10と書いては見たものの，確率論モデルと決定論モデルとを分ける具体的な兵力数には，明確な境界値がないのが実状である．現状では対象となる交戦状況を多数と見るか，少数と見るかを主観的に決定し，そのような状況に決定論的なモデル，あるいは確率論的なモデルを適用して様子を見るしかないのである．適用すべきモデルの選択は，戦闘単位の種類にも左右されると思われる．陸上戦闘(員)であれば決定論的な扱いが一般的にはふさわしいと思われるが，上に述べたように少数兵士どうしの戦闘であれば，確率論的な扱いも考慮しなければならない．航空機どおしの空中戦を意識した場合，ランチェス

ターがモデル創案時にイメージした空中戦や，バトル・オブ・ブリテンのような大規模な交戦であれば決定論的な扱いが妥当であろう．一方，最近の高価な戦闘機や戦闘爆撃機では，予算制約により少数配備・運用が現実的であろうことから，確率論的モデルの適用の方が妥当であろう．現代の空母機動群のような役割分担がハッキリとした艦隊ではなく，均質な性能の複数の艦艇で構成される艦隊どうしの決戦のような状況では，どちらが妥当なのだろうか？悩ましい問題である．この境界数問題の答えは，戦闘単位の種類により異なるが，1つの目安として，米国海軍大学院大学のテキスト [45] では 20 単位程度という数を提示している．

確率論/決定論モデルの対象となる兵力単位の境界の議論はとりあえずおいておいて，以下では本題である確率論的モデルについて，前章同様，1次則モデルおよび2次則モデルを導入し，その特性を観察する．モデルを構築する際のポイントは，経過していく時間の中で，R,B軍とも時々刻々とは兵力損耗が生じないということである．兵力が損耗する，ある瞬間をとらえて，そのときに，R,B軍のいずれかが (確率的に)1戦闘単位減少するとしてモデルを構築していく．従って，(明確には示さなかったが) 第1章のように連続的な実数での兵力変化は許容せず，もっぱら離散的な自然数で兵力をカウントしていくものとする．

2.1.1 確率論的1次則モデル

第1章で紹介した (決定論的) ランチェスター1次則モデルと同様の状況およびパラメータで記述する．ただし，以下での兵力損耗の議論は，少数兵力ゆえ，戦闘単位が1単位減少するまで兵力変化はないものとするので，兵力量は時間に依存しない変数として扱っていく．まず交戦開始時の状況として，双方に自然数の戦闘単位 (初期兵力量) (B_0, R_0) が存在しているとする．交戦開始時刻を $t=0$ とし，交戦開始後の兵力損耗する各瞬間には，1戦闘単位ずつ損耗が生じるとする．双方の攻撃が継続され，ある時刻 t まで両軍とも損耗が生じていない (で (B, R) 戦闘単位が存続している) 確率 $q(t)$ は次の式で計算される．

$$q(t) = \left\{\left(1 - \frac{a_R}{A_B}\right)^{\lfloor Rs_R t \rfloor}\right\}^B \left\{\left(1 - \frac{a_B}{A_R}\right)^{\lfloor Bs_B t \rfloor}\right\}^R. \tag{2.1}$$

この式の組み立てを解説すれば，B軍の展開地域の1人の兵士を考えた場合，1発の砲弾が着弾しても被害をこうむらない確率は $(1 - a_R/A_B)$ であり，時刻 t までにこの攻撃に $\lfloor Rs_R t \rfloor$ 回さらされる[1]．さらに全部で B 人いるので，結局B軍の兵士が B 人とも生存している確率は $\left\{\left(1 - \frac{a_R}{A_B}\right)^{\lfloor Rs_R t \rfloor}\right\}^B$ となる．R軍についても同様である．モデル化する際の前提として，B軍の展開地域 A_B に対して，R軍砲弾1発の危害域 a_R は相対的にかなり小さく $(A_B \gg a_R)$，またR軍も同じ状況 $(A_R \gg a_B)$ である．そうすると，例えば，右辺の前半部分は，近似的に次のように展開できる．

$$\left\{\left(1 - \frac{a_R}{A_B}\right)^{\lfloor Rs_R t \rfloor}\right\}^B = \left(1 - \frac{a_R}{A_B}\right)^{B\lfloor Rs_R t \rfloor} \approx 1 - \frac{a_R s_R}{A_B} BRt. \tag{2.2}$$

さらに指数関数 e^{-x} のテイラー展開 $e^{-x} = 1 - x + x^2/2 - \cdots$ を使い，**1.2** 節と同様に $a_R s_R / A_B = r_1$ などで書き換えれば，(2.1) は近似的に次の形に書くことができる．

$$q(t) = \exp\{-(b_1 + r_1) BRt\}. \tag{2.3}$$

---
[1] $\lfloor a \rfloor$ は a を超えない最大の整数を表す．

次に，第1章で示した1次則モデルによれば，R軍の損耗過程は $dR/dt = -b_1 BR$ で表現される．兵力数が少数な前提で，この微分方程式より，微少時間 Δt で1単位のみ兵力損耗が生じるとすれば，その時点までの残存兵力は B, R 戦闘単位とも定数として扱うことができ，微分方程式は $\Delta R = -b_1 BR\Delta t$ と書ける．これより，交戦開始後の任意の時刻 t までにR軍に1戦闘単位も損耗が生じない確率と，それに引き続く微少時間 Δt での損耗の積事象 $(=(\,t\,$まで両軍に損耗がなく$) \times ($次の Δt 間にR軍に1損耗が生じる$))$ を考えれば，R軍に1戦闘単位の損耗が生じる確率 D_R を以下の式で計算できる．

$$\begin{aligned}
D_R &= \int_0^\infty q(t)b_1 BR dt = \int_0^\infty \exp\{-(b_1+r_1)BRt\}b_1 BR dt \\
&= \frac{-b_1}{b_1+r_1}[\exp\{-(b_1+r_1)BRt\}]_0^\infty = \frac{b_1}{b_1+r_1}\,.
\end{aligned} \quad (2.4)$$

この計算でのポイントは，(1) まず，ある時刻 t を固定しておいて確率を規定し，(2) 次に $t \to \infty$ まで変化させ確率値を計算する，というアイディアである．

同様の考察から，B軍に1単位の損耗が生じる確率 D_B も同じ形で計算される．

$$D_B = \int_0^\infty q(t)r_1 BR dt = \int_0^\infty \exp\{-(b_1+r_1)BRt\}r_1 BR dt = \frac{r_1}{b_1+r_1}\,. \quad (2.5)$$

これらの確率に見るように，B,R軍とも，1戦闘単位が損耗する要因は，もっぱら，両者の撃破速度 b_1, r_1 のみに依存し，兵力数には依存しないことがわかる．これより，確率論的モデルにおいても交戦前の攻撃能力 b_1, r_1 が，交戦開始後の損耗を決定することがわかる．

この損耗確率 D_R, D_B を用いれば，両者の兵力量が (B, R) の状態でのB軍の勝利確率 $P_B(B, R)$ を次の漸化式により求めることができる．初期兵力 (B_0, R_0) が与えられているならば，以下の(2.6)で2,3行目の初期条件をそれらの初期兵力までセットし，1行目の漸化式に基づいて B_0, R_0 まで1単位ずつ増加させながら計算を繰り返していけばよい．

$$\begin{aligned}
P_B(B,R) &= D_R P_B(B, R-1) + D_B P_B(B-1, R), \\
P_B(B,0) &= 1, \quad B = 1, 2, \cdots, B_0, \\
P_B(0,R) &= 0, \quad R = 1, 2, \cdots, R_0.
\end{aligned} \quad (2.6)$$

このような計算手順に従って $b_1 = r_1$ の場合について計算した結果を表2.1に示す．表の一番左の列に並んだ1，あるいは一番上の行に並んだ0が最初に設定する値であり，これらの値から表の右下方向に計算をすすめて各兵力数 (B, R) で戦い始める場合の勝利確率が計算される．$b = r$ とおいた場合，対角線上の両軍兵力数が等しい場合には，勝利確率が0.5(五分五分) となり，引き分けることがわかる．

次に初期兵力 (B_0, R_0) から交戦開始後の特定の時刻 t に，各軍の兵力数が (B, R) の状態となっている確率(状態確率)を計算することもできる．そのためには，ある時刻 t に引き続く微少時間 Δt で隣接する状態への確率的な推移を考える．状態間の推移の様子を図2.1に示す．交戦中の双方の兵力数は増加することはない前提から，図に見るように，状態間の推移は，上方もしくは左方向にのみ発生する．典型的な推移のイメージを点線内の状態 (B, R, t) から考える．状態 (B, R) から Δt 経過後にR軍1戦闘単位が損耗する確率は $b_1 BR\Delta t$，一方，B軍1戦闘単位が損耗する確率は $r_1 RB\Delta t$ であり，それ以外のB軍・R軍ともに損耗が発生しない確率は $1 - (b_1 + r_1)BR\Delta t$ である．これらの推移確率から次の関係式が成立する．

2.1. 少数兵力間の交戦モデル

表2.1 確率論的モデルのB軍勝利確率 $P_B(B_0, R_0)$

1次則モデルの$P_B(B_0,R_0)$ ($b_1=r_1$)

B0\R0	0	1	2	3	4	5	6	7	8	9	10
0		0	0	0	0	0	0	0	0	0	0
1	1	0.500	0.250	0.125	0.063	0.031	0.016	0.008	0.004	0.002	0.001
2	1	0.750	0.500	0.313	0.188	0.109	0.063	0.035	0.020	0.011	0.006
3	1	0.875	0.688	0.500	0.344	0.227	0.145	0.090	0.055	0.033	0.019
4	1	0.938	0.813	0.656	0.500	0.363	0.254	0.172	0.113	0.073	0.046
5	1	0.969	0.891	0.773	0.637	0.500	0.377	0.274	0.194	0.133	0.090
6	1	0.984	0.938	0.855	0.746	0.623	0.500	0.387	0.291	0.212	0.151
7	1	0.992	0.965	0.910	0.828	0.726	0.613	0.500	0.395	0.304	0.227
8	1	0.996	0.980	0.945	0.887	0.806	0.709	0.605	0.500	0.402	0.315
9	1	0.998	0.989	0.967	0.927	0.867	0.788	0.696	0.598	0.500	0.407
10	1	0.999	0.994	0.981	0.954	0.910	0.849	0.773	0.685	0.593	0.500

2次則モデルの$P_B(B_0,R_0)$ ($b_2=r_2$)

B0\R0	0	1	2	3	4	5	6	7	8	9	10
0		0	0	0	0	0	0	0	0	0	0
1	1	0.500	0.167	0.042	0.008	0.001	0.000	0.000	0.000	0.000	0.000
2	1	0.833	0.500	0.225	0.081	0.024	0.006	0.001	0.000	0.000	0.000
3	1	0.958	0.775	0.500	0.260	0.113	0.042	0.013	0.004	0.001	0.000
4	1	0.992	0.919	0.740	0.500	0.285	0.139	0.059	0.022	0.008	0.002
5	1	0.999	0.976	0.887	0.715	0.500	0.303	0.161	0.076	0.032	0.012
6	1	1.000	0.994	0.958	0.861	0.697	0.500	0.317	0.179	0.091	0.042
7	1	1.000	0.999	0.987	0.941	0.839	0.683	0.500	0.329	0.195	0.105
8	1	1.000	1.000	0.996	0.978	0.924	0.821	0.671	0.500	0.338	0.209
9	1	1.000	1.000	0.999	0.992	0.968	0.909	0.805	0.662	0.500	0.347
10	1	1.000	1.000	1.000	0.998	0.988	0.958	0.895	0.791	0.653	0.500

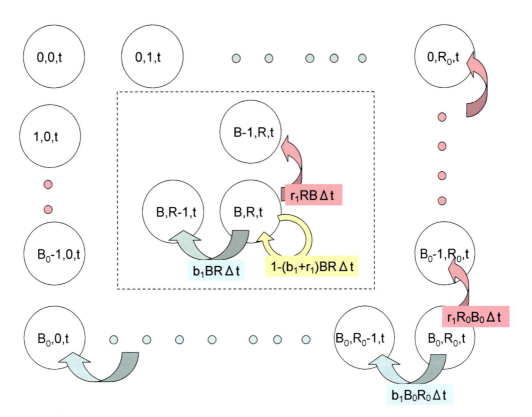

図 2.1: 兵力損耗による状態間の推移

$$\begin{aligned}
P(B,R,t+\Delta t) &= \{1-(b_1+r_1)BR\Delta t\}P(B,R,t) + b_1 B(R+1)\Delta t P(B,R+1,t) \\
&\quad + r_1 R(B+1)\Delta t P(B+1,R,t) \qquad B,R \neq 0, \\
P(B,0,t+\Delta t) &= P(B,0,t) + b_1 B \Delta t P(B,1,t) \qquad B=1,2,\cdots,B_0, \\
P(0,R,t+\Delta t) &= P(0,R,t) + r_1 R \Delta t P(1,R,t) \qquad R=1,2,\cdots,R_0.
\end{aligned} \qquad (2.7)$$

これらの関係式を整理し，$\Delta t \to 0$ の極限を取れば，以下の微分方程式が得られる．

$$\begin{aligned}
\frac{dP(B,R,t)}{dt} &= -(b_1+r_1)BRP(B,R,t) + b_1 B(R+1)P(B,R+1,t) + r_1 R(B+1)P(B+1,R,t), \\
\frac{dP(B,0,t)}{dt} &= b_1 B P(B,1,t) \qquad B=1,2,\cdots,B_0, \\
\frac{dP(0,R,t)}{dt} &= r_1 R P(1,R,t) \qquad R=1,2,\cdots,R_0.
\end{aligned} \qquad (2.8)$$

ただし，境界条件は次のとおりである．

$$\begin{aligned}
P(B,R,0) &= 1 \quad B=B_0,\ R=R_0 \quad (初期兵力状態), \\
P(B,R,0) &= 0 \quad その他の場合, \\
P(B,R_0+1,t) &= P(B_0+1,R,t) = 0.
\end{aligned} \qquad (2.9)$$

この状態確率 $\{P(B,R,t)\}$ を求めるために，初期条件からスタートし，各状態への増分に相当する (2.8) の右辺を逐次計算していけばよい．その結果，どちらかの軍の兵力が 0 となるときの残存兵力分布 $\{P(B,0,t)\}$ あるいは $\{P(0,R,t)\}$ などを求めることができる．この残存兵力分布から，残存兵力の期待値 $E(B_E^0)$ も計算できる．

$$E(B_E^0) = \frac{1}{P_B(B_0,R_0)} \sum_{B=1}^{B_0} \int_0^\infty B P(B,0,t) dt. \qquad (2.10)$$

勝利確率 $P_B(B_0,R_0)$ と残存兵力分布 $\{P(B,0,t)\}$ とは，以下に示す関係になっている．

$$P_B(B_0,R_0) = \sum_{B=1}^{B_0} \int_0^\infty P(B,0,t) dt. \qquad (2.11)$$

2.1.2 確率論的2次則モデル

次に，確率論的2次則モデルについて紹介する．**2.1.1**節と同様，B,R軍双方の戦闘単位が (B,R) 存在しているとする．交戦開始時 $t=0$ の双方の初期兵力量を (B_0,R_0) とする．交戦開始後の任意の時刻 t まで，双方とも攻撃を継続し，その時点までに両軍に損耗が生じていない（で (B,R) 戦闘単位のまま存続している）確率 $q(t)$ は，前節と同様の考察より，以下の式で書くことができる．

$$q(t) = \left\{(1-p_R)^{\lfloor Rs_R t/B \rfloor}\right\}^B \left\{(1-p_B)^{\lfloor Bs_B t/R \rfloor}\right\}^R. \qquad (2.12)$$

さらに，前節同様に，指数関数のテイラー展開の公式を利用すれば，$q(t)$ は近似的に以下の簡明な関数に書き直せる．（b_2, r_2 は，**1.3**節と同様に定義される．）

$$q(t) = \exp\{-(b_2 B + r_2 R)t\}. \qquad (2.13)$$

2.1. 少数兵力間の交戦モデル

いずれかの軍に先に 1 単位の兵力損耗が発生する確率 D_R, D_B も前節同様の議論から，以下のとおりとなる．

$$D_R = \int_0^\infty q(t)b_2 B dt = \frac{b_2 B}{b_2 B + r_2 R}, \quad D_B = \int_0^\infty q(t)r_2 R dt = \frac{r_2 R}{b_2 B + r_2 R} . \quad (2.14)$$

1 次則モデルとは異なり，兵力損耗が生じる要因は，その時点の残存兵力 B, R にも影響されることがわかる．B 軍の勝利確率 $P_B(B,R)$ も前節同様，次の漸化式により計算される．表 2.1 下段に $b_2 = r_2$ の場合の B 軍勝利確率の計算結果を示す．この表計算においては，1 次則モデルの場合と同様，以下の第 2, 3 行に従って，まず，1 番左の列に 1 を設定，1 番上の行にも 0 を設定し，第 1 行の漸化式を用いて，右下方向に向かって繰り返し計算を行っていく．

$$\begin{aligned}
P_B(B,R) &= \frac{b_2 B}{b_2 B + r_2 R} P_B(B, R-1) + \frac{r_2 R}{b_2 B + r_2 R} P_B(B-1, R) , \\
P_B(B,0) &= 1, \quad B = 1, 2, \cdots, B_0 , \\
P_B(0,R) &= 0, \quad R = 1, 2, \cdots, R_0 .
\end{aligned} \quad (2.15)$$

表 2.1 の 1 次則，2 次則モデルの計算結果で，$R_0 = 5, B_0 = 0, 1, \cdots, 10$ の場合の B 軍勝利確率の変化の様子を図 2.2 に示す．B 軍が劣勢な $B_0 < 5$ の範囲では 2 次則が 1 次則に比べて勝利確率が低く，逆に，B 軍が優勢となる $B_0 > 5$ の範囲では 2 次則での勝利確率の方がより高くなることがわかる．これは 2 次則モデルでは D_B, D_R が兵力 B, R にも依存しているためであり，確率論的モデルでも兵力集中の効果が見られることを示している．

次に 1 次則モデルの場合と同様，微少時間での状態間の推移の考察より，状態確率 $P(B, R, t)$ を計算することを考える．戦闘中のある時刻 t とそれに引き続く微少時間 Δt での隣接状態への確率的な推移を考える．状態 (B, R, t) から Δt 経過後に R 軍 1 戦闘単位が損耗する確率は $b_2 B \Delta t$ であり，一方，B 軍 1 戦闘単位が損耗する確率は $r_2 R \Delta t$ であり，それ以外の B 軍・R 軍ともに損耗発生しない確率は $1 - (b_2 B + r_2 R) \Delta t$ である．これらの推移確率から次の関係式が成立する．

$$\begin{aligned}
P(B, R, t+\Delta t) &= \{1 - (b_2 B + r_2 R)\Delta t\} P(B, R, t) \\
&\quad + b_2 B \Delta t P(B, R+1, t) + r_2 R \Delta t P(B+1, R, t) \quad B, R \neq 0 , \\
P(B, 0, t+\Delta t) &= P(B, 0, t) + b_2 B \Delta t P(B, 1, t) \quad B = 1, 2, \cdots, B_0 , \\
P(0, R, t+\Delta t) &= P(0, R, t) + r_2 R \Delta t P(1, R, t) \quad R = 1, 2, \cdots, R_0 .
\end{aligned} \quad (2.16)$$

これらの関係式を整理し，$\Delta t \to 0$ の極限を取れば，以下の微分方程式が得られる．

$$\begin{aligned}
\frac{dP(B,R,t)}{dt} &= -(b_2 B + r_2 R)P(B,R,t) + b_2 B P(B, R+1, t) + r_2 R P(B+1, R, t) , \\
\frac{dP(B,0,t)}{dt} &= b_2 B P(B, 1, t) \quad B = 1, 2, \cdots, B_0 , \\
\frac{dP(0,R,t)}{dt} &= r_2 R P(1, R, t) \quad R = 1, 2, \cdots, R_0 .
\end{aligned} \quad (2.17)$$

境界条件も 1 次則の場合と同様，次のとおりである．

$$\begin{aligned}
&P(B, R, 0) = 1 \quad B = B_0, \ R = R_0 \quad (初期兵力状態) , \\
&P(B, R, 0) = 0 \quad その他の場合 , \\
&P(B, R_0+1, t) = P(B_0+1, R, t) = 0 .
\end{aligned} \quad (2.18)$$

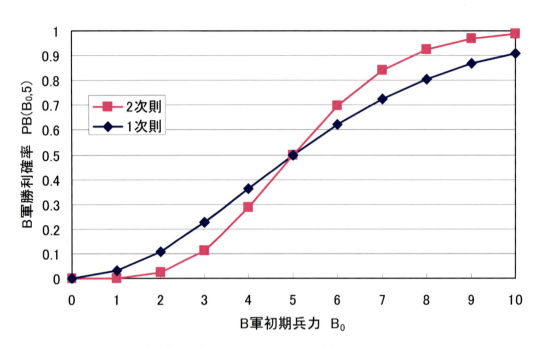

図 2.2: B軍勝利確率 $P_B(B_0, R_0)$ の比較 ($B_0 = 0 - 10, R_0 = 5$)

この計算も初期条件からスタートし，(2.17) の右辺を逐次計算することで状態確率 $\{P(B, R, t)\}$ を求めることができる．

2.2 大規模な混成兵力間の交戦モデル

前節では少数兵力間での交戦損耗が，確率的に生起するものとして確率論的モデルを構築した．本節では，これとは逆に，大規模な異種混成兵力どおしが交戦する際の損耗過程の取り扱い方について議論する．モデル化の立場からは，大きく2つに分けられる．ひとつ目の考え方は，複数の兵種で構成される双方の兵力が交戦する際に，それぞれの兵種が，敵軍のそれぞれの兵種と個別に戦闘を繰り広げるモデルである．両軍とも複数の兵種を「層」とみなして扱うことから，層別型モデルとも呼ばれる [54]．もうひとつは，それぞれの軍で，兵種ごとの戦闘単位に適当な能力値 (重み) を設定し，その重みに，その兵種の実際の兵力数 (門数や車両数など) を掛けることで，その兵種の換算された兵力量を算出し，それらの換算兵力量をそれぞれの軍全体で合計することで，統合された大軍団どおしが交戦するというアイディア，すなわち合成型のモデルである [53]．

2.2.1 層別型モデル

B軍，R軍双方の兵力が複数種の混成兵力で構成されているとき，それぞれの兵種が敵の個別の兵種に攻撃を仕掛ける，というイメージで交戦が生起する．図 2.3 に示すように，B軍兵種の添え字を $i(=1, \cdots, m)$ で表し，R軍兵種の添え字を $j(=1, \cdots, n)$ で表す．また撃破速度について，B軍 i 兵種から R軍 j 兵種へのものを b_{ij} で，R軍 j 兵種から B軍 i 兵

2.2. 大規模な混成兵力間の交戦モデル

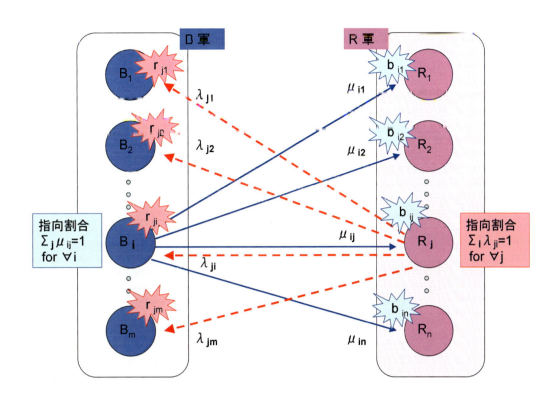

図 2.3: 各兵種ごとの攻撃能力の指向配分

種へのものを r_{ji} であらわす．さらに B 軍 i 兵種が持つ攻撃能力を R 軍の j 兵種へ振り分ける割合を μ_{ij} とし，逆に R 軍の j 兵種から B 軍 i 兵種への割合を λ_{ji} とする．

このとき，双方の兵種ごとの損耗過程が，例えばもっとも単純な2次則モデルに従うとすれば，層別型モデルは以下の形式で記述することができる．

$$\begin{cases} \dfrac{dB_i}{dt} = -\sum_j r_{ji}\lambda_{ji}R_j & i=1,2,\cdots,m \\[2mm] \dfrac{dR_j}{dt} = -\sum_i b_{ij}\mu_{ij}B_i & j=1,2,\cdots,n \ . \end{cases} \tag{2.19}$$

双方の異なる兵種が交戦しうる可能性を表現するために図 2.3 に示す2部グラフのようなイメージを描いているが，実際は，例えば，歩兵部隊 (が所持する小銃) が (射程の長い) 火砲部隊に攻撃を仕掛けることは，現実的にも能力的にもほぼ皆無であると考えられる．しかしながら，そのような特異な交戦の可能性も加味できるように撃破速度 b_{ij}, r_{ji} ならびに指向配分 μ_{ij}, λ_{ji} を設定する．

指向配分については，振り分ける割合の合計が各兵種ごとで1となることが必要であるために，μ_{ij} で，それぞれの i については

$$\sum_j \mu_{ij} = 1, \quad \mu_{ij} \geq 0 \tag{2.20}$$

でなければならない．同様に λ_{ji} についても，それぞれの j について

$$\sum_i \lambda_{ji} = 1, \quad \lambda_{ji} \geq 0 \tag{2.21}$$

が必要である．例えば，歩兵部隊 (i とする) から火砲部隊 (j とする) への指向配分 μ_{ij} は，ゼロもしくは，限りなくゼロに近い値を設定するはずである．このような損耗モデルのパラメータ値を設定し，初期兵力量 $\{B_{10}, B_{20}, \cdots, B_{m0}, R_{10}, R_{20}, \cdots, R_{n0}\}$ を与えることで，交戦開始後の兵力変化の様子が数値的に容易に計算できる．ただし，撃破速度 b_{ij}, r_{ji} および指向配分 μ_{ij}, λ_{ji} を定量的に設定する作業は容易ではない．撃破速度パラメータに関しては，基本モデルと同様に，事前の静的な環境での射撃データ等より，ある程度の撃破効果の測定は可能であると考える．一方，指向配分パラメータ μ_{ij}, λ_{ji} については，戦況や戦術的判断等に応じて変化するはずであり，あらかじめ配分を決定しておくことは困難であると思われる．以上より，層別型モデルについてまとめれば，兵種間の交戦様相が明確に描写できる反面，その攻撃能力の決定や指向配分の設定には難があるモデルといえよう．

2.2.2 合成型モデル

合成型モデルでは個々の兵種ごとの各戦闘単位の能力を評価・換算することにより，1つの総合的な能力を持った大軍団として統合的に扱い，そうした大軍団どおしが交戦するイメージでモデル化される．例えば，B軍が小銃しか持たない歩兵 (Infant) 部隊の多数の兵士 (B_I 単位とする) と，大砲を運用する部隊 (Artiral; B_A 門とする) とで構成され，それらが協同して戦う場合には，総合的な換算兵力 B_{total} は，次のように設定される．

$$B_{total} = b_I B_I + b_A B_A . \tag{2.22}$$

ここで b_I, b_A は，それぞれの武器1門あたりの戦闘での貢献度を示す係数であり，**火力指数**と呼ばれる．合成型モデルを構築する際には，この火力指数を兵種ごとにどのように重み付けして与えるかについて，よく吟味して決定する必要がある．通常は最弱の能力の武器 (ここでは小銃1丁) の火力指数を基準値1として設定し，他の強力な武器 (この例では大砲1門) が，この値に比べてどれほど寄与するかの倍率をもって決定する．砲弾が着弾し，破裂して危害を及ぼす範囲や危害レベルが火力指数決定の際の参考になる．この係数の選び方で各軍の全体的な換算兵力が決定されることになるため，客観的な視点から適正な値を決めることが大切である．

R軍についても同様に総合的な換算兵力を評価・設定することで，大規模な混成兵力を1つに合成した統合大軍団間の合成型モデルが以下の形に記述される．

$$\begin{cases} \dfrac{d(R_I + R_A + \cdots)}{dt} = -b_{ave} B_{total} = -b_{ave}(b_I B_I + b_A B_A + \cdots) \\ \dfrac{d(B_I + B_A + \cdots)}{dt} = -r_{ave} R_{total} = -r_{ave}(r_I R_I + r_A R_A + \cdots) . \end{cases} \tag{2.23}$$

左辺で損耗していく兵力 (兵種) は何であるかを明確にすることが大切である．近代までの戦闘では，歩兵兵力が多数を占めていることから，歩兵数のみを損耗兵力として採用することが多いようである．(第3章の硫黄島戦闘の例参照)　また，換算兵力とその兵種ごとで平均化された撃破速度をどのように右辺で整合的に盛り込むかも注意が必要である．上式では両軍の平均的な攻撃能力 b_{ave}, r_{ave} を換算兵力に掛けているが，個別の兵種ごとに別々の撃破速度値を掛けてから合計することも可能である．様々な武器を用いる中で平均的な攻撃能力 b_{ave}, r_{ave} をどのように設定するかは工夫を要する．(第6章の日露戦争の例および第7章

2.3. 非対称兵力間の交戦モデル

ピカソモデル参照）　換算兵力の例として，日露戦争における，最大の会戦と呼ばれる奉天会戦に参加した日本軍，ロシア軍兵力を合成した例を以下の表に示す．両軍とも，兵数あるいは門数に火力指数を掛けたものが最右列の換算兵力になっている．

表 2.2　日露戦争奉天会戦での日露両軍の換算兵力

軍	兵力	兵 or 門	火力指数	換算兵力
日　本	歩兵	249800	1	249800
	軽砲	776	70	54320
	重砲	234	150	35100
	超重砲	6	380	2280
	機関砲	268	80	21440
ロシア	歩兵	309600	1	309600
	砲	1219	80	97520
	機関砲	56	120	6720

　この表より，日本軍の統合兵力は，$249800+54320+35100+2280+21440=362940$ となり，対するロシア軍の統合兵力は，$309600+97520+6720=413840$ と計算される．この日露双方の統合兵力による分析例は，第 6 章において紹介する．

　(2.23) の連立式に従って計算を進めることで，戦闘の進行に伴う換算された兵力の損耗が描写できるが，合成された兵力ゆえに，どの兵種がどれほど損耗を受けているかは，本モデルでは見ることはできない．

2.3　非対称兵力間の交戦モデル

　小規模な兵力どおし，あるいは，大規模な兵力どおしの交戦については，これまでの節で解説したとおりであるが，これらが混在するような，一方が大規模兵力で他方が少数部隊である場合には，どのような部隊運用となるだろうか？また，その際のモデル表現はどうなるであろうか？この疑問に対する答えの 1 つが，ランチェスターモデルが日本に広がり始めたころに森本により考案されたモデル [39] である．

　部隊規模が非対称な兵力間で交戦が生起する場合には，大規模兵力側の一部分の兵力のみで対処が可能であり，大多数の兵力が交戦に参加できないような状況が発生する．このため，大規模軍の多数の部分には損耗が発生せず，無傷のままである．一方の少数部隊は全力で対応するはずである．こうした攻撃の及ぶ範囲の非対称性を想定して，森本は次のような微分方程式モデルを提唱した．ただし n は $n>1$ の定数とする．

$$\begin{cases} \dfrac{dB(t)}{dt} = -rR(t)\dfrac{nB(t)}{R(t)+nB(t)} \\ \dfrac{dR(t)}{dt} = -bB(t)\dfrac{nR(t)}{nR(t)+B(t)} \end{cases} \quad (2.24)$$

例えば，R 軍が大規模部隊である場合 ($R(t) \gg B(t)$) には，$nR(t) \gg B(t)$ であるために第 2 式の分母において $B(t)$ は無視でき，結局，右辺は少数 B 軍からの全力攻撃 $bB(t)$ で記述される．一方，第 1 式においては，分母で少数 B 兵力が n 倍されて $nB(t)$ となり，$R(t)$ に比べて

無視できないように設定できる．$R(t)$ と合計することで1以下の分数 $nB(t)/(R(t)+nB(t))$ が $rR(t)$ に掛けられることになり，R軍全体の能力を割り引く効果が生まれる．モデルが計算される任意の時刻 t において，このような非対称な戦闘状況が常に成り立つ．また，B軍を大規模部隊とする場合 ($B(t) \gg R(t)$) も同様の議論が成り立つことは自明である．

このモデルに関連して興味深いことは，森本が公表してから50年以上経た1990年代に，J.R.Scales もほぼ同じ視点から出発し，同様のモデルを提案していることである [52]．

Scales はモデル構築の出発点として，射手数 (Firer) と目標数 (Target) のアンバランスに着目した．R軍を少数射手，B軍を多数目標として照準射撃を実施するとき，損耗プロセスは，少数な射手数で律せられる．目標が過剰な状況 (Target Rich; 目標過多) の極限を考えて，以下の2次則モデルを仮定した．ここで，b_h, r_2 はそれぞれ第1章で導入した Helmbold モデルおよび2次則モデルの撃破速度パラメータとする．以下の r_h, b_2 も同様とする．

$$\lim_{B \gg R} \frac{dR(t)}{dt} = -b_h R, \quad \lim_{B \gg R} \frac{dB(t)}{dt} = -r_2 R . \tag{2.25}$$

逆のケースとして，R軍射手が多数でB軍目標が少数である火力過多 (Firer Rich) な状況での損耗過程は，少ない目標数により律せられる．2次則モデルとしては，以下を仮定する．

$$\lim_{R \gg B} \frac{dB(t)}{dt} = -r_h B, \quad \lim_{R \gg B} \frac{dR(t)}{dt} = -b_2 B . \tag{2.26}$$

さらに近代の交戦を調査した結果，ほとんどの戦闘において，両軍の損耗が，ほぼ同程度であることが歴史的事実として確認されていることから，以下の関係も仮定された．

$$\frac{dB}{dt} \approx \frac{dR}{dt} . \tag{2.27}$$

これら3つの仮定を満足する，損耗方程式として，以下の連立微分方程式を提案した．

$$\begin{cases} \dfrac{dB(t)}{dt} = -r_2 R(t) \dfrac{r_h B(t)}{r_2 R(t) + r_h B(t)} \\ \dfrac{dR(t)}{dt} = -b_2 B(t) \dfrac{b_h R(t)}{b_2 B(t) + b_h R(t)} \end{cases} \tag{2.28}$$

この連立式は，(2.24) と比べると定数 n の部分やパラメータの意味合いで多少異なるものの，ほぼ同様な形をしていることがわかる．(2.28) において，例えば $R \gg B$ を考えると，

$$\frac{dB}{dt} = -\frac{r_2 r_h RB}{r_2 R + r_h B} \approx -r_h B , \tag{2.29}$$

$$\frac{dR}{dt} = -\frac{b_2 b_h BR}{b_2 B + b_h R} \approx -b_2 B . \tag{2.30}$$

となり，(2.26) の極限を取った時の条件を満足していることがわかる ($B \gg R$ のときも同様)．また，この両式を割ることで，フェーズ解をもとめるための条件

$$\frac{dB}{dR} = \frac{r_h}{b_2} \tag{2.31}$$

が得られ，これより即座にフェーズ解が

$$b_2(B_0 - B) = r_h(R_0 - R) \tag{2.32}$$

となることがわかる．交戦する兵力規模が極端に違うと，損耗の極限が2次則型であるにもかかわらず，最終的なフェーズ解が1次則型となり，2次則型損耗で特徴的な兵力集中の効果が働かない．一部の兵力のみしか実質的に機能しないために，1次則型損耗になってしまっている．兵力を持て余すような運用をすべきでないことを示唆するモデルといえるだろう．

2.4 積極的に兵力分断する展開に持ち込む交戦モデル

2.3節では大規模兵力が有効に機能しないマズイ運用例を紹介したが，以下では逆に，少数兵力にもかかわらず，交戦すべき大規模兵力を分断し，交戦する敵の兵力数を限定し，複数回の交戦を繰り返して勝利を目指す，少数軍にとって，よりよい兵力運用の可能性を示す．

近年になって，飛躍的な情報技術の進歩が戦場にもたらされ始め，急速に浸透した結果，兵力運用が劇的に変化しつつある．具体的には，大量に散布されたセンサのおかげで敵味方識別情報の信頼性が飛躍的に向上し，そうした識別情報が大規模な情報ネットワークにより個々の兵士やプラットフォーム間で交換され，インテリジェンス化された砲弾がGPSや地形照合により精密に目標に誘導されるようになった．また，歩兵装備や戦闘車両性能が向上した結果，戦場での機動力も大きく向上している．これらの戦場における技術革新が，従来からの戦術を大きく変えられる時代となった．以下では，最近の情報技術革新がもたらす効果を，簡単な概念モデルにより試算してみる．

大規模で均質な戦闘集団 (R軍) と小規模ながら高性能な装備を有する部隊 (B軍) との間の交戦を考える．R軍初期兵力 $R_0 = 200$, B軍初期兵力 $B_0 = 100$ から交戦を開始するとする．直接火力戦闘 (照準射撃) が成立する状況を仮定して，基本的な2次則モデルによる兵力損耗を考える．

2次則モデルのフェーズ解は，(1.24) より，次式で与えられる．

$$b_2(B_0^2 - B(t)^2) = r_2(R_0^2 - R(t)^2) . \tag{2.33}$$

ここで，交換比 $ER_B = b_2/r_2$ とおき，任意の時刻 t でのR軍の損耗率 $DR_R = 1 - R(t)/R_0$ を定義すれば，特定の DR_R に対するB軍の残存兵力は次の式で表すことができる．

$$B(DR_R) = \sqrt{B_0^2 - \frac{1-(1-DR_R)^2}{ER_B}R_0^2} . \tag{2.34}$$

この残存兵力の式において，B軍は兵力が少ないものの，撃破速度はR軍の4倍，すなわち，$ER_B = 4$ を仮定する．また，損耗率は50％ ($DR_R = 0.5$) まで撃破すると仮定する．このとき，最終的なB軍の残存兵力は，(2.34) より次のように計算される．

$$B(0.5) = \sqrt{100^2 - \frac{1-(1-0.5)^2}{4}200^2} = \sqrt{2500} = 50 . \tag{2.35}$$

すなわち，兵力量が1/2で撃破速度が4倍のB軍は，敵を50％撃破するためには，自らも50％の兵力を失うことになる．このような状況を改善するために以下の2ケースを考える．

ケース1：人海戦術で戦う (武器性能向上の替わりに兵力数を4倍にするケース)

まず，B軍の選択肢として，武器性能向上に尽力するのではなく，単純に兵力数を4倍にする案を考える．すなわち，$B_0 = 100 \to 400$, $ER_B = 4 \to 1$ とする選択である．このと

き前の検討と同様，撃破目標を 50 %（$DR_R = 0.5$）に設定するとき，(2.34) より残存兵力は以下のように計算される．

$$B(0.5) = \sqrt{400^2 - \frac{1-(1-0.5)^2}{1}200^2} = \sqrt{400^2 - 0.75 \times 200^2} = \sqrt{130000} = 360.5 . \quad (2.36)$$

この結果から，兵力量を 4 倍にすれば，被害はわずか 40 戦闘単位程度，損耗率 10 %程度にまで減少できることがわかる．ただし，この施策を実現するには，十分な投入兵力の余裕が必要であり，人材確保が困難な最近の先進諸国においては，なかなか実現困難な選択肢である．

ケース 2：性能向上 (武器性能向上のほか，指揮通信機能・機動力も改善されるケース)

次に，武器性能を当初と同じ 4 倍に戻し，兵力数も当初と同じ，B 軍 $B_0 = 100$，R 軍 $R_0 = 200$ から交戦を開始し，撃破目標も 50 %に設定する．B 軍はさらに，偵察・指揮通信能力及び機動力に優れた戦闘が実現できるとして，敵兵力を分断して，4 分割した 50 戦闘単位ずつと連続的に交戦するものとする．このとき交戦の各段階での B 軍の残存兵力 B_i の推移と最終的な残存兵力は次のようになる．

$$B_1(0.5) = \sqrt{B_0^2 - \frac{1-(1-0.5)^2}{4}50^2} = \sqrt{10000 - 468.75} = 97.628 , \quad (2.37)$$

$$B_2(0.5) = \sqrt{B_1^2 - \frac{1-(1-0.5)^2}{4}50^2} = \sqrt{9531.25 - 468.75} = 95.197 , \quad (2.38)$$

$$B_3(0.5) = \sqrt{B_2^2 - \frac{1-(1-0.5)^2}{4}50^2} = \sqrt{9062.5 - 468.75} = 92.702 , \quad (2.39)$$

$$B_4(0.5) = \sqrt{B_3^2 - \frac{1-(1-0.5)^2}{4}50^2} = \sqrt{8593.75 - 468.75} = 90.138 . \quad (2.40)$$

この結果より，実に，9.86 戦闘単位 (=9.86 %) の損耗で作戦の目的 (目標撃破 50 %) を達成できたことになる！もしも敵兵力を分断せずに同じ損耗率に抑えるためには，武器性能が向上している場合 ($ER_B = 4$) でも，初期兵力 B_0 は 200 戦闘単位が必要であるし，武器性能が向上していない場合 ($ER_B = 1$) に至っては，実に 400 戦闘単位も必要となる．

以上の 2 ケースを比較すれば，情報機能や機動力を駆使して敵兵力を分断して交戦する運用が，B 軍の損耗兵力削減に大きく寄与すると理解される．兵力を分断して少数兵力でも勝利に至る交戦例は，上記の仮想的な分析のほか，実戦では，トラファルガルの海戦でのイギリス海軍の勝利が有名である．文献 [50] にはトラファルガルの海戦での勝利までの過程をランチェスターモデルを用いて分析した結果が記されている．興味がある読者は参照されたい．

21 世紀の戦場においては，本節のはじめにも書いたように，情報収集能力 (偵察能力) が飛躍的に向上し，敵の状況が十分に把握できる環境が整いつつある．また，取得情報にもとづいて，部隊を機動的に動かして，敵の主力とは交戦せずに，少数兵力に分断してから交戦し，我部隊の損耗のできる限りの軽減を図りつつ，多数回の戦闘を繰り返す運用が実現可能となりつつある．新たな戦闘形態，すなわち，情報網と機動力を駆使した少数兵力のアジャイルな兵力運用が，今後の効果的な部隊運用での重要なカギとなる．

以上見てきたように，本章の各節では，20 世紀初めの 'ランチェスターたち' がおそらく想定しえなかったような状況へのモデルの拡張について解説した．それぞれのモデルで見たように，想定される新たな戦場に対して，示唆に富む成果が得られている．時代とともに変遷する戦場が，ランチェスターモデルの新たな広がりを生みだしているといえよう．

第3章 実戦への適用

　前章までに基本的なランチェスターモデルやその拡張モデルの検討成果について解説してきたが，理論的な話題ばかりでは面白みに欠け，交戦を扱っている，という具体的な感覚を抱きにくいかもしれない．ランチェスターモデルを使用する目的の1つである，現実の交戦での損耗をどれほど説明できるか？という，モデルによる実戦の説明能力の検証を本章で見ていく．はじめに，これまでの事例研究のうち，第2次世界大戦時の日米間の戦闘である硫黄島の戦いに適用した分析例を紹介する．この事例は多くのミリタリーORの書籍で紹介されており，ランチェスターモデルが極めてよく当てはまっている例の1つである．その後に，最近までの事例研究についても簡潔に紹介する．私たちが実施した，日露戦争時の中国大陸における陸上戦闘への適用例は，分析モデルの構築も含めて第6章で紹介する．

3.1 硫黄島の戦闘

　第2次世界大戦中，太平洋の島々では日本軍とアメリカ軍との間で幾多の過酷な戦闘が繰り広げられた．アメリカ軍は日本本土の軍事施設や工場などへの爆撃を実施するための拠点となる飛行場を得ることが戦略上の目標であり，ある程度の大きさの太平洋の島の確保を目指した．対する日本軍は，太平洋でのアメリカ軍の進出を阻止し，太平洋における制海権・制空権の維持を目指し，空中戦や海戦への戦力集中に徹した．終戦後，太平洋における緒戦での戦闘経過がOR的な観点から定量的に分析され，いくつかの研究成果が報告された．その中でも，多くのORのテキストで紹介され，2次則モデルが見事に成立している硫黄島での戦闘に関する，J.H.エンゲルの研究成果 [13] を以下に紹介する．

3.1.1 戦闘の経緯

　硫黄島は東京から南に約1300kmにある火山性の島である．1543年にベルナール・ドゥ・トーレスにより発見され，1891年に日本領として編入され，硫黄島と命名された．

　第2次世界大戦中，アメリカ空軍は日本を爆撃する長距離爆撃機B-29の基地をグアムやサイパン等に持っていたが，日本本土までの往復飛行時間が約16時間と長く，燃料を積載すると，搭載できる爆弾の量が少なくなってしまうこと，また，長距離を護衛する戦闘機が確保できないため，高高度を飛行せざるを得ないこと，さらには太平洋地域における制海圏・制空圏の拡大を図り，より日本に近い場所にB-29を護衛する長距離戦闘機の基地を得たい，という戦略上の理由から，大戦終盤の1944年10月に硫黄島の攻略計画が開始された．表3.1に，この戦闘に投入された日米両軍の全兵力数を，また，表3.2にはこの戦闘での両軍の死傷者数(損耗兵力)を示す(いずれも [50] 参照)．

硫黄島の日本軍は，小笠原兵団(師団長:栗林忠道中将)が組織され，島内の洞窟を中心に徹底的な抗戦が実施され，終盤にはゲリラ戦が展開された．孤島での戦闘ゆえ，日本軍には追加の援軍もなく，ほぼ，全滅する結果となってしまった．

表 3.1　日米両軍の投入兵力 [50]

兵種	日本軍	アメリカ軍
歩兵	9 大隊	27 大隊
戦車	1 連隊 (中戦車 11, 軽戦車 12)	3 大隊 (重戦車：数両，中戦車 150)
砲兵	陸軍：5 大隊， 海軍：水平砲 (15 糎砲 * 4, 14 糎砲 * 4, 　　　12 糎砲 * 7, 短 12 糎砲 * 8)	14 大隊 (75 粍榴弾砲 * 48, 　105 粍榴弾砲 * 96, 155 粍榴弾砲 * 24)
航空機	特攻機のべ約 75 機	のべ約 4000 機以上 　(爆弾, ロケット弾, ナパーム弾投下)
艦船	艦砲支援なし	艦砲支援 (戦艦 6 − 8, 巡洋艦 4 − 9, 　　　　　駆逐艦 9 以上)
総兵力	20933 人 (陸軍 13586 人，海軍 7347 人)	61000 人

表 3.2　日米両軍の死傷者数 [人][50]

損害	日本軍	アメリカ軍
死者数	陸軍：12850 海軍：　7050	海兵隊：士官 278, 下士官 5653 海軍 (将兵)881 陸軍 9
	計：19900	計：6821
戦傷者数	陸軍：736(生還) 海軍：297(生還)	海兵隊：士官 872, 下士官 19048 海軍 (将兵)1917 陸軍 28
	計：1033	計：21865
	合計：20933	合計：28686

3.1.2　戦闘モデルの定式化と解

日米両軍の兵力数をそれぞれ $J(t), A(t)$ とし，損耗を以下の 2 次則モデルで書くものとする．アメリカ軍に関しては，交戦途中に兵力の増強が 3 回実施されたために，途中で (時間に依存して) 増強される兵力を変数 $A_s(t)$ により付加項として採用する．時間単位は 1 日とする．また，両軍の攻撃能力 (撃破速度) を交戦期間を通じて，一定値 j, a とし，戦闘開始時の初期兵力数をそれぞれ，$J(0) = J_0, A(0) = A_0$ とする．

$$\begin{cases} \dfrac{dA(t)}{dt} = -jJ(t) + A_s(t) \\ \dfrac{dJ(t)}{dt} = -aA(t) \ . \end{cases} \tag{3.1}$$

3.1. 硫黄島の戦闘

付加項のない 2 次則モデルは 1.3 節で見たように解析的な双曲線関数による解が得られることが判っているが，ここでは，兵力増強に伴う付加項が存在するために問題が少し難しくなっている．(3.1) を解くために，以下，定数変化法による解法を説明する．以下では，$dA(t)/dt = A'(t), dJ(t)/dt = J'(t)$ と略記する．まず，(3.1) を行列形式で書けば，次のように書きかえることができる．

$$\begin{pmatrix} A'(t) \\ J'(t) \end{pmatrix} = \begin{pmatrix} 0 & -j \\ -a & 0 \end{pmatrix} \begin{pmatrix} A(t) \\ J(t) \end{pmatrix} + \begin{pmatrix} A_s(t) \\ 0 \end{pmatrix}. \tag{3.2}$$

さらにこの式で $\boldsymbol{u}(t) = (A(t), J(t))$，$\boldsymbol{p}(t) = (A_s(t), 0)$，行列部分を $\boldsymbol{M}$ で書き直せば，簡略化された形で書くことができる．

$$\boldsymbol{u}'(t) = \boldsymbol{M}\boldsymbol{u}(t) + \boldsymbol{p}(t). \tag{3.3}$$

この解を得るために，まず，付加項のない，通常の 2 次則モデルの解 (1.32),(1.33) を，本節のパラメータで書き改めてみれば，次の式で書くことができる．

$$\begin{pmatrix} A(t) \\ J(t) \end{pmatrix} = \begin{pmatrix} \cosh(\sqrt{ja}t) & -\sqrt{j/a}\sinh(\sqrt{ja}t) \\ -\sqrt{a/j}\sinh(\sqrt{ja}t) & \cosh(\sqrt{ja}t) \end{pmatrix} \begin{pmatrix} A_0 \\ J_0 \end{pmatrix}. \tag{3.4}$$

さらにこの式を簡略化して，行列部分を時間に依存する新たな指数行列 $e^{\boldsymbol{M}t}$，初期兵力を $\boldsymbol{u_0}$ で定義しなおせば，付加項がない 2 次則モデルの解 (3.4) は次のように書きなおせる．

$$\boldsymbol{u}(t) = e^{\boldsymbol{M}t}\boldsymbol{u_0}. \tag{3.5}$$

付加項のある (3.3) の解を求めるために，(3.5) で初期兵力に相当する $\boldsymbol{u_0}$ を時間に依存する新たなベクトル $\boldsymbol{v}(t)$ で置き換えて，両辺を微分してみれば，次の形に書くことができる．

$$\boldsymbol{u}'(t) = \boldsymbol{M}\,e^{\boldsymbol{M}t}\boldsymbol{v}(t) + e^{\boldsymbol{M}t}\boldsymbol{v}'(t) = \boldsymbol{M}\boldsymbol{u}(t) + e^{\boldsymbol{M}t}\boldsymbol{v}'(t). \tag{3.6}$$

(3.3) と (3.6) とを比べれば，第 2 項どおしが等しい条件から，$\boldsymbol{v}(t)$ については，

$$e^{\boldsymbol{M}t}\boldsymbol{v}'(t) = \boldsymbol{p}(t) \tag{3.7}$$

が満たされなければならない．この式の両辺に左側から逆行列 $e^{-\boldsymbol{M}t}$ を掛けて積分すれば

$$\boldsymbol{v}(t) = \int_0^t e^{-\boldsymbol{M}s}\boldsymbol{p}(s)ds + \boldsymbol{u_0} \tag{3.8}$$

が得られる．定数部分を時間に依存し変化させる最終的な $\boldsymbol{u}(t)$ は，(3.5) より，以下となる．

$$\boldsymbol{u}(t) = e^{\boldsymbol{M}t}\boldsymbol{v}(t) = e^{\boldsymbol{M}t}\int_0^t e^{-\boldsymbol{M}s}\boldsymbol{p}(s)ds + e^{\boldsymbol{M}t}\boldsymbol{u_0} = \int_0^t e^{\boldsymbol{M}(t-s)}\boldsymbol{p}(s)ds + e^{\boldsymbol{M}t}\boldsymbol{u_0}. \tag{3.9}$$

この式で，第 2 項はもともとの付加項がない 2 次則モデルの解であり，第 1 項が付加項のために新たに加えられる部分である．第 1 項部分を計算すると，以下のようになる．

$$\int_0^t \begin{pmatrix} \cosh(\sqrt{ja}(t-s)) & -\sqrt{j/a}\sinh(\sqrt{ja}(t-s)) \\ -\sqrt{a/j}\sinh(\sqrt{ja}(t-s)) & \cosh(\sqrt{ja}(t-s)) \end{pmatrix} \begin{pmatrix} A_s(s) \\ 0 \end{pmatrix}ds$$

$$= \begin{pmatrix} \int_0^t \cosh(\sqrt{ja}(t-s))A_s(s)ds \\ -\sqrt{a/j}\int_0^t \sinh(\sqrt{ja}(t-s))A_s(s)ds \end{pmatrix}. \tag{3.10}$$

以上より，(3.3) の解は，(3.4) と (3.10) の和として最終的に次のように求められる．

$$\boldsymbol{u}(t) = \begin{pmatrix} A_0 \cosh(\sqrt{ja}t) - J_0\sqrt{j/a}\sinh(\sqrt{ja}t) \\ -A_0\sqrt{a/j}\sinh(\sqrt{ja}t) + J_0\cosh(\sqrt{ja}t) \end{pmatrix} + \begin{pmatrix} \int_0^t \cosh(\sqrt{ja}(t-s))A_s(s)ds \\ -\sqrt{a/j}\int_0^t \sinh(\sqrt{ja}(t-s))A_s(s)ds \end{pmatrix}. \quad (3.11)$$

戦闘開始時 ($t=0$) の条件，$A(0) = A_0 = 0, J(0) = J_0$ を代入すれば，さらに簡略化できる．

$$\boldsymbol{u}(t) = \begin{pmatrix} A(t) \\ J(t) \end{pmatrix} = \begin{pmatrix} -J_0\sqrt{j/a}\sinh(\sqrt{ja}t) + \int_0^t \cosh(\sqrt{ja}(t-s))A_s(s)ds \\ J_0\cosh(\sqrt{ja}t) - \sqrt{a/j}\int_0^t \sinh(\sqrt{ja}(t-s))A_s(s)ds \end{pmatrix}. \quad (3.12)$$

この式を利用して，第 t 日から第 $(t+1)$ 日の兵力を計算する式を示す．まず，第 t 日から第 $(t+1)$ 日の間に補充されるアメリカ軍の兵力を $A_s(s) = C_t$ ($t \leq s < t+1$) とする．ここで C_t は非負の整数である．(3.12) の上の式より

$$A(t+1) = -J_0\sqrt{j/a}\sinh(\sqrt{ja}(t+1)) + \int_0^{t+1} \cosh(\sqrt{ja}(t+1-s))A_s(s)ds. \quad (3.13)$$

右辺の第 2 項は，2 つの積分区間 $[0,t]$ と $[t,t+1]$ に分割できる．

$$\int_0^{t+1} \cosh(\sqrt{ja}(t+1-s))A_s(s)ds = \int_0^t \cosh(\sqrt{ja}(t+1-s))A_s(s)ds$$
$$+ \int_t^{t+1} \cosh(\sqrt{ja}(t+1-s))A_s(s)ds. \quad (3.14)$$

双曲線関数に関しては，以下の加法定理が成立することを容易に確認できる．

$$\cosh(x+y) = \cosh(x)\cosh(y) + \sinh(x)\sinh(y). \quad (3.15)$$

これより，(3.14) の各項に関して，次のように展開できる．

$$\int_0^t \cosh(\sqrt{ja}(t-s+1))A_s(s)ds$$
$$= \cosh\sqrt{ja}\int_0^t \cosh(\sqrt{ja}(t-s))A_s(s)ds + \sinh\sqrt{ja}\int_0^t \sinh(\sqrt{ja}(t-s))A_s(s)ds. \quad (3.16)$$

$$\int_t^{t+1} \cosh(\sqrt{ja}(t+1-s))A_s(s)ds = C_t\int_t^{t+1} \cosh(\sqrt{ja}(t+1-s))ds$$
$$= C_t\left[-\frac{\sinh(\sqrt{ja}(t+1-s))}{\sqrt{ja}}\right]_t^{t+1} = \frac{C_t \sinh(\sqrt{ja})}{\sqrt{ja}}. \quad (3.17)$$

これらを (3.14) に代入し，$\cosh(\sqrt{ja}), \sinh(\sqrt{ja})$ について整理すると，

$$\begin{aligned}
A(t+1) &= \cosh(\sqrt{ja})\left(-J_0\sqrt{\frac{j}{a}}\sinh(\sqrt{ja}t) + \int_0^t \cosh(\sqrt{ja}(t-s))A_s(s)ds\right) \\
&\quad - \sqrt{\frac{j}{a}}\sinh(\sqrt{ja})\left(J_0\cosh(\sqrt{ja}t) - \sqrt{\frac{a}{j}}\int_0^t \sinh(\sqrt{ja}(t-s))A_s(s)ds - \frac{C_t}{j}\right) \\
&= \cosh(\sqrt{ja})A(t) - \sqrt{\frac{j}{a}}\sinh(\sqrt{ja})\left(J(t) - \frac{C_t}{j}\right).
\end{aligned} \quad (3.18)$$

$J(t+1)$ についても同様の計算を行えば，次のように整理される．

$$J(t+1) = -\sqrt{\frac{a}{j}}\sinh(\sqrt{ja})A(t) + \cosh(\sqrt{ja})\left(J(t) - \frac{C_t}{j}\right) + \frac{C_t}{j}. \quad (3.19)$$

3.1.3 モデルの検証と考察

エンゲルは前小節で導いた両軍の日々の兵力の計算式 (3.18),(3.19) を活用するために，次のようなステップにより計算を行った．

まず，両軍の撃破速度 a, j を実データから算出した．アメリカ軍の撃破速度 a を求めるために，(3.1) の日本軍に関する微分方程式の両辺を戦闘を開始した日 ($t = 0$) から終了した日 ($t = T$) まで積分した．この結果，

$$J(T) - J(0) = -a \int_0^T A(t)dt \tag{3.20}$$

となり，これより a は $a = (J(0) - J(T))/\int_0^T A(t)dt$ と計算される．この分母は，アメリカ軍が投入した兵力数を戦闘期間で積分したものであり，アメリカ軍の日々の戦闘に参加した人数が記録されていることから，その合計 $\sum_{t=0}^T A(t)$ で計算できる．この結果，

$$a = (J(0) - J(T))/\sum_{t=0}^T A(t) \tag{3.21}$$

が求められ，入手不能のデータである日本軍の日々の兵力数については，その近似値 $\hat{J}(t)$ が

$$\hat{J}(t) = J(0) - a\left(\sum_{u=0}^t A(u)\right) \tag{3.22}$$

により計算できる．(初期投入兵力 $J(0)$ は把握できている．)

次に，アメリカ軍の日々の兵力数 $A(t)$ を使って日本軍の攻撃能力 j を算出することを考える．戦闘が終了する直前の時点を V とし，(3.1) のアメリカ軍に関する微分方程式を積分すると，以下を得る．

$$A(V) - A(0) = -j\int_0^V J(t)dt + \int_0^V A_s(t)dt \,. \tag{3.23}$$

逐次，追加投入される兵力 $A_s(t)$ は，特定の日に一定の人数 $C_t(\geq 0)$ が投入された記録が残っているので，そこから計算できる．

$$\int_0^V A_s(t)dt = \sum_{t=0}^V A_s(t) \,. \tag{3.24}$$

日々の日本軍の参戦者数に依存する (3.23) 第1項は，(3.22) で計算される近似値 $\hat{J}$ を代入することで，アメリカ軍の日々の兵力の近似値 $\hat{A}(V)$ は次の式で書くことができる．

$$\hat{A}(V) - A(0) = -j\sum_{t=0}^V \hat{J}(t) + \sum_{t=0}^V A_s(t) \,. \tag{3.25}$$

ここで，戦闘開始時は $A(0) = 0$ なので，結局，日本軍の攻撃能力 j は，

$$j = \left(\sum_{t=0}^V A_s(t) - \hat{A}(V)\right)/\sum_{t=0}^V \hat{J}(t) \tag{3.26}$$

として計算される．

以上で導出した撃破速度の計算式にもとづいて，エンゲルは a, j の値を実際のデータから算出した．硫黄島での戦闘は 1945 年 2 月 19 日から 3 月 26 日まで 36 日間に及んだ．表 3.3 にこの間に投入された日米両軍の兵力数の推移を示す．この間に日本軍の戦闘能力はほぼ壊滅したとみなせることから，$J(0) = 21500, J(36) = 0$ とした．これに対するアメリカ軍は，開戦当初から日本軍の 2 倍以上の初期兵力 $A_s(0) = 54000$ が投入され，さらに戦闘期間中に 2 回の補充が実施された．この結果，戦闘期間での延べ投入兵力数は $\sum_{t=0}^{36} A(t) = 2037000$ となる．これらの値より，アメリカ軍の攻撃能力 (撃破速度) は，$a = 21500/2037000 = 0.0106$ と計算される．

日本軍の攻撃能力 j を算出するためには，戦闘態勢を注意深く観察する必要がある．戦闘は 2 月 19 日に始まり，第 28 日目にあたる 3 月 18 日にほぼ全島がアメリカ軍により制圧された．その後は，掃討作戦に切り替わったために，組織的な戦闘期間としては $V = 28$ とした．これらの経緯より

$$\hat{A}(28) = 52735, \quad \sum_{t=0}^{28} A_s(t) = 73000, \quad \sum_{t=0}^{28} \hat{J}(t) = 372500 \tag{3.27}$$

となり，(3.26) に代入することで，日本軍の撃破速度は $j = (73000 - 52735)/372500 = 0.0544$ と求められる．

日米両軍の戦闘能力の交換比 (j/a) は $0.0544/0.0106 = 5.132$ であった．これはすなわち，日本軍の攻撃能力がアメリカ軍に比べ，実に約 5 倍も精強であったことを示している．洞窟内に立てこもって防勢的なゲリラ戦闘を実施する軍隊のほうが一般的には有利であることが知られている．日本軍も最終的には，ほぼ全滅したものの有利に戦ったことは交換比から明らかである．さらには，戦闘に参加した日本軍の個々の兵士の意識が総じて高かったことも，この高い交換比をもたらした大きな要因であったといえよう．

最後に，計算により得られた撃破速度 a, j から，以下の値が計算される．

$$\cosh\sqrt{ja} = 1.00029, \quad \sinh\sqrt{ja} = 0.02408 . \tag{3.28}$$

これらの値を (3.18),(3.19) に代入すれば，日々の兵力を逐次計算することができる．

$$\begin{cases} A(t+1) &= 1.00029 A(t) - 0.05455 J(t) + 1.00278 C_t , \\ J(t+1) &= -0.01063 A(t) + 1.00029 J(t) - 0.00533 C_t . \end{cases} \tag{3.29}$$

図 3.1 に全交戦期間である 36 日間のアメリカ軍の兵力変化について，この計算式 (3.29) から得られた結果と，実際の日々の記録とを併せて示す．日本軍の記録が焼失してしまっているためにアメリカ軍の結果しか示されていないが，計算値が実データに極めて近い値となっていることがグラフから読み取れる．2 次則モデルが極めてうまく当てはまっている好例として有名な結果である．

3.1. 硫黄島の戦闘

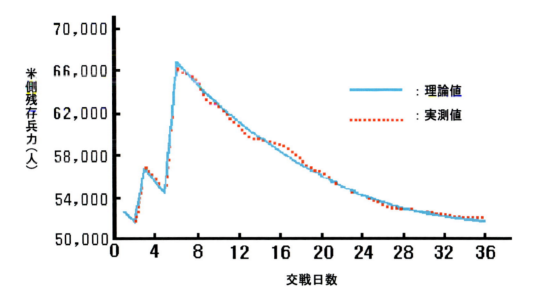

図 3.1: 硫黄島の戦闘への2次則モデルの適用結果 (アメリカ軍兵力のみ)

表3.3 日米両軍の戦闘参加兵力数 [人][50]

t[日]	$J(t)$[人]	$A(t)$[人]	$A_s(t)$[人]	t[日]	$J(t)$[人]	$A(t)$[人]	$A_s(t)$[人]
0	21500	0	54000	19	9800	56768	0
1	21128	52977	0	20	9199	56250	0
2	20661	51835	6000	21	8604	55765	0
3	20084	56740	0	22	8014	55312	0
4	19487	55661	0	23	7428	54891	0
5	18901	54614	13000	24	6847	54502	0
6	18257	66635	0	25	6270	54144	0
7	17554	65658	0	26	5696	53818	0
8	16861	64719	0	27	5126	53523	0
9	16178	63818	0	28	4559	53259	0
10	15504	62954	0	29	3994	53026	0
11	14839	62127	0	30	3431	52824	0
12	14183	61336	0	31	2870	52652	0
13	13535	60580	0	32	2311	52511	0
14	12895	59859	0	33	1753	52400	0
15	12262	59173	0	34	1196	52320	0
16	11637	58521	0	35	640	52270	0
17	11018	57903	0	36	85	52250	0
18	10406	57319	0				

3.2 その他の事例研究

その他の事例研究について以下の表にまとめる．現在までのすべての研究事例を網羅しているわけではないが，1987年までの研究例についてはLepingwellがまとめた結果[32]を記してある．研究例が少ないようにも見えるが，扱う対象が戦闘での犠牲者の記録という点から，詳細なデータが収集され把握されていることは少ない．また，データを公表すべきでないという判断もあったと思われ，分析に利用可能な実データの取得が制限されてきた結果，以下のような研究状況になったと思われる．

表3.4 ランチェスターモデルによる事例研究 (一部 [24] 参照)

適用状況	著者	掲載年	1次則	2次則
硫黄島の戦い	J.H.Engel	1954		○
WW2の10の島嶼戦	H.K.Weiss	1957		○
1618 – 1905の1000戦闘	D.Willard	1962	×	×
Weissの再試	T.Kisi	1963	○	
グアム島の戦い	岸尚	1965		○
南北戦争の戦闘	H.K.Weiss	1966	○	
朝鮮戦争の仁川上陸作戦	J.J.Busse	1969		○
朝鮮戦争のシミュレーション	W.W.Fain	1970		○
硫黄島の戦い	J.R.Thompson	1972	○	
WW2ヨーロッパの60陸上戦	J.B.Fain	1977	△	△
実践演習データ	R.Pizer	1984		○
1973のアラブ・イスラエル戦闘	S.Bonder	1984		
南北戦争の16戦闘	D.L.I.Kirkpatrick	1985	○	
Helmbold, Busse, Dupuyの再試	D.S.Hartley III	1995	Log	Log
朝鮮戦争仁川の戦闘	D.S.Hartley III, R.L.Helmbold	1995		△
WW2のアルデンヌの交戦	J.Bracken	1995	○	
アルデンヌの戦い	R.D.Fricker, Jr.	1998		
クルスク＆アルデンヌの戦い	T.W.Lucus, T.Turkes	2004		
クルスクの戦いでの戦闘環境からの影響	T.W.Lucas, J.A.Dinges	2004		
バトル・オブ・ブリテン	I.R.Johnson, N.J.MacKey	2011		

この表からわかることは，取り扱う戦闘として，第2次世界大戦の各地での戦闘が中心となっていることである．近代的な戦いの中で，データ取得の重要性が認識され始めた時期ゆえの結果であると考えられる．また，あまりに長期間や大規模すぎる戦闘については，ランチェスターモデルの適用を可とする状況から外れてしまうために，第2次大戦での各地での戦闘期間程度が分析の対象とするのに都合が良かったからかもしれない．

これらの分析事例で共通的にいえることは，各研究での中心テーマが「1次則モデル，もしくは2次則モデルの，どちらがより適合するか？」という議論と，その議論をサポートするために，分析対象となっている戦場での戦闘の様子の考察を展開していることである．

3.2. その他の事例研究

この1次則・2次則いずれかへの適合類別を実施するために必要な統計学的手続き (仮説の検定) について, Kisi が行った太平洋の島嶼戦での分析事例 [28] をもとに解説する. この手法は第6章での日露戦争陸戦での類別議論でも利用することとなる.

岸はWW2の10の島嶼戦闘について, 同時期のこれら一連の戦闘における損耗が, 1次則モデルに従うか, 2次則モデルに従うかの判定を統計的検定の手法を用いて実施した. これは, それ以前に実施された Weiss の研究 [60] の再検定にもなっている. 分析に用いた島嶼戦での損耗データを表3.5に示す. 表中の右2列は検定に用いるために加工したデータである.

これら島嶼でのいずれの戦闘においても, 日本軍兵力は (ほぼ) 全滅したものとみなせる. 米軍兵力の初期兵力, 終末兵力を m_0, m で, 日本軍初期兵力を n_0 として, 日米両軍の交換比を α_1 で表せば, 1次則フェーズ解は,

$$m_0 - m = \alpha_1(n_0 - 0) = \alpha_1 n_0 \tag{3.30}$$

と書くことができる. この両辺を n_0 で割れば,

$$m_0/n_0 - m/n_0 = \alpha_1 \tag{3.31}$$

と書きなおすことができる. さらに各島嶼戦を添え字 i で表し, それぞれの島嶼戦ごとで, $x_i = m_0/n_0, y_i = m/n_0$ とするデータを計算すれば, 各島嶼戦の数だけ, 2次元のデータ点 (x_i, y_i) が得られる. これらの点から得られる傾き1の回帰直線 $\hat{x} - \hat{y} = \alpha_1$ 付近に各点が散布しているかどうかで検定を実施する. すなわち, 帰無仮説「データ点から得られる回帰直線の傾きが1である.」が棄却されなければ, 島嶼戦データが1次則モデルに従うことが支持される. 一方で, この仮説が棄却されることになれば, 1次則モデルに従うとは言えないと結論付けられる.

実際に岸が対象とした島嶼戦の10点のデータから得られた回帰直線は

$$\hat{y} = 1.0198\hat{x} - 0.636 \tag{3.32}$$

となり t 検定のための t 値は, $t = 0.88$ となった. これは自由度8での有意水準0.5%とするときの棄却域 $\{t|t \geq 2.306\}$ に含まれないことから, 帰無仮説は棄却されない. これより, 島嶼戦データが1次則モデルに従うことが支持されるという結論になる.

同様の手法で, 2次則モデルの検定を考える. 2次則モデルのフェーズ解は

$$m_0^2 - m^2 = \alpha_2(n_0^2 - n^2) \tag{3.33}$$

と書くことができる. 日本軍の最終兵力 $n = 0$ より, この式の両辺を n_0^2 で割った新たな変数 $X_i = m_0^2/n_0^2, Y_i = m^2/n_0^2$ を定義して, 標準的な $\hat{X} - \hat{Y} = \alpha_2$ の形に変形し, 傾きが1になるかの検定を実施する. その結果, 回帰直線は

$$\hat{Y} = 0.9352\hat{X} - 2.6226 \tag{3.34}$$

となり, t 検定のための t 値は, $t = 5.4$ となった. 今度は上に示した棄却域 $\{t|t \geq 2.306\}$ に含まれるため, 帰無仮説は棄却される. これにより, 島嶼戦データが2次則モデルに従うことは支持されない, と結論付ける.

以上から, 島嶼戦の10データは t 検定により, 1次則モデルには, よく適合する (帰無仮説は棄却されない) が, 2次則モデルは適合しない (帰無仮説は棄却される) ことが結論付けら

れる．ただし，分析に用いたデータの信ぴょう性に疑問があると，論文[28]ではコメントされている．(マキンおよびテニアンのデータがわずかに変化する場合，結論が真逆になってしまう恐れがある．) 以上が統計的検定手法に基づく1次則・2次則モデル類別の概要である．

表 3.5 島嶼戦闘での兵力損耗 [28]

島嶼名	米軍初期兵力 (×1000) (1)	米軍終末兵力 (×1000) (2)	日本軍初期兵力 (×1000) (3)	x_i = (1)/(3)	y_i = (2)/(3)
タラワ	17	13.8	4.0	4.2500	3.4500
マキン	7	6.7	0.7	10.0000	9.5714
クワザリン	34	31.8	8.8	3.8636	3.6136
エニウェトク	10	9.0	2.2	4.5455	4.0909
サイパン	68	53.1	30.0	2.2667	1.7700
テニアン	40	37.8	4.5	8.8889	8.4000
グアム	60	50.2	18.5	3.2432	2.7135
ペリリウ	25	19.0	10.5	2.3810	1.8095
アンガウア	10	8.3	3.0	3.3333	2.7667
硫黄島	61	41.8	22.0	2.7727	1.9000

最後に，表3.4の下部分に再度注目していただきたい．長い間続けられてきた類別議論ではあるが，表3.4の下部に含まれている1990年代以降の検証例では，それまでの「1次則か？2次則か？」の議論から離れ始め，非整数次数での微分方程式による表現(パラメータ推定)が新たな研究テーマとなり始めた．これらの研究が実施されるに至った背景には，研究が発表される直前に，第2次世界大戦中のドイツ軍・フランス軍(連合国軍)間の，あるいはドイツ軍・ロシア軍間の交戦データが公開されたことが挙げられる．この時期以降，1次則・2次則の類別議論から開放され，一般化ランチェスターモデル(Generalized Lanchester Model; GLM)による検証スタイルが登場してくる．これらの分析事例の紹介とGLMによる分析方法の詳細については第6章で解説する．

第4章　現代的な戦闘様相への対応

　戦闘様相は時代とともに変化するものである．ランチェスターがモデルを提唱した20世紀初頭は，航空機が戦闘に投入され始めた時代であり，まさにその時代の変化をランチェスターが "The Dawn of the Fourth Arm(第4の兵器の夜明け)" として記述しようとした結果，数式による戦闘モデルが確立され，研究が始まったのである．基本的なモデルが提唱されると，その後の拡張として，第2章で見たように，様々な兵力規模やその非対称性に注目したモデルの記述や，第3章で見たように，実戦に適用してモデルの描写力を確認する作業なども行われ始めた．本章では，さらにその後の戦闘スタイルや装備の近代化に目を向けて，時代とともに変化する戦い方をモデル化した研究例を紹介する．具体的には，(1) 非正規戦闘であるゲリラ戦のモデルならびに，(2) 防空機能を評価に組み込むモデルについて解説する．非正規戦闘については，世界各地において古くから採用されている戦術であるが，モデル化する際のポイントは，損耗プロセスを非対称に記述することである．2番目の防空機能については，従来からの砲弾攻撃のほかにミサイルや爆撃機による攻撃への対抗策として登場してきた機能である．近年の重大な経空脅威であるいずれからの攻撃に対しても，防空システムにより損耗が低減される効果をどのようにモデルに反映するかがポイントとなる．

4.1　ゲリラ戦闘モデル

　ゲリラ戦闘は小規模な兵力，劣勢な兵力が地形や植生などの自然環境を利用し，正規軍や優勢な兵力に対抗しようとする戦闘形態であり，これまで多くの戦場で繰り広げられてきた．例えばベトナム戦争やアフガニスタン紛争など，近年の多くの戦場でゲリラ戦闘が展開されている．パルチザンやレジスタンスなどもこの範疇に含まれるようである．ゲリラに関する広範な攻撃形態はさておき，政府軍 (以下B軍で表示) とゲリラ兵力 (R軍で表示) との戦闘状況として，図4.1に示すような，攻撃すべき個々の政府軍兵士を「見えているゲリラ兵力」と，ゲリラが潜んでいるかもしれない遮蔽物に向かう「見えていない政府軍兵力」が対峙する状況を設定する [12]．この状況を，第1章で見た，基本的な1次則モデルと2次則モデルの組み合わせで表現する．すなわち，ゲリラ戦闘のランチェスターモデルを以下の連立微分方程式で記述する．

$$\begin{cases} \dfrac{dR(t)}{dt} = -b_1 B(t) R(t) \\ \dfrac{dB(t)}{dt} = -r_2 R(t) \ . \end{cases} \quad (4.1)$$

このときの攻撃能力 (撃破速度) b_1, r_2 は，第1章で導入した1次則モデル，2次則モデルと同じ組み立てであり，それぞれを構成している物理的要素は異なるので注意が必要である．

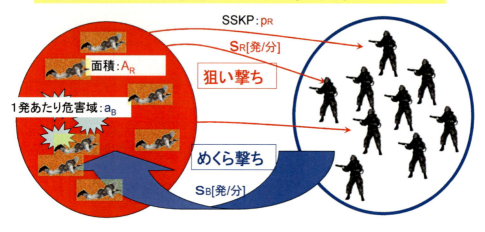

図 4.1: ゲリラ戦闘モデルのイメージ

また，もともと異なる損耗プロセスのモデルを，この戦闘状況では混在して扱うために，このモデルを **混合則モデル** と呼ぶこともある．

まず，このモデルのフェーズ解の様子について見ていこう．(4.1) の2つの式から，次の関係式を導くことができる．

$$\frac{dB(t)}{dR(t)} = \frac{r_2 R(t)}{b_1 B(t) R(t)} = \frac{r_2}{b_1 B(t)} . \tag{4.2}$$

両辺の分母を払い，交戦開始時 ($t=0$) から，任意の時刻 t まで積分を実施する．

$$r_2 \int_0^t dR(t) = b_1 \int_0^t B(t) dB(t) . \tag{4.3}$$

積分した結果より，以下のフェーズ解が得られる．

$$r_2(R_0 - R(t)) = \frac{b_1}{2}\left(B_0^2 - B^2(t)\right) . \tag{4.4}$$

この式から明らかなように，R軍の損耗は1次式に従い，一方B軍の損耗は2次式に従うことがわかる．図 4.2 に，さまざまな初期条件 (R_0, B_0) から戦闘を開始するときのフェーズ解の軌跡について示す．この図から明らかなように，優劣が分岐するのは $b_1 B_0^2 = 2 r_2 R_0$ であり，$b_1 B_0^2 > 2 r_2 R_0$ ならばB軍の勝利，逆に $b_1 B_0^2 < 2 r_2 R_0$ の場合はR軍の勝利となる．

さらにゲリラ戦闘モデルについて，時間解を導く．まず，(4.4) を変形すると以下のように書き直せる．

$$b_1 B^2(t) = 2 r_2 R(t) + (b_1 B_0^2 - 2 r_2 R_0) . \tag{4.5}$$

4.1. ゲリラ戦闘モデル

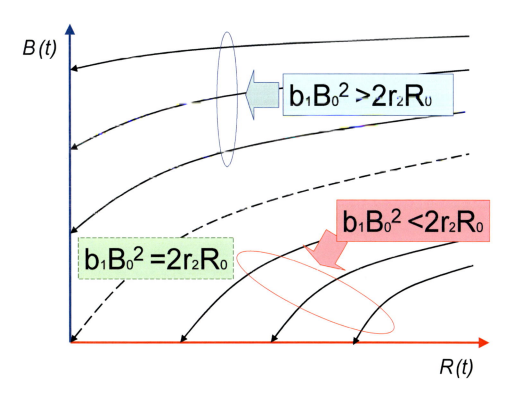

図 4.2: ゲリラ戦闘 (1・2次混合則) モデルのフェーズ解

$R(t)$ について解くと以下の形に書ける．定数部分を $C = b_1 B_0^2 - 2r_2 R_0$ とおいた．

$$R(t) = \frac{b_1 B^2(t) - (b_1 B_0^2 - 2r_2 R_0)}{2r_2} = \frac{b_1 B^2(t) - C}{2r_2} \ . \tag{4.6}$$

この式を (4.1) の $B(t)$ に関する微分方程式に代入し整理すると，以下を得る．

$$\frac{dB(t)}{B^2(t) - C/b_1} = -\frac{b_1}{2} dt \ . \tag{4.7}$$

フェーズ解の考察でも見たように，C は両軍の優劣を分ける境界であり，プラスにもマイナスにもなりうる．一方，撃破速度 b_1 は常にプラスの設定である．ここではまず，$C < 0$ すなわち，B軍が不利な状況の解を考える．定数部分を次のように正定数 u で置き換える．

$$C/b_1 = -u, \quad u > 0 \ . \tag{4.8}$$

このとき (4.7) は以下のように変形できる．

$$\frac{dB(t)}{B^2(t) + (\sqrt{u})^2} = -\frac{b_1}{2} dt \ . \tag{4.9}$$

両辺を $[0, t]$ の間で積分を実行すると，最終的に $B(t)$ は (4.11) の形で求められる．

$$\int_0^t \frac{dB(t)}{B^2(t) + (\sqrt{u})^2} = -\frac{b_1}{2} \int_0^t dt \ ,$$
$$\frac{1}{\sqrt{u}} \left(\tan^{-1} \frac{B(t)}{\sqrt{u}} - \tan^{-1} \frac{B_0}{\sqrt{u}} \right) = -\frac{b_1}{2} t \ . \tag{4.10}$$

$$B(t) = \sqrt{u}\tan\left(-\frac{b_1\sqrt{u}}{2}t + \tan^{-1}\frac{B_0}{\sqrt{u}}\right). \tag{4.11}$$

ここで，tan に関する加法定理

$$\tan(\alpha + \beta) = \frac{\tan\alpha + \tan\beta}{1 - \tan\alpha\tan\beta} \tag{4.12}$$

及び $\tan(\tan^{-1}(\theta)) = \theta$ であることより (4.11) は，結局以下の形に書くことができる．

$$B(t) = \frac{\sqrt{u}(B_0 - \sqrt{u}\tan(b_1\sqrt{u}t/2))}{\sqrt{u} + B_0\tan(b_1\sqrt{u}t/2)}, \tag{4.13}$$
ただし $u = -C/b_1, \quad 0 < b_1\sqrt{u}t/2 < \pi/2$ ．

この結果を (4.6) に代入すれば，R 軍の時間解は次のように求められる．

$$R(t) = -\frac{C}{2r_2}\left\{\left(\frac{B_0 - \sqrt{u}\tan(b_1\sqrt{u}t/2)}{\sqrt{u} + B_0\tan(b_1\sqrt{u}t/2)}\right)^2 + 1\right\}. \tag{4.14}$$

(4.13),(4.14) の解析解からも明らかなように，R 軍が優勢 ($C < 0$) の条件下では，長時間経過後 ($t \to \infty$) には

$t \to \infty$ で $R(\infty) \to -C/(2r_2) \, (> 0), \quad B(\infty) \to 0$ (全滅) となる．

次に，$C > 0$ すなわち，$b_1 B_0^2 > 2r_2 R_0$ (B 軍優勢) の場合を考える．$C/b_1 = v, \quad (v > 0)$ とおく．このとき，(4.7) より

$$\frac{dB(t)}{B^2(t) - (\sqrt{v})^2} = -\frac{b_1}{2}dt. \tag{4.15}$$

さらに左辺を 2 つの分数に分解し，$[0, t]$ で積分を実行する．

$$\frac{1}{B^2(t) - (\sqrt{v})^2} = \frac{1}{2\sqrt{v}}\left[\frac{1}{B(t) - \sqrt{v}} - \frac{1}{B(t) + \sqrt{v}}\right]. \tag{4.16}$$

$$\frac{1}{2\sqrt{v}}\left(\int_0^t \frac{dB(t)}{B(t) - \sqrt{v}} - \int_0^t \frac{dB(t)}{B(t) + \sqrt{v}}\right) = -\frac{b_1}{2}\int_0^t dt. \tag{4.17}$$

途中の計算は省略するが最終的には，(4.19) が B 軍の時間解 $B(t)$ となる．

$$\frac{B(t) - \sqrt{v}}{B(t) + \sqrt{v}} \bigg/ \frac{B_0 - \sqrt{v}}{B_0 + \sqrt{v}} = e^{-b_1\sqrt{v}t}. \tag{4.18}$$

$$B(t) = \frac{\sqrt{v}(1 + Ke^{-b_1\sqrt{v}t})}{1 - Ke^{-b_1\sqrt{v}t}}, \tag{4.19}$$
ただし，$K = (B_0 - \sqrt{v})/(B_0 + \sqrt{v})$．

4.1. ゲリラ戦闘モデル

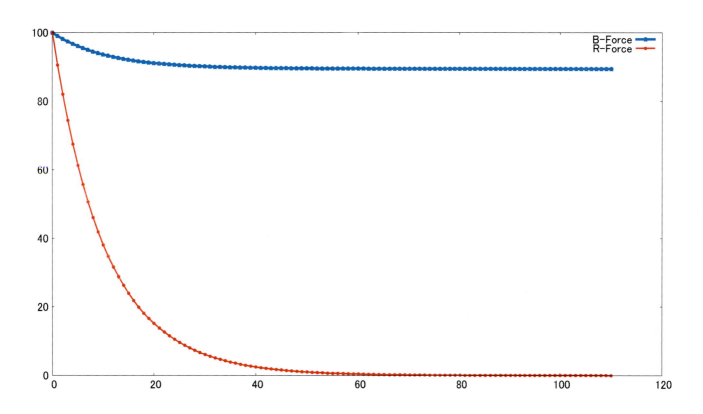

図 4.3: ゲリラ戦闘 (1・2 次混合則) モデルの時間解

これを再び (4.6) に代入して整理すると，以下の R 軍の時間解 $R(t)$ を得る．

$$R(t) = \frac{C}{2r_2}\left\{\left(\frac{1+Ke^{-b_1\sqrt{v}t}}{1-Ke^{-b_1\sqrt{v}t}}\right)^2 - 1\right\}. \tag{4.20}$$

(4.19),(4.20) の解析解からも明らかなように，B 軍が優勢の条件下 ($C>0$) では，長時間経過後 ($t\to\infty$) には

$t\to\infty$ で $R(\infty) \to 0$ (全滅), $B(\infty) \to \sqrt{v}\ (>0)$ となることがわかる．

図 4.3 に時間解のイメージを示す．この例では初期兵力は $B_0=100, R_0=100$，撃破速度 $b_1=0.001, r_2=0.01$ として B 軍優勢の条件 ($b_1 B_0^2 > 2r_2 R_0$) で計算を開始している．このため R 軍は早い時間から急速に兵力が減少し，一方の B 軍の損耗は $t=40$ ごろまでには減少しなくなる．R 軍は $t=60$ 時点付近でほぼ全滅する．B 軍の残存兵力 B_{end} は (4.4) で $R(t)=0$ とおくことで，$B_{end}=\sqrt{B_0^2-2r_2R_0/b_1}=89.4$ 程度で終結する結果となっている．

ゲリラ戦闘での勝敗を考えた場合の特徴的なことは，ゲリラ側の条件が圧倒的に有利で，政府軍側は攻撃能力を大幅に向上させるか，投入兵力数を大幅に増加させるかの選択しか対抗策がないことである．例えば，文献 [51] によれば，政府軍とゲリラが交戦した 1940-1960 年代のいくつかの戦闘から，政府軍が勝利する場合の戦力比はゲリラに対して平均 10 倍程度必要，一方，ゲリラが政府軍に勝つための戦力比は平均 4 倍程度ですむ結果が得られている．

また，簡単な計算例 [24] ではあるが，ゲリラ $R_0=10$[名] が，10m 四方 ($=100m^2$) に 1 人の割合で政府軍を待ち伏せしているとする．このとき R 軍の展開面積は $A_R=1000m^2$ となる．さらにゲリラ射弾の SSKP を $p_R=0.10$，致命域 $a_B=0.2m^2$ とし，両軍が持つであろう小銃の発射速度はほぼ同等であることから $s_B=s_R$ とすれば，ゲリラ兵力と引き分ける

レベルまでの政府軍兵力数は (4.5) より $B_0 = 100$[名] が必要となる．上述した実戦結果と同様に，10倍程度の兵力比を持たないとゲリラと同等なレベルで交戦できないことがわかる．

政府軍は，ゲリラに比して多数の兵力投入が有効であるが，個別の局地戦闘に大規模な兵力投入は難しいために，戦闘期間が長期化する傾向になりがちである．こうした事情から対ゲリラ戦闘では，少数ゲリラ勢力をさらに分断して個別掃討する戦術が有効である．ゲリラ戦闘が困難な戦いであることは，多くの実戦が物語っている．

4.2 ミサイル防空機能を考慮したモデル

4.2.1 はじめに

ランチェスターモデルが登場してきた背景を見るまでもなく，交戦においては，敵を攻撃し，損耗させる戦闘行為が基本である．時代を経て，戦場での技術革新に伴う攻撃態様が変化していく中で，近代になると，ランチェスターがイメージしたと思われる航空機どおしの空中戦のほか，航空機による爆撃や，その後のミサイル攻撃などが登場し，目標致命域へのより精密な攻撃が可能となってくる．攻撃精度が向上すれば，今度は戦場に展開する個々の戦闘単位の残存性の向上が問題になり始めたと思われる．また，精密な攻撃が可能となれば，逆に，反撃の精度も向上しうる．こうした事情が精密防御兵器の登場を促すことになる．

例えば，経空脅威に対する遮蔽物が皆無である洋上戦闘空間では，個々の戦闘単位の残存性を高める必要性から，イージスシステムに代表されるような防空装備が開発されてきた．このシステムでは敵機からの爆撃やミサイル攻撃に対抗し，広範囲にわたって，主として対空ミサイルで防御する．長距離探知かつ同時多目標追尾可能な高性能レーダーおよび同時多数発発射可能な長射程対空ミサイルで構成されるイージスシステムを装備した艦艇が，洋上に展開する艦隊全体をエリア的に防御する．このシステムを補完する機能して，個々の艦艇が自らを防御する個艦防空機能もある．これはイージスシステムで迎撃できなかった経空目標に対し，個々の艦艇が装備する短距離対空ミサイル，砲 (大口径の主砲および小口径の機関砲) により対処し，自艦の被害の低減を目指すものである．

こうした防御機能は，要塞や土塁などの遮蔽物を構築したり，地形を利用する陸上戦闘空間では，あまりなじみがない概念かもしれない．しかし，最近では，陸海空を横断する対弾道ミサイル装備として，基地や都市部の防衛のためにエリア／ポイントディフェンスの2段階の防御システムの取得が急がれている．具体的には，陸上イージスやTHAAD(戦域高高度エリア防空システム) とPAC-3との組み合わせのように，領域に対して陸海空を横断して防御する装備取得も計画されていることから，攻撃を受けた結果の損耗を評価するだけのモデルばかりではなく，新たに防御機能を組み込むモデルづくりも意味があるだろう [23]．

4.2.2 モデルの構築

上述のような観点から現代のミサイル打撃戦を念頭に，対ミサイル防空戦闘を考慮に入れた損耗モデルを構築する．定式化する前に以下の前提を設ける．

(1) 交戦中の両軍の全戦闘単位は互いに射程内にある．

(2) 各軍の単位は均質で同一の脆弱性と攻撃力をもつ．

4.2. ミサイル防空機能を考慮したモデル

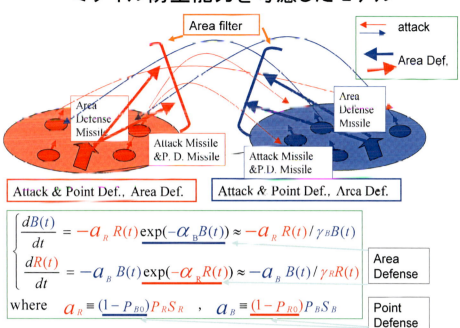

図 4.4: 防空機能を有するミサイル打撃戦の交戦イメージ

(3) 各単位は地対地ミサイルによる照準射撃を行ない，射撃管制は完全である．即ち射撃結果は正確に評価され目標を撃破すれば直ちに目標変換される．

(4) 攻撃ミサイルは敵の残存単位に一様に指向する．

(5) 各軍はエリア防空ミサイルにより防御され，その発射弾数は，その軍の残存兵力に比例し，攻撃ミサイルに対して一様に指向させる．

(6) エリア防空ミサイルでの撃ちもらしを考慮し，個別防空火器 (短距離ミサイル,砲等) を装備する．各戦闘単位に飛来する攻撃ミサイルのみに指向させ，敵ミサイルの単発撃破確率 (SSKP) を削減する効果を持つ．

上述の (1)〜(4) は従来の 2 次則モデルの前提と同じであり，(5),(6) が新たに追加される防空機能に関する前提である．ここで，ミサイル防空戦は，本来様々な機能に別れた多様な部隊 (観測部隊や射撃部隊，管制部隊など) が共同して実施する作戦であることから，各戦闘単位を等質とし，均等に攻撃ミサイルが配分され，また，全兵力をもってエリア防空を実施し，さらに個々でも自隊防空ができるという仮定には無理があるが，ランチェスターモデル独特の均質兵力の仮定から，上記の仮想的な戦闘単位を仮定してモデル化と分析をすすめる．

次にモデルを記述するパラメータを定義する．交戦中の時刻 t の B, R 両軍の兵力を $B(t), R(t)$ とし，初期兵力を B_0, R_0 とする．各戦闘単位の攻撃武器の精度に関し，攻撃対象となる各目標の中心を $x = 0$ として，そこからの弾着誤差を x とする．このとき，弾着散布を $f_i(x)$ ($i = B, R$)，目標の脆弱性と敵弾の威力を考慮した損傷関数を $D_j(x)$ で表す．これらにより i 軍の攻撃ミサイルの SSKP p_i (j:被攻撃側) は，一般的に，次式で表される．

$$p_i = \int_{-\infty}^{\infty} f_i(x) D_j(x) dx \ . \tag{4.21}$$

個々の戦闘単位の能力である自隊防空 (ポイントディフェンス) 能力を撃墜確率 p_{i_0} で表し，軍全体での地域防空 (エリアディフェンス) 能力を SSKP $p_{i_{00}}$ で表す．また，軍全体としての組織的な戦闘能力が維持できなくなる兵力レベルを崩壊点 θ_i で表す．(i 軍は初期兵力が $(100 \times \theta_i)$ % まで損耗した時点で組織的な戦力発揮が不可能になる．)

こうした防空能力値及び崩壊点の設定が，防空機能を評価するモデルでの新たな試みである．以上のパラメータ設定に基づいて，兵力損耗をモデル化していく．モデル化の手順は，まず，地域防空／自隊防空での防空網を突破する攻撃ミサイルの残存数を評価して，両軍の兵力損耗を定式化する．次に，モデルを簡略化するための近似式を考える．

4.2.2.1　ミサイル防空戦の定式化

以下では攻撃側を R 軍として B 軍の損耗について定式化するが，その逆の攻撃でも同様に定式化される．時間 $[t, t+\Delta t]$ 間に R 軍から B 軍の 1 戦闘単位が $n(t)$ 発のミサイル攻撃を受ける状況を考える．発射速度を s_i $(i = B, R)$ とするとき，前提 (4) より $n(t)$ は次式で表される．

$$n(t) = \frac{s_R R(t) \Delta t}{B(t)} . \tag{4.22}$$

一方，$n(t)$ 発の攻撃ミサイルは前提 (5) により兵力 $B(t)$ に比例した弾数のエリア防空ミサイル (比例定数を k_B とする) で迎撃するから，撃ち漏らした攻撃ミサイルの期待値 $m(t)$ は次式で求められる．

$$m(t) = n(t)(1 - p_{B_{00}})^{k_B B(t)} .$$

ここで $\alpha_B \equiv -k_B \log(1 - p_{B_{00}})$ とおけば，上式は一般性を失うことなく次式により書きかえられる．

$$m(t) = n(t) \exp(-\alpha_B B(t)) . \tag{4.23}$$

この式の右辺中の $\exp(-\alpha_B B(t))$ を敵 R 軍からの攻撃ミサイルの残存確率と呼ぶ．エリア防空網のフィルタを通過した結果，この指数関数値 (<1) 倍だけのミサイルが個々の戦闘単位にまで到達するイメージである．

次に B 軍の個々の戦闘単位の自隊防空能力を考えれば，降り注ぐ $m(t)$ 発のミサイルにより B 軍の 1 戦闘単位が撃破される確率 $pp_B \Delta t$ は次式で表される．

$$pp_B \Delta t = 1 - \{1 - (1 - p_{B_0}) p_R\}^{m(t)} .$$

上式に (4.23) の $m(t)$ を代入すれば次式が得られる．

$$pp_B \Delta t = 1 - \{1 - (1 - p_{B_0}) p_R\}^{n(t) \exp(-\alpha_B B(t))} . \tag{4.24}$$

上式中の $(1 - p_{B_0}) p_R$ は，通常，1 よりかなり小さいから (4.24) は次式で近似される．

$$\begin{aligned}
pp_B \Delta t &\approx 1 - \{1 - (1 - p_{B_0}) p_R \, n(t) \exp(-\alpha_B B(t))\} \\
&= (1 - p_{B_0}) p_R \, n(t) \exp(-\alpha_B B(t)) .
\end{aligned} \tag{4.25}$$

4.2. ミサイル防空機能を考慮したモデル

さらに $n(t)$ に (4.22) を代入すれば，次式となる．

$$pp_B \Delta t = (1-p_{B_0})p_R \frac{s_R R(t)\Delta t}{B(t)} \exp(-\alpha_B B(t)) = \frac{R(t)}{B(t)} a_R \exp(-\alpha_B B(t))\Delta t, \quad (4.26)$$

ただし $\quad a_R \equiv (1-p_{B_0})p_R s_R$.

置き換えた a_R は B 軍の自隊防空能力を加味した R 軍の撃破速度である．R 軍の攻撃能力は $(1-p_{B_0})(<1)$ 倍だけ弱められている．以上により地域防空・自隊防空能力を持つ B 軍の撃破される確率は (4.26) で評価される．R 軍の 1 戦闘単位が撃破される確率 pp_R も同様に次式で求められる．

$$pp_R \Delta t = \frac{B(t)}{R(t)} a_B \exp(-\alpha_R R(t))\Delta t \quad ただし \quad a_B \equiv (1-p_{R_0})p_B s_B . \quad (4.27)$$

4.2.2.2 ミサイル防空機能を組み込んだ損耗モデル

交戦開始から t 時間が経過した時点の両軍の兵力 $B(t), R(t)$ は次式が成り立つ．

$$B(t+\Delta t) = B(t)(1-pp_B \Delta t), \quad (4.28)$$
$$R(t+\Delta t) = R(t)(1-pp_R \Delta t). \quad (4.29)$$

上式に (4.26),(4.27) の $pp_i \Delta t$ を代入して整理し，$\Delta t \to 0$ の極限を考えれば次の連立微分方程式が導かれる．

$$\begin{cases} \dfrac{dB(t)}{dt} = -a_R R(t)\exp(-\alpha_B B(t)) \\[2mm] \dfrac{dR(t)}{dt} = -a_B B(t)\exp(-\alpha_R R(t)) . \end{cases} \quad (4.30)$$

上式がミサイル防空機能を組み込んだミサイル打撃戦の損耗方程式である．右辺の $a_R R(t)$ (又は $a_B B(t)$) は 2 次則の損耗関数であり，指数項が地域防空能力を反映した項である (自隊防空能力は a_i に含まれる)．損耗方程式の右辺は敵軍の攻撃力を表すが，(4.30) では指数項により自軍地域防空能力による敵攻撃の削減が表現されており，理にかなった式といえる．

次にこの連立方程式のフェーズ解について考える．両式より次の関係が得られる．

$$a_B B(t)\exp(\alpha_B B(t))\frac{dB(t)}{dt} = a_R R(t)\exp(\alpha_R R(t))\frac{dR(t)}{dt} . \quad (4.31)$$

この式の両辺を $[0,t]$ で積分すれば，連立微分方程式のフェーズ解として次の式が得られる．

$$\frac{a_B}{\alpha_B^2}\exp(\alpha_B B(t))\{\alpha_B B(t)-1\}\Big|_{B(t)}^{B_0} = \frac{a_R}{\alpha_R^2}\exp(\alpha_R R(t))\{\alpha_R R(t)-1\}\Big|_{R(t)}^{R_0} . \quad (4.32)$$

4.2.2.3 近似モデル

(4.30) あるいは (4.32) は，指数関数が含まれるために扱いにくい．この点を解消するために，近似モデルを検討する．まず，ミサイル防空戦を実施する部隊構成ならびに損耗を考え

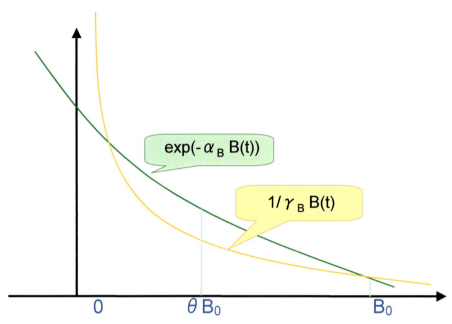

図 4.5: 指数関数を反比例の式で近似する

た場合，兵力が (ほぼ) 全滅するまで戦闘が継続されることはなく，ミサイル防空システムの一部 (を担う部隊) が機能しなくなる時点でミサイル防空網は破綻する．すなわち，初期兵力 B_0 (または R_0) からは大きく兵力が減らない期間のみでミサイル防空戦は遂行される．また，地域防空能力が有効に機能している間は，地域防空網で飛来ミサイル数の大幅減が期待でき，これを表現する $\exp(-\alpha_B B(t))$ も急減する関数であるべきである．これより，$\alpha_B B(t) \gg 1$ を仮定する．このとき，新たな係数 γ_B を導入して，指数関数部分を次式で近似する．

$$\exp(-\alpha_B B(t)) \approx \frac{1}{\gamma_B B(t)} . \tag{4.33}$$

図 4.5 に，この近似の様子を示す．指数関数 $\exp(-\alpha_B B(t))$ はタテ軸と交差するが，反比例の関数 $1/(\gamma_B B(t))$ はタテ軸に近づくにつれて発散する．この近似がある程度成り立つのが，図に示した $[\theta_B B_0, B_0]$ の区間である．

以下では，この区間で，それぞれの関数を被積分関数とする面積が等しくなるようにパラメータ値を設定する方法 (モーメント・マッチング法) により γ_B を決定することを考える．すなわち，上記の区間での次の積分が成り立つように，γ_B を決定する．

$$\int_{\theta_B B_0}^{B_0} \exp(-\alpha_B B(t)) dB = \int_{\theta_B B_0}^{B_0} \frac{1}{\gamma_B B(t)} dB . \tag{4.34}$$

兵力がゼロとなる $B(t) = 0$ で右辺の被積分関数は発散するので，それほど損耗していない兵力レベルの範囲 $[\theta_B B_0, B_0]$ (ただし $0 < \theta_B < 1$，θ_B を B 軍の崩壊点と呼ぶ．(次小節参照)) を設定して積分を実行する．この結果，γ_B は，次のように求めることができる．

$$\gamma_B = \frac{\alpha_B \exp(\alpha_B B_0) \log \theta_B}{1 - \exp(\alpha_B B_0 (1 - \theta_B))} . \tag{4.35}$$

R 軍についても $\exp(-\alpha_R R(t)) = 1/(\gamma_R R(t))$ と近似することで，同様に γ_R を決定できる．

$$\gamma_R = \frac{\alpha_R \exp(\alpha_R R_0) \log \theta_R}{1 - \exp(\alpha_R R_0 (1 - \theta_R))} . \tag{4.36}$$

4.2. ミサイル防空機能を考慮したモデル

表 4.1 (4.33) の近似による計算値の違い ($\theta_B = 0.5$ の場合)

$\alpha_B B_0$		0.5	1.0	2.0	4.0
$\gamma_B B_0$		2.012	2.904	5.961	23.69
(4.33) で	左辺	0.687	0.472	0.223	0.050
$0.75B_0$ での	右辺	0.663	0.459	0.224	0.056
左辺値 − 右辺値		0.024	0.013	-0.001	-0.007

この近似の当てはまり具合を確認した結果を表 4.1 に示す．B軍・R軍とも同じ形式ゆえ，B軍のみを示す．次小節で詳しく述べるが，多くの戦史データから観察される崩壊点 θ の値は平均的には 0.7 程度である．この表では範囲をやや拡げて $\theta_B = 0.5$ を崩壊点とし，その中間点 $0.75B_0$ でのもとの指数関数値 $\exp(-\alpha_B 0.75 B_0)$ と，$1/(\gamma_B 0.75 B_0)$ の値を計算し，両者の値の差により近似精度を調べた．

表 4.1 に見るとおり，(4.33) で近似した結果は，ほぼ同等の関数値が得られていることから良い近似であると思われる．すなわち，近似の範囲を $[0.5B_0, B_0]$ まで広げた試算でも $\alpha_B B_0$ の広い範囲 (敵攻撃ミサイル残存率で $\exp(-\alpha_B B_0)$ で 5～69％の範囲，表の3行目の値参照) にわたって良好に近似できている．これより (4.35),(4.36) の近似を用いれば，兵力損耗方程式 (4.30) から次式を導くことができる．

$$a_B \gamma_B B(t)^2 \frac{dB(t)}{dt} = a_R \gamma_R R(t)^2 \frac{dR(t)}{dt} . \tag{4.37}$$

上式を積分することで，次のフェーズ解が得られる．

$$a_B \gamma_B \{B_0^3 - B(t)^3\} = a_R \gamma_R \{R_0^3 - R(t)^3\} . \tag{4.38}$$

この式は3次則と呼べるモデルであり，地域防空機能を考慮するミサイル打撃戦での兵力損耗は，近似モデルであるが，兵力の3乗に比例して生じることを表している．また，このフェーズ解より，優勢分岐線は次の式で書くことができる．

$$\sqrt[3]{a_B \gamma_B}\, B(t) = \sqrt[3]{a_R \gamma_R}\, R(t) . \tag{4.39}$$

さらにB軍が優勢となる初期兵力値の存在領域，及び，最終的なB軍の残存兵力数 B_E は，それぞれ次のようになる．

$$\sqrt[3]{a_B \gamma_B}\, B_0 > \sqrt[3]{a_R \gamma_R}\, R_0, \quad B_E = \sqrt[3]{B_0^3 - \frac{a_R \gamma_R}{a_B \gamma_B} R_0^3} . \tag{4.40}$$

次に，もともとの損耗モデル (4.30) に (4.33) の近似式を代入することで，以下の簡明な連立微分方程式で書くことができる．ただし，$r_3 = a_R/\gamma_B, b_3 = a_B/\gamma_R$ で置き換えている．

$$\begin{cases} \dfrac{dB(t)}{dt} = -\dfrac{a_R}{\gamma_B} \dfrac{R(t)}{B(t)} = -r_3 \dfrac{R(t)}{B(t)} \\[2mm] \dfrac{dR(t)}{dt} = -\dfrac{a_B}{\gamma_R} \dfrac{B(t)}{R(t)} = -b_3 \dfrac{B(t)}{R(t)} . \end{cases} \tag{4.41}$$

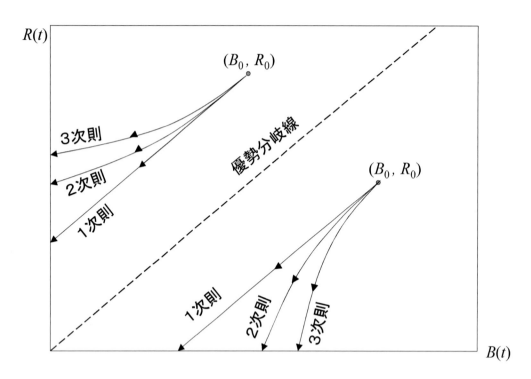

図 4.6: 1・2・3次則モデルのフェーズ解の比較

R軍の撃破速度 r_3 は，2次則の撃破速度 r_2 に，B軍の自隊防空火器による低減効果 $(1-p_{B_0})$ 及び地域防空ミサイルの低減効果 γ_B が含まれている．同様に B軍の撃破速度 b_3 にも R軍自身の地域／自隊防空火器による攻撃低減効果が含まれている．また，この連立微分方程式における各軍の兵力の時間解は，"合流型超幾何関数の級数解の逆関数" となることが判っている[1]が，その導出の細部や解の特性などについては，議論の流れから逸脱する (本当は，個人的にあまり関心がなく，知識もない) ために割愛する．

図 4.6 には，同じ初期兵力 (B_0, R_0) から出発した場合の，1・2・3次則モデルのフェーズ解を模式的に図示する．この図において，B軍が優勢となる領域は，優勢分岐線の下側領域であり，B軍が勝利する際の残存兵力 B_E は，$B(t)$ 軸と各フェーズ解の軌跡との交点である．

この図に見るとおり，1次則の兵力損耗は両軍ともに均等な割合で直線的に減耗する．2次則では双曲線に従って，さらに 3次則では 3次式に従って急速に減耗していく．(1.1) 式に見るように，1次則モデルでは兵力損耗率 (=微分方程式の右辺) が両軍兵力数の積に比例し，両軍で同等に働き，兵力集中の利点は生じない．これに対して 2次則モデルでは (1.22) 式のとおり，兵力損耗率が敵軍の兵力数に比例するので，優勢軍側が急速に敵を撃破する，いわゆる兵力集中効果が生じる．さらに 3次則モデルでは (4.41) に見るとおり，敵軍の攻撃力は攻撃を受ける側の兵力によって薄められ損耗率が低下するために，優勢軍はさらに有利となり，優勢度は 2次則にも増して増幅される．すなわち，3次則モデルでは兵力損耗に敵からの攻撃と自軍の防御機能の両方が作用するので，優勢側はますます有利になることがわかる．

次に，(4.41) の近似モデルの数値解法による時間解の例を図 4.7 に示す．計算に用いたパラメータは，$B_0 = R_0 = 100, b_3 = 0.33551, r_3 = 0.01678$ である．

もともとの交戦範囲の条件では，ある程度の規模の残存兵力で終結することを想定してお

---

[1] Mathematica® による計算結果

4.2. ミサイル防空機能を考慮したモデル

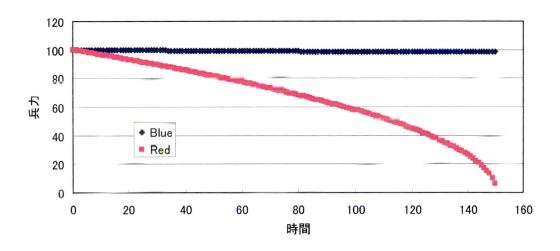

図 4.7: 3次則モデルの時間解 ($b_3 = 0.33551, r_3 = 0.01678$)

り，大部分の兵力が損耗されるまで戦闘継続することを想定していないために，戦闘終末期 (グラフでは $t = 100$ 時点以降程度) までの計算結果を示すことは妥当ではないが，これまでの 1 次則，2 次則の基本モデルにはない，劣勢側は上に凸な曲線が得られていることが特徴的である．これは，弱者側が終末期において，急速に兵力を減少させ，一方の勝者側は，兵力がほぼ減らなくなり，完勝で終結することを意味している．このように曲率の性質が両軍で異なることは，単にこの 1 つの計算例についてのみ言えることではなく，(4.41) で近似された 3 次則モデルについて普遍的に言えることである．なぜならば，(4.41) において $R(t), B(t)$ の時間変化は，係数 r_3, b_3 がいずれも正であることから $dR(t)/dt < 0, dB(t)/dt < 0$，すなわち，いずれの兵力とも t の単調減少関数であり，さらに，次式に示すとおり，2 次微分が両軍で異符号となることから，減少兵力曲線の接線の傾きの変化傾向が両軍の損耗曲線で異なるからである．

$$a_B \gamma_B B(t)^2 \frac{d^2 B(t)}{dt^2} = a_B a_R \left(\frac{dB(t)}{dt} R(t) - \frac{dR(t)}{dt} B(t) \right) = -a_R \gamma_R R(t)^2 \frac{d^2 R(t)}{dt^2} \ . \quad (4.42)$$

この考察から $R(t), B(t)$ 曲線の凹凸は，計算中のいずれの時点 t でも逆転しており，優勢軍の兵力曲線は凸関数で，劣勢軍は凹関数となる．すなわち，優勢軍の損耗は戦闘の進行に伴って減少して，緩やかになる (減りにくくなる)．一方の劣勢軍兵力は，加速度的に減耗する，という現実に即した特性をもつ．これは 1, 2 次則モデルで $R(t), B(t)$ 曲線がいずれも単調減少する凸関数であるのに対して，3 次則モデルのみに見られる顕著な特徴である．

4.2.3 勝敗の決着：崩壊点

次に，モデル構築の際に新たに導入した勝敗に決着がつく兵力レベル，崩壊点 θ_i について考察する．θ_i を定義した部分でも述べたように，崩壊点は，各軍がどの程度の損害を被れば組織的な交戦が不可能になるかを示す軍団全体の抗たん性を示す値として定義される．i 軍 ($i = B, R$) の初期兵力を i_0 とするとき，i 軍兵力が $\theta_i i_0$ まで減少すれば崩壊するもの

とする．経験的には大軍団では初期兵力の 30～40％程度の損害 (崩壊点 $\theta_i = 0.7～0.6$) で組織的な戦闘ができなくなると言われている [23]．

以下では，勝敗の条件を一般的に議論するために，交戦が k 次則 ($k = 1, 2, 3$) に従うとし，また，k 次則での B,R 軍の撃破速度を b_k, r_k で書くとすれば，フェーズ解は次式で表わされる．(式 (1.9),(1.24),(4.38) 参照；(4.38) については，明確に定義されていなかったが，以下では，モデル間での比較をするために，(4.41) での置換とは別に，新たにこのような撃破速度で表記する．)

$$b_k\{B_0^k - B(t)^k\} = r_k\{R_0^k - R(t)^k\}. \tag{4.43}$$

次に交戦の結果が相討ちになる条件を考える．1 次則，2 次則でのフェーズ解の考察では，全滅するまで，すなわち，$\theta_B = \theta_R = 0$ に設定して，勝敗が引き分けになる境界線を求めていたが，以下の 3 次則の考察では，B,R 両軍が同時に崩壊点 θ_B, θ_R になる状況 (一般的には $\theta_B \neq \theta_R$) を想定して，崩壊時兵力を $B(t) = \theta_B B_0, R(t) = \theta_R R_0$ とおけば，次式が得られる．

$$\sqrt[k]{b_k(1 - \theta_B^k)}B_0 = \sqrt[k]{r_k(1 - \theta_R^k)}R_0. \tag{4.44}$$

これより，B 軍の勝利条件は次式で表される．

$$\sqrt[k]{b_k(1 - \theta_B^k)}B_0 > \sqrt[k]{r_k(1 - \theta_R^k)}R_0. \tag{4.45}$$

また $R(t) = \theta_R R_0$ を (4.43) に代入して $B(t)$ について解けば，B 軍が勝つときの残存兵力 B_E は次式となる．

$$B_E = \sqrt[k]{B_0^k - (r_k(1 - \theta_R^k)/b_k)R_0^k}. \tag{4.46}$$

(4.44) 式で $\theta_i^k = 0$ または $\theta_B^k = \theta_R^k$ とおいた

$$\sqrt[k]{b_k}B_0 = \sqrt[k]{r_k}R_0 \tag{4.47}$$

は，図 4.6 に示したように，フェーズ解 $(B(t), R(t))$ の軌跡の漸近線であり，初期兵力 (B_0, R_0) がこの線の上側にあればフェーズ解の軌跡は下に凸，逆に，初期兵力がこの線の下側からスタートするときは，フェーズ解は上に凸の曲線となる．すなわち，(4.47) の直線はどちらの軍が兵力集中効果に恵まれ，加速度的に相手を撃破し優勢を獲得するかを表わす境界線であり，以下，この直線を優勢分岐線と呼ぶことにする．これに対し，(4.44) で示される相討ちとなる条件を満たす点の集合からなる直線を，以下では相討ち線と呼ぶ．優勢分岐線 (4.47) と相討ち線 (4.44) とは，一般に一致することはなく，例えば，$\theta_B^k > \theta_R^k$ のパラメータ値の条件下での両者の関係を図 4.8 に示す．

(4.44) と (4.47) を比較すれば分かるとおり，$\theta_B^k > \theta_R^k$ のとき相討ち線は優勢分岐線の下になり，このときは優勢分岐線と相討ち線に挟まれる領域に初期兵力の点 (B_0, R_0) がある場合は，B 軍は優勢に戦いを進めつつも，崩壊点 $(\theta_B B_0, \theta_R R_0)$ からタテに延びる線分に先に交差して敗北する．$\theta_B^k > \theta_R^k$ の場合，B 軍が先に白旗を挙げやすい傾向にあることを意味する．このような交戦例は，現実にあり得ることであり，例えば，ナポレオン軍のモスクワ遠征やヒットラー軍のレニングラード攻囲戦の敗退などは，冬将軍による高い崩壊点の例と言えるだろう [23]．

4.2. ミサイル防空機能を考慮したモデル

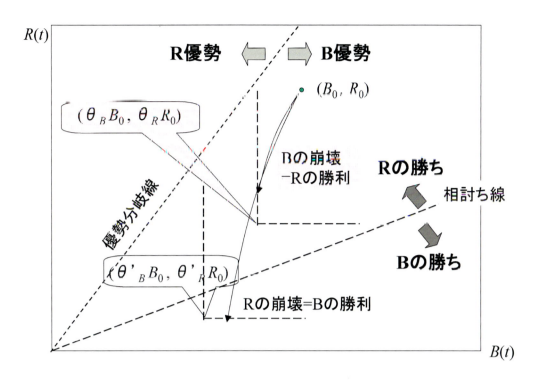

図 4.8: 優勢分岐線と相討ち線と崩壊点の関係

一方，図の下部に示すような座標 $(\theta'_B B_0, \theta'_R R_0)$ に崩壊点が設定される状況で，兵力損耗の軌跡が先に水平軸に交差する場合には，R軍が先に崩壊点に到達することからB軍が勝利することを意味している．

崩壊点パラメータ (θ_B, θ_R) は交戦時の環境要素 (季節，天候，地形など) や装備の補充状況 (保有規模やロジスティクス体制など) にも依存すると思われるが，最も大きく左右される要因は，指揮官の意思にあると思われる．まさに今，直面している交戦状況での判断，その背景にある指揮官自身の軍務経験や生い立ち，形成された性格，また，率いている部隊の精強度・勢いや疲労度などが戦闘を続ける意思に影響し，崩壊点を決するのだろう．戦闘を指揮する者は戦闘目的を明確に見据えて，自軍の崩壊点を，少しでも自軍が勝利しうる領域に移動させるような努力が必要である．このためには戦闘意思と崩壊点との関係性について，戦史やシミュレーション等による実証的な研究が必要であろう．

以上，本章では，損耗過程が異なるゲリラ戦のモデルと，防空機能を有する軍団間の打撃戦モデルについて解説してきた．また防空機能のモデルでは，近似モデルとして3次則モデルを導出した．基本的な1次則，2次則モデルと組み合わせれば，ゲリラ戦モデルの拡張のような，1-3次則モデルまでの混合則モデルについても分析できる．実際，そのような研究も行われている [29]．対空装備を持つ正規軍と攻撃火器しか持たない非正規勢力との交戦損耗などが描写可能である．興味ある読者は参照して頂きたい．

第5章 撃破速度の考え方

5.1 基本モデルでの撃破速度の組み立てと問題点

　これまでの各章では，各軍が攻撃する瞬間に持つ撃破能力値，撃破速度について焦点を当てた議論を積極的にはしてこなかった．本章では，ランチェスターモデルを表現する2つのパラメータのうちのもう1つの撃破速度について，これまでの研究成果を基に解説していく．わが国においては，撃破速度に関する積極的な議論は，これまでほとんど紹介されてこなかったために，その重要性はあまり認識されていないと思われる．ともすれば，ランチェスターモデルの説明のはじめに「敵・味方とも同じ攻撃能力 (=撃破速度値) を仮定して …」という具合に，撃破速度の中身に関する議論をすっ飛ばして，兵力数だけの議論に突入しがちであると思われる．ところが実際は，長年の研究から，戦い方の様々な特性を反映しうる，表現性に富むパラメータであることが知られている．本章で撃破速度の奥深い可能性について，ぜひ理解していただき，活用をご検討いただきたい．

　まず，これまでに紹介してきた基本的な1次則，2次則，3次則のモデルでの撃破速度を構築する際の物理的な意味づけについて再度振り返っておく．

　1次則モデルでの撃破速度 b, r は，自陣の展開面積に落ちてくる敵からの破壊能力 (=1発の危害面積×単位時間あたりの投入数) であった．これは，個々の戦闘単位が見えず，目標位置を把握できないために，展開面積に，まんべんなく砲弾を散布する，というイメージに基づく撃破速度である．この場合，1次則モデルの構成でも述べたように，個々の砲弾の危害域にはオーバーラップが無いという理想的な攻撃態様を，暗黙のうちに仮定していた．

　これに対し，2次則モデルでは個々の敵戦闘単位を個別に認識でき，もっぱら，自軍の攻撃能力 (=1発のSSKP×単位時間当たりの投入数) で撃破速度を表現できた．見えない目標が潜んでいる地域に向けた攻撃ではないので，敵の展開面積にはよらず，そうした物理量も登場してこないのである．

　さらに (近似的な)3次則モデルでは敵戦闘単位が見えていることから，2次則モデルでの撃破速度と同じ組み立てである．これに追加して，地域防空能力を指数関数により記述し，飛来ミサイル等を減殺する部隊全体へのフィルタのような効果を表現した．また，自軍の個々の戦闘単位の防空能力 (自隊防空SSKP) で敵の攻撃能力を減殺する効果をも付加している．3次則モデルのミソは，地域防空機能を表現する指数関数を自軍の展開地域に広がる戦闘単位数に反比例する関数で代替させている点，すなわち，(自軍兵力)$^{-1}$ の形で微分方程式右辺の分母で作用させて，敵の攻撃能力 (右辺の分子) を薄める効果としている．この効果を撃破速度にではなく，兵力量として作用させていることで3次則モデルが導かれた．

　このように見てくれば，各モデルでの撃破速度の組み立て方は，十分に合理的な枠組みで説明できている，が，では，眼の前のこの戦場に対して，特定の状況ごとに想定している，**1次，2次，3次のどの (撃破速度) モデルを適用すべきか？** という問いには，簡単には回答できないのである．第3章でも見たように，いずれかのモデルを実戦に適用しようと試みる

5.2. 2次則モデルの撃破速度の分解

図 5.1: 撃破速度の問題点

際には，統計的手法に基づいた，適合度の検定のような予備的な分析を実施するのが正統なスタイルであろう．一方で，この戦場の戦況は時々刻々と連続的に変化していく．交戦開始後，時間が経過するとともに戦況は一般的に悪化して行く．これは戦場における普遍的な事実として設定してよいだろう．現代戦闘を例にとれば，エリア防空機能，個別防空機能は次第に失われ，偵察能力や展開している個々の部隊間のコミュニケーション機能は劣化し，弾は尽きてきて，食料や補給も途絶えがちとなり，疲労は蓄積され士気は低下して行くのである．すなわち，途中で何らかのロジスティクスサポートがない限り，戦況は，戦闘部隊の機能は，シームレスに悪化していく．戦闘能力が連続的に劣化していく，トホホな状況なのに，その現場に応じたランチェスターモデルの，3次か，2次か，1次か，とバラバラの状況を背景に想定しているモデルのうちのどれかを使え，と要求することは，明らかに使い勝手が悪く，ミリタリーORワーカーの傲慢である．その元凶が何かと考えれば，撃破速度を組み立てるときの戦場(状況)の違いと，兵力の肩に掛かっているベキ数(指数)の問題に帰着する．以下の残りの章では，これらの問題を解決すべく努力されてきた成果について見ていく．まず撃破速度の扱い方から解説をはじめる．

5.2　2次則モデルの撃破速度の分解

　目標撃破に至るまでの事象に基づいて撃破速度を組み立てる最初の研究 [47] は 1960 年代までさかのぼる．2次則モデルについて議論が展開されるので2次則モデルの撃破速度に沿っ

て見て行く．第1章で見たように，2次則モデルは以下の微分方程式の連立で記述される[1]．

$$\frac{dR}{dt} = -b_2 B, \quad \frac{dB}{dt} = -r_2 R . \tag{5.1}$$

このとき，両辺の物理的な次元が等しいことから，撃破速度 b_2, r_2 の次元は [1/時間] となる．また，その物理的な意味は $b_2 = p_B s_B, r_2 = p_R s_R$ すなわち，双方の1戦闘単位が保有する武器の1発あたりの撃破確率 (SSKP) と単位時間当たりの発射数であり，この積の次元も [1/時間] として妥当である．

攻撃能力を示すパラメータが (時間)$^{-1}$ の物理量であり，その能力が大きいほど b_2, r_2 の値も大きくなければならない．こうした特性を熟慮した結果，b_2, r_2 の「単位時間当たりに撃破する敵の数」の別の解釈として，「敵の1戦闘単位を撃破するまでの期待時間，の逆数」という概念に帰着したと思われる．撃破するまでの時間が長ければ，なかなかやっつけられないことから，攻撃能力は小さく，逆にサクサクとやっつけられれば攻撃能力は高いのである．

攻撃に要する時間を評価するために，敵の発見から攻撃，撃破に至るまでのプロセスを分解する．まず，攻撃目標を発見し，攻撃に必要な情報 (種類，位置，移動速度等) を取得するまでの時間の期待値を $E[T_{acq}]$ とし，情報取得後，目標を撃破するまでの期待時間を $E[T_{kill|acq}]$ とする．それらの合計時間を $E[T]$ とする．また，これまでの各軍で分けていた b_2, r_2 を，色わけせずに，代表的な1つの撃破速度 α で表現して，その導出プロセスを説明する [5]．

総期待時間 $E[T]$ と撃破速度 α との関係は，上記の考察より以下に示す式で記述する．

$$\alpha = 1/E[T] . \tag{5.2}$$

ここで，攻撃目標を発見し撃破するまでに要する時間 T は，目標発見から撃破に至るまでのプロセスを2つの事象に分解し，それぞれが独立であることから，別々に計算できる．

$$E[T] = E[T_{acq} + T_{kill|acq}] = E[T_{acq}] + E[T_{kill|acq}] . \tag{5.3}$$

第1章で導入した2次則モデルとの関連で見て行くと，目標発見・情報取得に要する時間の期待値は，オリジナルのモデルでは考慮されてなく，すでに目標情報や目標数が把握された状況で，攻撃のみから始まる，という暗黙の仮定のもとでモデル計算が始まっていた．すなわち，$E[T_{acq}] = 0$ が仮定されていたのである．実際の戦闘では，この部分は探し回っている時間であり，ゼロにすることは不可能である．また，本来は，上記で2つに分解したプロセス以外にも，「攻撃判断を下すための時間」や「武器発射準備に要する時間」など，いろいろなステップの時間を考慮すべきであるが，そのような時間 (の期待値) も，現モデルでは考慮していない．(次小節からは，これらに関連する時間をある程度組み込んだ議論を行う．)

目標 (攻撃) 情報が得られているとして，攻撃・撃破に至るまでの期待時間は次のように考える．まず1発の弾丸を発射してKillできる目標数は，1発あたりの撃破確率 P_{sskp} に等しい．2次則を仮定しているので，1目標に狙いを定めて発射しており，1発で複数の目標を撃破することは想定していない．もっぱら $[0,1]$ の範囲のいずれかの値をとる，確率値とおなじ (=小数を許容した) 撃破数となる．(1戦闘単位のうち，撃破される目標が0.3目標とか0.5目標といった部分的な損耗を許容する．) この値に単位時間当たりの発射数，すなわち発射速度 ν を掛ける．これらの積，νP_{sskp} は1戦闘単位が攻撃を実施するときの，単位時間当

---

[1] もちろん兵力量 B, R も時間とともに変化して行くので，本来は $B(t), R(t)$ と書くべきであるが，以下では撃破速度に焦点を当てるので，必要な場合以外は時間依存性を明示的には表記しない．

5.2. 2次則モデルの撃破速度の分解

たりの撃破目標数 (ただし期待値) であり，単位は [目標/単位時間] となる．ただし，ここでもよく考えれば，本来必要な，"個々の攻撃主体に対して攻撃目標を割り当てる時間"，"攻撃後の撃破判定時間"，"撃破後に次の目標に移管する時間" などの付随的な時間は無視している．(この点に関しても次小節以降でもう少し詳しく議論する．)

この逆数 $1/(\nu P_{sskp})$ が1目標撃破のために必要な時間といえる．すなわち，$E[T_{kill/acq}] = 1/(\nu P_{sskp})$ で表現される．以上より (5.2) で定義した撃破速度は以下の式となる．

$$\alpha = 1/E[T] = 1/(E[T_{acq}] + E[T_{kill|acq}]) - 1/(E[T_{acq}] + 1/\nu P_{sskp}) . \tag{5.4}$$

上記の考察でも述べたように，攻撃目標をすでに発見・捕捉ずみで，攻撃に必要な情報を取得する時間が必要ない場合は，$E[T_{acq}] = 0$ であり，上式で計算される撃破速度はより簡単な以下の式となる．

$$\alpha = 1/E[T] = 1/E[T_{kill|acq}] = 1/(1/\nu P_{sskp}) = \nu P_{sskp} . \tag{5.5}$$

この結果は，実は，基本的な2次則モデルでの撃破速度に他ならないことが b_2, r_2 との比較よりわかる！

次に $E[T_{acq}]$ がゼロではない，すなわち，目標を発見・捕捉し攻撃開始に至るまでの時間が無視できない場合はどうだろうか？　以下，B軍がR軍を探し回り，攻撃開始に至る状況を想定し説明する．これまでの説明同様，探し回り攻撃開始に至るのはB軍の1戦闘単位であり，部隊の他の戦力からの探知能力のサポートは今のところの対象では考慮していない．B軍の全戦闘単位とも，互いに独立して捜索し，攻撃情報取得に努めている状況とする．R軍勢力を発見し情報取得するまでの時間は，精密な手順を設定していないために大雑把な議論ではあるが，一般に目標数 R が多いほど，その時間は短く，逆に少なければ，なかなか遭遇しないので長い時間を要するだろう．すなわち，$E[T_{acq}]$ の第1近似として，敵目標数に反比例すると考えてよいだろう．これより形式的には，適当な比例係数 b_1 を介して，

$$E[T_{acq}] = \frac{1}{b_1 R} \tag{5.6}$$

と表現される．ここで b_1 はあくまでも適当な比例定数とし，第1章の1次則モデルの撃破速度 b_1 とは無関係とする．これを一般的な撃破速度の式 (5.4) に代入して，2次則モデルでのB軍の撃破速度として $\nu P_{sskp} = p_B s_B = b_2$ で書き換えると以下のように書くことができる．

$$\alpha = \frac{1}{E[T]} = \frac{1}{E[T_{acq}] + E[T_{kill|acq}]} = \frac{1}{\frac{1}{b_1 R} + \frac{1}{p_B s_B}} = \frac{1}{\frac{1}{b_1 R} + \frac{1}{b_2}} . \tag{5.7}$$

この α において，分母の第1項が無視できる状況は，前述のとおり，攻撃情報を取得済みですぐに攻撃できる状況であり，(5.5) より従来の基本的な2次則モデルとなる．一方で，探し回っている状況が相対的に長時間継続するような場合には，分母の第1項が支配的となり，第2項は無視できる．このとき (5.7) は $\alpha = 1/(1/b_1 R) = b_1 R$ と書くことができ，(5.1) の dR/dt の式の b_2 部分に代入すると $dR/dt = -b_1 RB$ と書くことができる．これにより標準的な1次則モデルとみなせる．すなわち，(5.7) において，分母のどちらの項が支配的な状況であるかに応じて，ランチェスターモデルの1次則，2次則のどちらも生じうるのである．

さらに，(5.6) とは少し異なる考え方で，目標発見・捕捉に要する時間が敵の絶対数だけではなく，自軍の兵力数にも影響を受けるという考え方もある [52]．それは，例えば砲兵の絶対

数や偏りなどが根拠となる．偵察兵は戦場で広く展開し，敵情報を拾っているが，砲兵はどちらかというと特定の地点に隠れて砲撃開始のタイミングを待つことが多い．この偏った配置が，敵の存在をマスクして発見を妨げることが過去の戦闘においては多々あった．また砲撃後の埃や煙が発見を妨げることもある．さらには敵味方を識別するシステムが無い戦場では，多くの自軍兵力が存在することで，味方を何回も再認識したり，攻撃を遅らせたり，最悪の場合には自軍兵力を攻撃してしまうことも起こりうる．将来の戦場では敵味方情報取得時間を限りなく短縮でき，また，味方の存在による様々なロスも軽減できると思われるが，従来の戦闘環境では，味方の存在が目標情報取得時間に悪影響を与えるような $E[T_{acq}] = B/(b_h R)$ という形にも仮定できる（b_h は適当な比例定数）．この考え方によれば，撃破速度を次のように設定できる．

$$\alpha = \frac{1}{E[T]} = \frac{1}{E[T_{acq}] + E[T_{kill|acq}]} = \frac{1}{\frac{B}{b_h R} + \frac{1}{p_B s_B}} = \frac{1}{\frac{B}{b_h R} + \frac{1}{b_2}}. \tag{5.8}$$

(5.1) の dR/dt の式の撃破速度部分に代入し，分母を払って書き換えれば，次の形になる．

$$\frac{dR}{dt} = -\frac{1}{\frac{B}{b_h R} + \frac{1}{b_2}} B = -\frac{b_h b_2}{b_2 B + b_h R} RB. \tag{5.9}$$

この結果は，**2.3** 節で説明した，非対称な兵力規模間のランチェスターモデルの形に他ならないことがわかる．

以上の議論からわかることは，攻撃を実施する際に，敵目標を発見する時間，撃破までに要する時間，及び，その戦場にいる目標数などをどのように関連付けるか想定すれば，これまで設定してきたいくつかのモデルは自然と導出されることである．撃破速度とは，実は目標発見やその撃破に至るプロセスを表現するものであり，主体的に決定する運用方針に基づき合理的に決定できる能力指標なのである．本章の残りの部分では，この考え方に基づき，いくつかの研究事例を紹介する．

5.3 Bonder-Farrell の撃破速度

前節では，目標を発見し攻撃に必要な情報を取得後，攻撃し撃破する，という2段階のステップで撃破速度を算定した．本節では，撃破までにもう少し詳細なメカニズムを導入し，かつ，目標撃破も確率的に生じる，という前提に基づいた撃破速度の組み立てを紹介する [2],[47]．Bonder[2]が提唱した以下のモデルは，わが国においてはほとんど認知されていないと思われるが，欧米のミリタリー OR モデルにおいては，標準的なアイディアとなっている．

まず，目標に対しては，「1発のみならず，複数発の弾丸の命中によって撃破に至る．」という前提のもとで射撃が実施されると仮定する．人体や車両などの比較的小さな目標であれば1発ないし少数発の命中で撃破となるが，戦車や工作物といった大目標の撃破には多数発の命中が必要となる．以下の撃破速度の構築では，射撃結果について hit(命中) か miss(ハズレ) か，また，hit した場合には，撃破できたか否か，をいずれも確率により表現する．

---

[2]アメリカ OR 学会＆ミリタリー OR 学会の会長，IFORS の副会長などの要職を歴任．政府，教育部門で活躍するほか，ミリタリー OR の全般的業務を扱う世界的企業，Vector Research Inc. を設立．本節で紹介した撃破速度に関する理論モデルは，簡明であり，今日では広く受け入れられている．30年以上に及ぶミリタリーOR に貢献した業績により，2001年に INFORMS のプレジデントアワードを受賞 [3]．受賞理由として「ランチェスターモデルを単なる数学的な興味の対象から，陸上戦闘能力の評価基盤となる技術的ツールにまで押し上げた．」と，評価された．他にも受賞歴多数．2011年死去．

5.3. Bonder-Farrell の撃破速度

この命中・撃破の過程で，まず発射された初弾がhitするかmissするかに応じて，確率 P_1 で振り分ける．次弾からの命中／ハズレの判定は，直前の射撃結果のみに影響されると仮定する．一連の射撃で，ちょうど前の弾を発射した際の姿勢や風向／風速などが，次弾の発射諸元修正に最も影響する，という考え方に基づくためである．このような直前の状態(射撃条件)を利用して次の状況の確率を計算し分析していく手法として，OR分野のマルコフ連鎖モデルが研究されており，本節も含めて，以下の節では撃破速度を記述するモデルとして採用する．なお，以下の議論は前小節同様に2次則モデルを仮定する．2次則モデルの設定ゆえ，撃破速度の概念は，単位時間当たりに撃破する目標数である．前節と同様の視点に立てば，撃破速度 α は，1目標の撃破に要する期待時間 $E[T]$ の逆数により求めることとなる．

$$\alpha = 1/E[T] . \tag{5.10}$$

$E[T]$ を記述するモデルのために，以下のパラメータを定義する．

t_a	目標を捜索・発見し，射撃に必要な発射諸元を取得するまでの時間
t_1	発射諸元に基づき初弾の発射までに要する時間
t_f	弾が発射されてから着弾するまでの飛翔時間
t_h	前の射弾が当たった場合の次弾発射までに要する時間
t_m	前の射弾が外れた場合の次弾発射までに要する時間
P_1	初弾の命中率
$P(H|H)$	前の射弾が当たった場合に，次弾も命中する確率
$P(H|M)$	前の射弾が外れた場合に，次弾は命中する確率
$P(K|H)$	弾が命中したうえで，目標を撃破する確率

射撃開始から目標撃破に至るまでの一連の流れを図5.2に示す．まず射手は目標捜索し発射諸元を得るまで t_a 時間を要する．次に1発目が発射されるまでに t_1 時間を要し，着弾までに t_f 時間飛翔する．着弾後は，初弾の命中／ハズレに応じて状況が分岐する．初弾のhit/miss判定後，射撃実施のたびに命中とハズレの状態は繰り返し変化しうる．これら一連の状況推移を図5.3に示す3状態間の状態変化に沿って考えて $E[T]$ を計算する．

図5.2の中央下のワク内に示すように，まず最初に発射した砲弾がhitかmissに応じて，図5.3では左下か右下の状態に推移する．各状態に推移する確率は，P_1 あるいは，$1-P_1$ である．次弾からは，前の射撃結果の状態に応じて，前弾がhitだった場合は，$P(H|H)$ の確率で次弾が当たり，$1-P(H|H)$ で次弾ははずれる．前弾がmissだった場合は，$P(H|M)$ で次弾が当たり，$1-P(H|M)$ で次弾ははずれる．すなわち，初弾発射により1番上の状態から推移した後は，2発目以降はHIT，MISSの状態の間を移動し，最後は，左下のHIT状態に到着し撃破完了して推移は終わる．この状態推移で，もともとの確率値1はHIT(左)とMISS(右)の状態間で少しずつ移動を繰り返す．ただし，左右の状態にいる確率の和は，もともとの確率値を左右に振り分けているに過ぎないので常に1である．さて，左右のHITとMISS状態間を何回移動するかは，現実的には保有弾数やその目標に発射する砲弾数が上限となる．撃破に至らず攻撃を中止することもある．しかし，数学的には無限回移動可能とし，最後にHITして撃破完了，という状況を考えて様々な計算を実施する．この点が現実世界と理想的な数学モデルとの違いである．マルコフ連鎖モデルでは前弾のみに影響を受けつつ無限回移動可能とし，平均的には何回程度移動するとか，それぞれの状態に存在する確率はいかほどか，という数値を計算する．(マルコフ連鎖モデルについては付録参照)

第 5 章 撃破速度の考え方

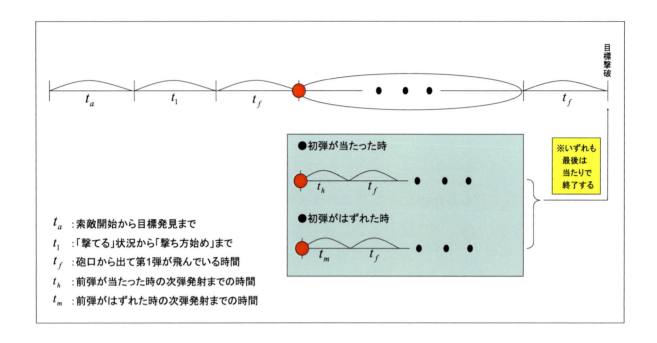

図 5.2: 撃破までの射撃プロセスの推移

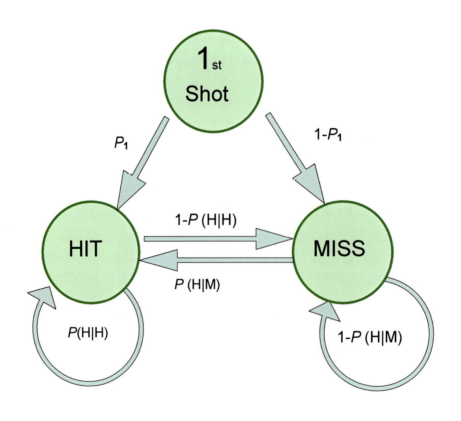

図 5.3: 初弾発射後の HIT/MISS 状態間の変化と推移確率

5.3. Bonder-Farrell の撃破速度

モデル構築に戻って，設定したパラメータのもとでの初弾の命中確率，次弾からの状態間の推移確率を表 5.1 にまとめる．また，この表とは別に，hit して kill する (条件付) 確率を $P(K|H)$ とする．これらの確率の値は，要求性能や実際の射撃実験などから把握可能な数値である．(そうでなければこのモデルでの計算は始められない．)

表 5.1　3 状態マルコフ連鎖モデルの推移確率

初弾のみ		前弾 \ 次弾	hit	miss
P_1		hit	$P(H\|H)$	$1-P(H\|H)$
$1-P_1$		miss	$P(H\|M)$	$1-P(H\|M)$

モデルを組み立てて行くにあたり，まず，z 発命中して，ちょうど z 発目で kill する確率を，次の形 (の幾何分布) で定義する．

$$p(z) = \{1 - P(K|H)\}^{z-1} P(K|H) . \tag{5.11}$$

この式のイメージは，$(z-1)$ 発までは命中しても kill には至らず，z 発目が当たって，ようやく kill する，ということである．整数 z の増加に伴い，離散的に単調減少する確率質量関数となっている．必要な命中弾数 z の可能性は，$z=1$ 発から原理的には (数学的には) 無限発までとりうる．(何度も言うが，現実的には，数発でカタが付くと思われるし，前述のとおり，撃てる弾数からも制限が掛かるはずである．)

次に z 発の命中を得るまでには，miss を含みつつ $N(\geq z)$ 弾を発射することになるが，その N に関する確率分布 $f_z(N)$ を，初弾の hit ／ miss で条件付けて別々に定義する．

$$f_z(N) = f_z(N|H, H) + f_z(N|M, H) . \tag{5.12}$$

この式において，第 1 項は初弾が hit したときに，最後 (N 発目) が hit で終わるときの確率分布を，第 2 項は，初弾を miss したときに，最後が hit で終わる確率分布をそれぞれ表している．当然ながらこれらは排反事象ゆえ，個別に計算することになる．

もっとも単純な確率分布は，z 発発射して，すべてが命中する確率分布であり ($N=z$)，これは，初弾の命中率が P_1，次弾からは $P(H|H)$ が $z-1$ 回連続することになるので

$$f_z(N) = P_1 P(H|H)^{z-1} \tag{5.13}$$

となる．(5.12) の第 2 項に相当する，「初弾を miss して」の部分はない．次に，普通に何発か「はずれ」を含んで $N(> z)$ 発を発射する場合は，やや複雑である．初弾が hit からスタートする第 1 項に関しては，次弾への結果に移るパターンの総数として，それぞれ $hit \to hit$ が $(z-k)$ 回，$hit \to miss$ が $(k-1)$ 回，$miss \to hit$ も $(k-1)$ 回，$miss \to miss$ が $(N-z-k+1)$ 回ずつ発生することが必要で，これらの組み合わせの数を考えると，下の式の第 1 項のような形となる．第 2 項は miss からスタートする場合であり，第 1 項と同様の考え方で導出できる．

$$\begin{aligned}
f_z(N) & \tag{5.14} \\
= P_1 \sum_{k=2}^{z} & \binom{z-1}{k-1}\binom{N-z-1}{k-2} P(H|H)^{z-k}(1-P(H|H))^{k-1} P(H|M)^{k-1}(1-P(H|M))^{N-z-k+1} \\
+ (1-P_1) \sum_{k=1}^{z} & \binom{z-1}{k-1}\binom{N-z-1}{k-1} P(H|H)^{z-k}(1-P(H|H))^{k-1} P(H|M)^{k}(1-P(H|M))^{N-z-k} .
\end{aligned}$$

ちなみに，この式で表現される確率分布が確かに確率関数となっていることを確認するために，モーメント生成関数 $\Phi_N(s)$ を定義してゼロ次モーメントを計算してみる[3]．

$$\Phi_N(s) = \sum_{N=0}^{\infty} e^{isN} f_z(N) . \tag{5.15}$$

ここで i は虚数単位 $i = \sqrt{-1}$ である．$Q_1 = 1 - P_1$ としてこの式を計算すると，

$$\Phi_N(s) = e^{isz}\left[P_1 + Q_1 \frac{P(H|M)e^{is}}{1-(1-P(H|M))e^{is}}\right]\left[P(H|H) + \frac{(1-P(H|H))P(H|M)e^{is}}{1-(1-P(H|M))e^{is}}\right]^{z-1} \tag{5.16}$$

となり，この式で $s = 0$ とおくことで（ゼロ次モーメント），確かに関数の和が 1 となっていることが確認できる．

$$\Phi_N(0) = [P_1 + Q_1][P(H|H) + (1-P(H|H))]^{z-1} = \sum_{N=0}^{\infty} f_z(N) = 1 . \tag{5.17}$$

次に，(5.16) のモーメント生成関数で 1 回微分して $s = 0$ とおくことで平均 (=1 次モーメント) が求められる．導出の細部は論文 [2] 参照ということで省略するが，1 次のモーメントを計算することで，z 回の命中を得るまでに要する発射弾数 N の期待値 $E(N)$ が求められる．N 発の中には当然ハズレも何発か含まれるので，$N \geq z$ であり，以下の期待値の式に示すとおり，第 2 項以下がその z 以上の余剰分を表している．

$$E(N) = \left(\frac{1}{i}\frac{d\Phi_N(s)}{ds}\right)_{s=0} = z + \frac{1-P_1}{P(H|M)} + \frac{(1-P(H|H))(z-1)}{P(H|M)} . \tag{5.18}$$

ちなみに各回の射撃結果が独立であるとすれば，$P_1 = P(H|H) = P(H|M)$ とおくことができ，(5.18) は $z/P(H|M)$ となることがわかる．これは，例えば 1 回の命中率が $1/3$，すなわち，1 発射あたり $1/3$ 発命中できるならば，z 発 hit させるまでに $3z$ 発を撃たなければならないことを意味する．

発射弾数 (の期待値) $E(N)$ が判れば，そこに至るまでの時間 (の期待値) $E[T]$ も図 5.2 の射撃スキームから決定することができる．図 5.2 に沿って目標撃破までの所要時間を考えれば，まず，最初の弾が発射されるまでに，(1) 目標を発見までの時間 t_a と，(2) 初弾を発射するまでの段取り時間 t_1 を要する．初弾が発射されてからは，発射ごとに毎回の飛行時間 t_f がかかる．撃破までには $(N-z)$ 発の miss (飛行時間含む) と $(z-1)$ 発の hit (飛行時間含む) に要する時間が必要となる．(この回数は，初弾が hit であっても miss であっても同じである．) これらの時間を考えて合算すれば，撃破までの全プロセス所要時間は次の T で表現される．

$$T = t_a + t_1 + t_f + (t_h + t_f)(z-1) + (t_m + t_f)(N-z) = c_1 + c_2 N . \tag{5.19}$$

ここで，$c_1 = t_a + t_1 - t_h + (t_h - t_m)z$，$c_2 = t_m + t_f$ として書き換えた．この式からわかるように，撃破するまでに要する全時間 T は，段取りに要する固有の時間の部分と，発射弾数 N に比例する時間との和となる．したがって，撃破までの全所要時間の期待値は，

$$E[T] = E(c_1 + c_2 N) = c_1 + c_2 E(N) \tag{5.20}$$

---

[3] モーメント生成関数においてゼロ次モーメントとは確率分布の和のことであり，当然 1 となるはずである．

5.3. Bonder-Farrell の撃破速度

となる．

以上の議論より，命中弾数 z を得るまでに要する時間の期待値 $E(T|z)$ は (5.18),(5.20) より以下の式で計算される．z 発の命中で条件付けられていることを明確にするために，条件付の形で表現する．

$$E(T|z) = c_1 + c_2 \left\{ z + \frac{1-P_1}{P(H|M)} + \frac{(1-P(H|H))(z-1)}{P(H|M)} \right\} . \quad (5.21)$$

kill する弾数 z は，明確には確定しないが，1 発以上無限発までのいずれかの命中で，最後が命中で終わることで kill が生じる．したがって，z をパラメータとして，それぞれの z となるときの確率と，そのkill の瞬間までに要する条件付の所要時間の期待値との積を合計することで $E[T]$ を計算することができる．

$$E[T] = \sum_{z=1}^{\infty} E(T|z) p(z) . \quad (5.22)$$

この式に上で計算した (5.11) と (5.21) を代入して，$E[T]$ は，最終的に以下の表現となる．

$$E[T] = t_a + t_1 - t_h + \frac{t_h + t_f}{P(K|H)} + \frac{t_m + t_f}{P(H|M)} \left\{ \frac{1 - P(H|H)}{P(K|H)} + P(H|H) - P_1 \right\} . \quad (5.23)$$

議論を戻せば，(5.10) で考察したように，この $E[T]$ の逆数が，対象となる目標を保有する武器システムで撃破する際の撃破速度 α となる．ちなみに，この式で発射までに要する各部の時間がすべて等しく ($t_1 = t_h = t_m = \bar{t}$ とおく)，かつ，前弾の命中に関わらず，毎回の命中率がすべて等しい ($P_1 = P(H|H) = P(H|M) = \bar{P}$ とおく) ならば，$E[T] = t_a + (\bar{t} + t_f)/(\bar{P} \cdot P(K|H))$ と書くことができ，さらに必ず命中必殺 ($\bar{P} \cdot P(K|H) = 1$) とすれば，$E[T] = t_a + (\bar{t} + t_f)$ と書ける．これは，捜索・発射緒元把握に t_a，発射準備に $\bar{t}$，そして実際に飛ぶのに t_f 要して (必中必殺して) 終わることを意味し，一般的な式 (5.3) を特殊化した結果と見ることができる．また，この (5.23) 式で特徴的なことは，各パラメータ値が実際の武器システムの実測値や要求性能値から採取可能であること，また，目標と武器との関係で各確率値が事前のテスト値から入手可能である点である．これまでに紹介した基本モデルでの撃破速度 b_i, r_i ($i = 1, 2, 3$) では，これらの値の設定方法が不明確であったが，本モデルでは明確にできる点が画期的であり，実用的な結果といえよう．運用者にとってもわかりやすく，受け入れられやすい表現であると思われる．

[撃破速度 α の分布 $f_z(\alpha)$]

(5.13), (5.14) において，ハズレ弾数を j とすれば $N = z + j$ の関係から N の代わりに α で決定される確率分布 $f_z(\alpha)$ も定義することができる．なお，以下では紙面の都合により $p = P(H|M), q = 1-p, u = P(H|H)$ として記述する．

$$f_z(\alpha) = \begin{cases} P_1 u^{z-1} & (\alpha = \frac{1}{c_1 + c_2 z} \text{のとき,} (j=0)), \\ P_1 \sum_{k=2}^{z} \binom{z-1}{k-1} \binom{\lfloor \frac{1-c_1\alpha}{c_2\alpha} \rfloor - z - 1}{k-2} u^{z-k}(1-u)^{k-1} p^{k-1} q^{(\frac{1-c_1\alpha}{c_2\alpha}) - z - k + 1} \\ + Q_1 \sum_{k=1}^{z} \binom{z-1}{k-1} \binom{\lfloor \frac{1-c_1\alpha}{c_2\alpha} \rfloor - z - 1}{k-1} u^{z-k}(1-u)^{k-1} p^{k} q^{(\frac{1-c_1\alpha}{c_2\alpha}) - z - k} \\ & (0 \leq \alpha \leq \frac{1}{c_1 + c_2(z+j)} \text{のとき}) . \end{cases} \quad (5.24)$$

ここで，カッコ $\lfloor \ \rfloor$ はカッコ内の値を超えない最大の整数 (切り捨て) を示す．この式において，撃破に必要な命中弾数 z を別にすれば，他のパラメータ値は攻撃以前に，実際の

武器システムから，あるいは開発時の要求性能値などから把握できる．整数 z については，$z = \lfloor \mu_z + 0.5 \rfloor = \lfloor 1/P(K|H) + 0.5 \rfloor$ を推定値とすることができる．（ μ_z は (5.11) の幾何分布の期待値とする．）目標 1 単位を kill するまでには $P(K|H)$ の逆数程度の hit を必要とする，というアイディアである．この式より，実際に特定の武器で目標を攻撃する前に，その武器による撃破速度の分布の様子を定量的に把握することができる．具体的な $f_z(\alpha)$ の分布の計算例を以下に示す．

- パラメータの設定値
  $P_1 = 0.40$, $p = 0.70$, $u = 0.75$, $t_a = 0.00$, $t_f = 4.00$, $t_h = 5.00$, $t_m = 4.00$, $t_1 = 10.0$

- 計算結果：下表のとおり（ $j = 6$ まで；以下省略），$\overline{\alpha}$ は平均キルレート（ $= \sum_j \alpha f_z(\alpha)$ ）

表 5.3　各 z に対する撃破速度 α とその分布 $f_z(\alpha)$

	$z=1$		$z=2$		$z=3$		$z=4$		$z=5$	
j	α	$f_z(\alpha)$	α	$f_z(\alpha)$	α	$f_z(\alpha)$	α	$f_z(\alpha)$	α	$f_z(\alpha)$
0	.071429	.4000	.043478	.3000	.031250	.2250	.024390	.1688	.020000	.1266
1	.045455	.4200	.032258	.3850	.025000	.3413	.020408	.2953	.017241	.2510
2	.033333	.1260	.025641	.1890	.020833	.2249	.017544	.2402	.015152	.2407
3	.026316	.0378	.021277	.0788	.017857	.1171	.015385	.1486	.013514	.1717
4	.021739	.0113	.018182	.0302	.015625	.0539	.013699	.0791	.012195	.1034
5	.018519	.0034	.015873	.0111	.013889	.0229	.012346	.0383	.011111	.0558
6	.016129	.0010	.014085	.0039	.012500	.0093	.011236	.0173	.010204	.0278
$\overline{\alpha}$	.053183		.032765		.023614		.018499		.015164	

特定のパラメータ値に対してこうした表を事前に計算しておくことで，実際の発射時の撃破速度 α や，その値になるまでの累積確率 $\sum_j f_z(\alpha)$ を攻撃中，常時把握することが可能となり，攻撃の可否を合理的に判断するための材料となりうる．このパラメータ設定のもとでの，ハズレ弾数 j をパラメータとしたときの撃破速度 α の変化の様子を図 5.4 に，各 α の値を取る確率分布 $f_z(\alpha)$ を図 5.5 にそれぞれ示す．

図 5.4 の α については，上から順に $z = 1, 2, \cdots, 5$ に対する折れ線になっている．いずれの z についても，ハズレがない場合（ $j = 0$ ）に撃破速度が最大となり，ハズレ弾（ j ）の増加と共に，撃破速度は減少していく．また，同じ j の値であっても z が大きくなるにつれ，撃破速度は減少して行く．これは，z が大きいほど，なかなか撃破できない目標となっていくためである．

図 5.5 の $f_z(\alpha)$ の分布も，上から順に $z = 1, 2, \cdots, 5$ という順番の折れ線になっている．miss も含めた発射弾数に関しては，表に示した $z = 1-5$ の範囲では，撃ちもらし数 $j = 1$ となる場合に質量関数が最大となっている．また，z が大きくなるにつれ，分布もブロードに広がっていくことがわかる．

図には示していないが，z が増大するにつれ，$f_z(\alpha)$ を最大にする j も増加し，例えば，$z = 10, 15, 20$ については，それぞれ $j = 3, 5, 7$ となるとき確率が最大となる．この結果は，上記のパラメータ設定のもとで，撃破するためには $(z + j)$ 発を発射する可能性がもっとも高いことを示唆している．

論文 [2] の最後には，この撃破速度モデルについて重要なポイントが述べられている．

5.3. Bonder-Farrell の撃破速度

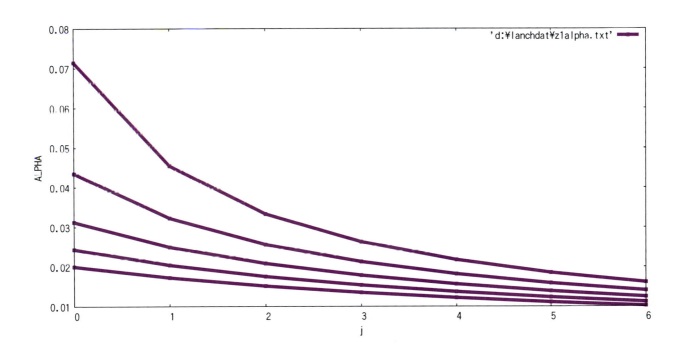

図 5.4: j に対する α の分布

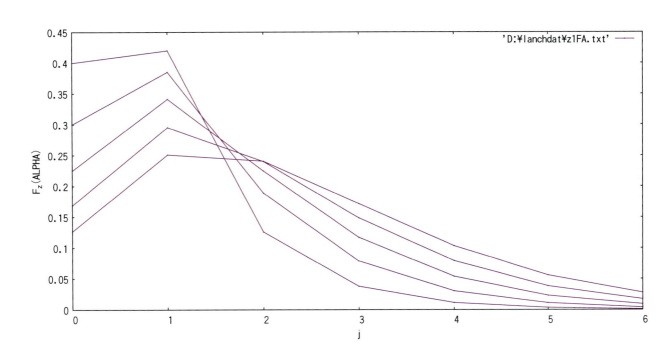

図 5.5: j に対する $f_z(\alpha)$ の分布

- 撃破速度モデルを構築する際には，1つの攻撃目標に対して，情報取得し，射撃し，撃破判定するというイメージで進めてきた．この流れでいえば，個別目標への直接射撃に基づく2次則を暗黙のうちに意識して撃破速度をモデル化してきた．しかし，t_a を目標エリアを見渡す時間に，個別目標への射撃精度をエリア攻撃精度に，また，個別目標への撃破速度を爆発での破片や爆風による周辺効果として読み替えることで，間接射撃モデル (=1次則モデル) の撃破速度分布としても捉え直すことができる．

- 一般に直接射撃 (照準射撃) は2次則モデル，間接射撃 (地域射撃) は1次則モデルが対応すると言われているが，**本節で示した方法で撃破速度を求めるとすれば，2次則モデルの形式で直接射撃にも間接射撃にも対応できる．**すなわち，直接／間接射撃モデルを別々のものとして扱う必要がなくなる．

- 従来の大半のランチェスターモデルでは，撃破速度 α は戦闘期間を通じて定数として扱われてきたが，本来は，目標と武器との距離に応じても変化するはずである．本モデルで考察したように攻撃状況にも依存するはずであり，本来は，交戦中，常時変化して行く量であるはずである．このような未検討の部分も含めた撃破速度の扱いは今後の研究課題である．

ここで指摘された事項は，本書の以下の撃破速度をめぐる考察でも重要な意味を持つ．

ただし，本章の初めにも述べたように，1次則モデルと2次則モデルの撃破速度の物理的な組み立てに根差した立場に立てば，両者の間には，絶対的な物理的次元の隔たりがある．1次則の撃破速度は [1/(時間・兵力量)] であり，2次則では [1/時間] である．Bonder が主張するように本モデルで1次則，2次則を同時に表現しようとすると，物理的な次元が一致しない矛盾が生じてしまうが，敵をやっつける能力を1戦闘単位を撃破するまでの期待時間の逆数として定義する発想は，1次則，2次則を問わず受け入れられるだろう．このような視点の変化に伴う物理的解釈の緩和が少しずつ受け入れられはじめ，1990年代ころより，一般化されたランチェスターモデルの研究が開始された．(次章参照)

Bonder-Farrell の撃破速度モデルを総括すれば次のようになる．

- 撃破速度を目標捜索から撃破までの期待時間の逆数として求めるには，実際の射撃に関する物理的特性値が必要である．具体的には，本節の前半部分で定義したような様々な実測可能なパラメータ値，射撃の各段階で要する時間や，命中した場合の kill する確率値などを射撃実施前に把握しておく必要がある．また，マルコフ連鎖モデルを採用していることから，連続する射撃での，前弾が hit あるいは miss した場合の次弾の命中率なども訓練データ等から把握しておく必要がある．

- このとき，ある決まった目標であっても射手と目標との位置関係や，明るさや天候・風速といった自然環境，あるいは射手の心理状況なども含めた射撃条件に応じて，上記のパラメータ値は違ってくるはずである．このため，$E[T]$ も，(その逆数である撃破速度 α も，) 毎回異なる値であり，一定値に決まらないものなのかもしれない．

- しかし，従来展開されてきたような，ラフな撃破速度の分解・組み立てからは，もう少し緻密で，現場の物理的な特性を反映した撃破速度の決定ができるようになったわけである．もちろん，この決定方法のデメリットとして，従来は不要であったデータ

収集が必要となり撃破速度決定までの負荷が大きくなる，という問題もあるが，状況に適応したリアルな値が設定でき，様々な意思決定に利用できる，というメリットの方がはるかに大きいだろう．

いずれにせよ，Bonder-Farrellの研究成果により，射撃現場の物理的な条件を撃破速度に反映できる可能性が大きく広がったといえる．この方向性でのさらなる展開として，(1) 交戦開始後の時間経過に従って目標の重要度に応じた交戦規則 (ROE) が変化していく状況での撃破速度表現とそのシミュレーション，及び，近年のネットワークセントリックな目標情報共有環境の改善によりもたらされつつある，(2) 情報取得方式差がある場合の撃破速度表現とその計算例，といった2つの研究事例を，以下の2つの節で紹介する．

5.4 目標の重要度に応じて攻撃開始時刻差がある撃破速度

前節で検討したように撃破速度は一般には交戦条件に応じて変化し，交戦期間を通じて一定ではないはずである．それは，例えば，交戦する部隊間の距離や戦場の自然条件でも左右されるだろう．孤島のような閉鎖的な領域の戦闘では，展開兵力が限定的なために，戦闘の経過とともに攻撃対象となる目標数自体が減少し，遭遇回数も減少するので次第に撃破速度が低下していく，ということも考えられる．

また，戦術的な理由から，戦闘経過時間に応じて交戦対象を制限することもあるだろう．交戦の初期段階で，敵の司令部本隊や能力の高い武器といった重要性の高い目標に遭遇すれば，攻撃能力がまだ十分にあるので叩く．一方，一般の兵士などは，ある程度後半になってから個別掃討戦を実施し殲滅させたい，という具合に，交戦対象間で時間的な優先順位を設定する戦闘計画もしばしば考えられる．

本節では，こうした現実的な交戦規則 (Rules of Engagement; ROE) の要請に基づいて，目標の優先度に応じて交戦開始時刻を制限することや，戦場に存在する限定的な目標数などに注目した撃破速度モデルを解説し，そうした状況での撃破速度の振舞いについて，簡単なシミュレーションにより考察することを目的とする．

撃破速度を数値的に求める手法には，大きく分けると2つの手法がある．前節で紹介したBonder-Farrellの研究に代表される手法では，射撃プロセスを分解・解析し，それらを再び統合してモデルを組み立て決定する．解析的な論理構成がなされているので，モデルのパラメータ値が決定され入力しさえすれば，即座に撃破速度値が計算できる．

これに対し，本節と次節では，Bonder-Farrellアプローチとは異なる手法で撃破速度を求める．以下で共通するアイディアは，射撃プロセスの細部に注目してモデルを構築することは前節と同様であるが，それらの各プロセスに要する時間に，より注目することである．例えば，目標発見までに要する時間や，発見後，見失わずに捕捉し続けられる継続時間，その後，継続的に射撃を実施し撃破に至るまでの時間などである．ただし，これら一連の攻撃プロセス中の特徴的な各部分ごとの時間については，毎回の攻撃ごとで異なるはずである．では，どう扱うか，というと，各部に要する時間が指数分布に従う (=各イベントが確率的に継続する) として，目標発見から撃破に至るまでの一連の流れの各部分時間をシミュレーションで決定するのである．その際，何の交戦情報もないシミュレーションをすべての部分で実施してしまうと，モデルそのものの信憑性が問われるので，あらかじめ各部分で訓練データや要求性能から指数分布パラメータなどの特性値を把握した上でシミュレーションを実施する．

シミュレーション実施に必要なパラメータ値が取得できた後は，特定のROEなど一連の射撃条件に沿って多数回シミュレーションを繰り返し，プロセスの始めから目標撃破にいたるまでの期待時間及びそのサイクルでの期待撃破数との比から，平均的な撃破速度を得る，というアイディアである．

この基本的なアイディアを簡単な式で示せば次のようになる．ROEなどが確定している一連の攻撃サイクルで，Y_j 兵種の1戦闘単位が，目標となる X_i 兵種を攻撃すると仮定する．1サイクルで撃破される目標数の期待値を $\overline{n}_{kX_iY_j}^{cycle}$，その1サイクルの攻撃時間の平均値を $\overline{t}_{cycle_{Y_j}}$ とすると，撃破速度 α_{ij} は以下の簡単な比で計算できる．

$$\alpha_{ij} = \frac{\overline{n}_{kX_iY_j}^{cycle}}{\overline{t}_{cycle_{Y_j}}} . \tag{5.25}$$

この式の分母と分子それぞれを表現するモデルを構築し，シミュレーションを実施する．分母と分子(の計算式)を作りこむ部分が論理的な作業であり，両者の表現が確定すれば，あとは，計算機による多数回のシミュレーションから両者の期待値を計算し，その比から撃破速度が即座に決定される．

モデル細部の説明に入る前に，Bonder-Farrellアプローチに新たに追加される認識について簡単に触れておく．Bonder-Farrellモデルでは，明確に述べられていなかったが，一連のプロセス中の各イベントは常に継続される前提であった．例えば，射撃を実施している状況であれば，射線(Line of Sight;LOS)が保持されている前提で評価が実施されていた．このほか，目標発見・捕捉後は，目標を見失うことはなく保持し続け，また，目標撃破に至るまで攻撃は延々と継続されることも仮定されていた．しかし，こうしたオペレーションの各段階は，LOSが維持されていないと継続できない．実際の戦場では，地形や天候などの影響を受け，しばしば目標を見失う．LOSの継続性の問題については，以下の検討では，確率的に失探／再探知の状態を推移する現象として扱う．もちろん，失探する可能性を考慮すれば，その分，攻撃能力は低下することになるが，より現実的な条件を取り込んだモデル構築といえるだろう．

このように，ある程度の細部のモデル構築とその後のシミュレーションにより(平均的な)撃破速度を求める手法は，1969年にG.M.Clarkによってはじめて提案されたので，Clarkアプローチと呼ばれている[9]．また，Attrition-Calibration(損耗校正)アプローチとも呼ばれ，その頭文字をとってATCALモデルと呼ばれることもある．

5.4.1 撃破速度モデルの構築

以下では，前述のとおり，遭遇する目標の重要度に応じて攻撃開始時刻に時間差を設定する，より実戦を意識した部隊運用状況下での撃破速度モデルの検討例[55]を紹介する．図5.6に示すように交戦中のB軍・R軍は，それぞれが複数の兵種により構成されると仮定する．戦闘期間中の攻撃順序は，図5.7に示すようなイメージが設定されており，交戦の初期においては，戦車など攻撃力・防御力の高いビークルに遭遇した場合は，捕捉・攻撃を実施する．その他の目標には遭遇しても何も行動を起こさない．交戦期間が長期化し，ある一定時間が経過すると，はじめて，重要度のより低い，車両，歩兵などへの捕捉・攻撃が許可される，という設定である．

5.4. 目標の重要度に応じて攻撃開始時刻差がある撃破速度

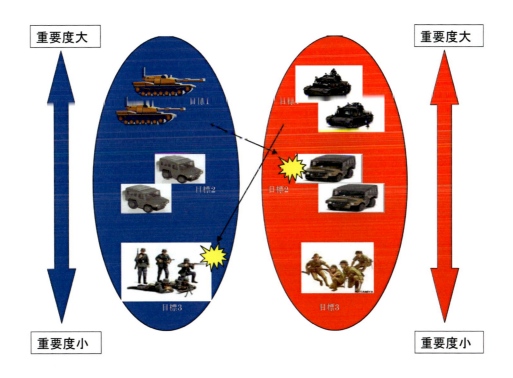

図 5.6: 目標重要度に応じた攻撃優先順序関係

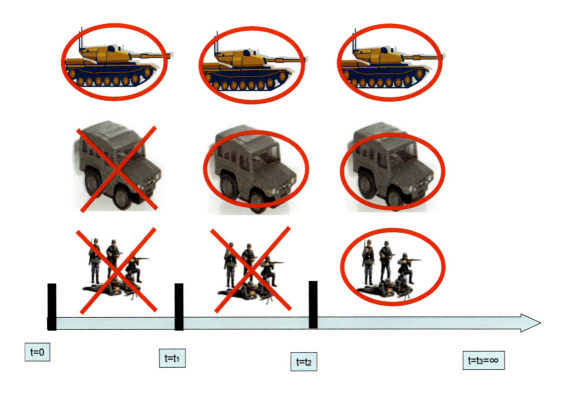

図 5.7: 目標重要度に応じて攻撃優先順序がある遭遇戦における交戦対象の変化

論文 [55] の前提より，目標に遭遇すれば，その瞬間に重要度が即座に評価され，交戦を開始するか，あるいは，ある時刻まで捕捉した後に交戦するかが決定される．時には捕捉中に目標を見逃すこともあるが，戦闘開始後は勝敗が決定するまで戦闘が継続するとしている．また，捕捉中は他の敵と遭遇することはないと仮定されている．

モデルを記述するためのパラメータを以下に定義し，さらに交戦様相を説明して行く．交戦開始時刻を $t=0$ とし，$0 \leq t \leq t_1$ の期間では重要度が最も高い目標 (重要度 1 とする．) に遭遇した場合，ただちに戦闘が開始される．一方，次の重要度 2 レベルの目標と遭遇した場合は，時刻 t_1 まで，あるいは捕捉中の目標より優先度が高い目標 (ここでは重要度 1) が現れるまで捕捉し続け，t_1 になって初めて重要度 2 目標に攻撃を開始する．$t_1 \leq t \leq t_2$ に重要度 1，あるいは重要度 2 と遭遇して，両者に攻撃可能な場合には，どちらに攻撃してもかまわない．この期間に両目標に同時に遭遇したならば，優先度が高い目標 (ここでは重要度 1) を先に攻撃する．

全部で m 段階 (期間) に区分して上記のような交戦規則を設定し，時間とともに交戦規則が変化していく状況での撃破速度モデルを記述していく．[55] の表記に従って，発見・捕捉され攻撃される側を X，攻撃する側を Y とする一方的な攻撃状況を想定して定式化の様子を説明する．

[パラメータ設定]

t	交戦開始時刻からの経過時間
i	目標重要度 (兵種またはクラスとも表記する; $i=1,2,\cdots,m$)
$\lambda_{X_i Y_j}$	X_i クラスの 1 目標を Y_j クラスの 1 戦闘単位が発見する頻度
	(注) 指数分布パラメータ；発見に至るまでの時間は指数分布を仮定
n_X	攻撃許容最大クラス；その時点で 1〜n_X クラスまでの交戦が許容されている
n_{X_i}	X_i クラスごとの目標数
μ	目標を見失う割合 (指数分布パラメータ)
η	見失った目標を再度発見する割合 (指数分布パラメータ)
α_i	Y の 1 戦闘単位が X_i クラスの 1 目標を撃破する撃破速度
λ_i	$n_{X_i} \lambda_{X_i Y_j}$ ($= X_i$ クラスの目標数と発見頻度との積)
Λ_k	$\lambda_1 + \lambda_2 + \cdots + \lambda_k$ (k クラスまでの各兵種ごとの λ_i の合計)
P_i^{eng}	次に交戦する目標が X_i クラスである確率
P_k	$[0, t_k]$ に発見された目標が $t=t_k$ でも依然として捕捉されている確率
$E[T_{a_Y}]$	Y 射手が目標に会敵するまでの期待時間
α_i^{ser}	重要度に応じて攻撃優先順序がある遭遇戦での X_i 目標 1 単位に対する撃破速度

撃破速度モデル構築の説明を始める前に，これら設定したパラメータを用いた撃破速度表現の結論を先に示せば，重要度に応じて交戦開始時刻差を設けた ROE が規定されており，n_X クラスまで交戦が許容されている場合の撃破速度 α_i^{ser} ($i=1 \sim n_X$) は次の形となる．

$$\alpha_i^{ser} = \frac{\dfrac{P_i^{eng}}{\alpha_i + \mu}}{E[T_{a_Y}] + \displaystyle\sum_{k=1}^{n_X} \dfrac{P_k^{eng}}{\alpha_k + \mu}} \alpha_i . \tag{5.26}$$

この式において，分母の第 1 項は遭遇した目標を攻撃開始するために必要な情報を取得するまでの期待時間であり，第 2 項は，情報取得した目標に対して攻撃している期待時間を表

す．ただし，対象となる目標クラスの可能性が $1 \sim n_X$ クラスまで起こりうるので，確率 P_k^{eng} で重み付けして合計することにより平均化している．分子は攻撃対象となる i クラスの目標に対する期待攻撃時間を表す．分数部分全体を見れば，[時間]/[時間] の次元，すなわち，無次元となり，これに i クラスの目標に対する撃破速度 α_i をかけることで，重要度に応じて直列的な ROE が規定されている戦場での撃破速度 α_i^{ser} が計算される．

この α_i^{ser} を導出する過程でのいくつかの重要ポイントを以下簡単に解説する．

[1. 特定のクラス (まで) の1目標を発見する確率]

上記のパラメータ設定において，基本的かつ重要なことは，敵の1戦闘単位を発見するまでの時間が，パラメータ $\lambda_{X_iY_j}$ の指数分布に従うとき，そのクラスに属する全部で n_{X_i} 目標のうちのいずれか1目標を発見するまでの時間は，パラメータ $n_{X_i}\lambda_{X_iY_j}$ の指数分布に従うということである．この場合，個々の目標は，一般的な確率の議論で仮定されるように独立して行動していることが前提である．また，上で定義したようにその積を λ_i で書けば，クラス1からクラス k までに属する全目標のうちの，いずれか1目標を発見するまでの時間も (それぞれが独立して行動するという前提の下で)，パラメータ Λ_k の指数分布に従う．

[2. 発見した目標を継続的に捕捉している確率 P_{LOS}]

いったん発見した目標は，その後の攻撃開始に至るまでは継続的に捕捉し続けなければならない．この捕捉段階で，目標を見失わずに捕捉し続けるか，あるいは，見失ってしまうか，といった排反事象が常に生じうる．この状態の変化を図 5.8 に示すような2状態のマルコフ連鎖モデルで記述する．見えている状態，見えていない状態にいる確率をそれぞれ $P_V(t), P_I(t)$ とし，捕捉している状態から見失う状態に移行するレートを μ，見失った状態 (あるいは未探知の状態) から再捕捉に移行するレートを η とする．このとき，以下の状態推移に関する連立微分方程式から，それぞれの状態確率を求めることができる．

$$\begin{cases} \dfrac{dP_I(t)}{dt} = -\eta P_I(t) + \mu P_V(t) \\ \dfrac{dP_V(t)}{dt} = \eta P_I(t) - \mu P_V(t) . \end{cases} \tag{5.27}$$

これを解くと以下の $P_V(t)$ となる．

$$P_V(t) = \frac{\eta}{\eta+\mu} + \left\{ P_V(0) - \frac{\eta}{\eta+\mu} \right\} \exp(-(\eta+\mu)t) . \tag{5.28}$$

捜索開始時には目標を未発見とすれば，$P_V(0) = 0$ であり，これを代入すれば上式は，

$$P_V(t) = \frac{\eta}{\eta+\mu}(1 - \exp(-(\eta+\mu)t) \tag{5.29}$$

となる．さらに捕捉した状態にいる定常的な確率を求めるために，$t \to \infty$ とすれば，目標を捕捉し続けている (=見えている) 平均的な確率を求めることができる．

$$\lim_{t \to \infty} P_V(t) = P_V(\infty) = \frac{\eta}{\eta+\mu} . \tag{5.30}$$

捜索開始の瞬間 ($t=0$) もこの関係が成り立っていると考えれば，(5.28),(5.30) より，任意の時刻 ($t \geq 0$) における捕捉確率は $P_V(t) = \eta/(\eta+\mu)$ と考えられ，以下，この確率を視線 (= Line of Sight) が維持できている状態確率 P_{LOS} とも呼ぶ．

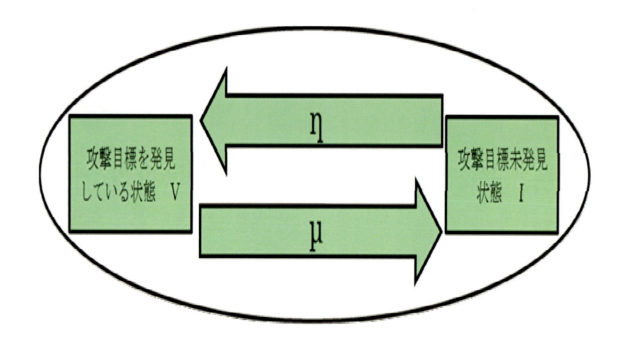

図 5.8: 目標の捕捉，失探に関する 2 状態モデル

この結果に関連して，以下の議論で有用となる定理を証明しておこう．

時間経過の中で，2 つの競合する事象のうち，どちらの事象が先に発生するか，ということがしばしば問題となる．具体的には，「どちらが先に見つけるか？」とか「どちらが先に攻撃するか？」などである．この競合状況をモデル化して扱う場合，2 つの独立した非負の連続型確率変数で，どちらの事象が先に生起するかという問題として置き換えることができる．このとき，2 つの競合事象の生起で指数分布を仮定すれば，以下の結論が得られる．

[定理] S,T を指数分布に従う確率変数とし，それぞれのパラメータを λ_S, λ_T とする．このとき以下の関係が成り立つ．

$$P[S \leq T] = \frac{\lambda_S}{\lambda_S + \lambda_T} . \tag{5.31}$$

この関係は，確率変数 S に従う事象が確率変数 T に従う事象よりも先に生起する確率を表現している．この結果は積分を直接実行することで即座に示すことができる．すなわち，連続時間 $t \geq 0$ に対し，両者の確率密度関数を $f_S(t) = \lambda_S \exp(-\lambda_S t)$, $f_T(t) = \lambda_T \exp(-\lambda_T t)$ とし，その累積分布関数をそれぞれ $F_S(t), F_T(t)$ とする．また，余事象の確率 (上側確率) を $\overline{F_S(t)}, \overline{F_T(t)}$ で表記する．求めたい結論は，(1) 事象 S がある時刻 t_S に発生するが，(2) その時刻よりも後に事象 T が発生する確率である．そしてこの結論を任意の時刻で成立させるために，(3) $t_S \to \infty$ の操作を行う．この計算を示せば，以下のとおりとなる．

$$\begin{aligned} P[S < T | S \leq t_S] &= \int_0^{t_S} \overline{F_T(t)} f_S(t) dt = \int_0^{t_S} e^{-\lambda_T t} \lambda_S e^{-\lambda_S t} dt \\ &= \lambda_S \int_0^{t_S} e^{-(\lambda_S + \lambda_T)t} dt = \frac{\lambda_S}{\lambda_S + \lambda_T} \left\{ 1 - e^{-(\lambda_S + \lambda_T)t_S} \right\} . \end{aligned} \tag{5.32}$$

5.4. 目標の重要度に応じて攻撃開始時刻差がある撃破速度

この式で $t_S \to \infty$ とすれば，(5.31) の結論を得ることができる．

この関係から，例えば，前述の "見えている・見えていない" 問題を扱った2状態マルコフ連鎖モデルの結論 (5.30) を見返せば，見える状況 (レート η) が見えなくなる現象 (レート μ) よりも優先して発生する，すなわち，見えている状況が見えなくなることに勝って生起する，という現象の確率として理解することもできる．

さらに，本節のテーマである，撃破速度表現 (5.26) の分子の $\alpha_i/(\alpha_i+\mu)$ も同様に解釈できる．ここで比較している2つの (指数分布に従う) 事象は，(1) 重要度 i の目標を撃破すること (レート α_i) と，(2) 目標を見失うこと (レート μ) である．ここでの射撃は，目標情報を把握した上での射撃ゆえに，2次則モデルが成立する直接照準射撃を行っている状況と考えられる．2次則モデルでの撃破速度は $\alpha = \nu P_{sskp}$ であり，この射撃行為が，現実的には様々な時間間隔で実施されるものの，平均的にはパラメータ ν の指数分布に従って実施されるとすれば，それを定数 P_{sskp} 倍したパラメータ α も，これまでの議論から明らかなように指数分布していると考えられる．

以上の考察より $\alpha_i/(\alpha_i+\mu)$ は，LOS を失うよりも先に i クラスの目標を撃破できる確率を表す．さらに以前の議論から，これは小数を許容した場合の撃破目標数にもなっているので，これに $1/\alpha_i$ を掛けた $1/(\alpha_i+\mu)$ が i クラスの1目標あたりの，見失うことも加味した kill するまでの時間といえる．すなわち，

$$E[T_{kill|ack}] = \frac{1}{\alpha_i + \mu} \tag{5.33}$$

である．

撃破速度 α_i^{ser} の表記に登場する2つの中間的なパラメータ，$P_i^{eng}, E[T_{a_Y}]$ が重要な役割を果たすので，これらの組み立てについて以下解説する．

[**3.** P_i^{eng} について]

攻撃者 Y_j が次に X_i クラスの目標と交戦する確率 P_i^{eng} は (1) t_{i-1} 以前に発見し，その時点までキープしてから交戦を始めるか，(2) $[t_{k-1}, t_k]$ ($k=i, i+1, \cdots, m$) で会敵し，即座に交戦をはじめるか，のいずれかなので以下のように分割できる．

$$\begin{aligned}P_i^{eng} &= (\text{時点 } t_{i-1} \text{に目標} X_i \text{に攻撃開始する確率}) \\ &+ \sum_{k=i}^{m}(\text{時点 } t_{k-1}\text{から時点} t_k\text{の間に目標} X_i \text{を発見し攻撃開始する確率}).\end{aligned} \tag{5.34}$$

すなわち，目標 X_i について，(1) t_{i-1} 以前に発見してキープしておいて，あるいは，(2) t_{i-1} 以降に遭遇するなり即座に，攻撃を開始する，という排反事象に分割して計算している．前項をさらに解析すれば，

$$\begin{aligned}(5.34)\text{の第1項} &= (X_i\text{よりも優先度の高い目標と時点}t_{i-1}\text{以前に遭遇していない確率}) \\ &\times (t_{i-1}\text{以前に捕捉した目標}X_i\text{を時点}t_{i-1}\text{でも捕捉中である確率})\end{aligned} \tag{5.35}$$

となるので，以下の式で表現される．

$$\left\{\prod_{n=1}^{i-2}(1-P_n)\right\}\left\{\prod_{n=1}^{i-1}e^{-\left(\sum_{j=1}^{n}\lambda_j\right)(t_n-t_{n-1})}\right\}P_{i-1}. \tag{5.36}$$

次に，(5.34) の第 2 項は次のように解釈することができる．期間 $k=i,\cdots,m$ に対して

$$(5.34) \text{の第 2 項} = (X_i \text{より重要度の高い目標と} [t_{k-1},t_k] \text{以前に交戦しない確率}) \quad (5.37)$$
$$\times \ ([t_{k-1},t_k] \text{の間に他の目標よりも先に目標} X_i \text{が捕捉される確率}).$$

この解釈より，(5.34) の第 2 項は以下のように計算される．

$$\left\{\prod_{n=1}^{k-1}(1-P_n)\right\}\left\{\prod_{n=1}^{k-1}e^{-\left(\sum_{j=1}^n \lambda_j\right)(t_n-t_{n-1})}\right\}\left\{\frac{\lambda_i}{\sum_{j=1}^k \lambda_j}\right\}\left\{1-e^{-\left(\sum_{j=1}^k \lambda_j\right)(t_k-t_{k-1})}\right\}. \quad (5.38)$$

(5.36) 及び (5.38) の和により P_i^{eng} は以下のように表現できる．

$$\begin{aligned} P_i^{eng} &= \left\{\prod_{n=1}^{i-2}(1-P_n)\right\}\left\{\prod_{n=1}^{i-1}e^{-\Lambda_n(t_n-t_{n-1})}\right\}P_{i-1} \\ &+ \sum_{k=i}^m \left\{\left[\prod_{n=1}^{k-1}(1-P_n)e^{-\Lambda_n(t_n-t_{n-1})}\right]\frac{\lambda_i}{\Lambda_k}[1-e^{-\Lambda_k(t_k-t_{k-1})}]\right\}. \end{aligned} \quad (5.39)$$

[4. $E[T_{a_Y}]$ について]

次に図 5.7 のような交戦規則のもとで，次に交戦する 1 目標を発見するまでにかかる期待時間 $E[T_{a_Y}]$ は，重要度 k の目標に対しては，交戦開始時刻が t_{k-1} なので，次のように定義される．

$$\begin{aligned} E[T_{a_Y}] &= (X_i \text{よりも優先度の高い目標と時点} t_{i-1} \text{以前に遭遇しない確率}) & (5.40) \\ &\times \ (X_i \text{が捕捉される確率}) & (5.41) \\ &\times \ (\text{目標} X_i \text{が} t_{k-1} \text{から} t_k \text{の間，他の目標よりも先に捕捉される確率}). & (5.42) \end{aligned}$$

(5.40) は会敵せず，しかも捕捉できていないので

$$\left\{\prod_{j=1}^{k-1}e^{-\Lambda_j(t_j-t_{j-1})}(1-P_{j-1})\right\} \quad (5.43)$$

となり，(5.41) は重要度 1 から重要度 k までの目標すべてで均等なので

$$\frac{1}{\Lambda_k} \quad (5.44)$$

となり，さらに (5.42) は目標と会敵することから以下の式となる．

$$\left\{1-e^{-\Lambda_k(t_k-t_{k-1})}\right\}. \quad (5.45)$$

以上 (5.43)-(5.45) より $E[T_{a_Y}]$ は以下のように表現される．

$$E[T_{a_Y}] = \sum_{k=1}^m \left\{\prod_{j=1}^{k-1}e^{-\Lambda_j(t_j-t_{j-1})}(1-P_{j-1})\right\}\frac{1}{\Lambda_k}\left\{1-e^{-\Lambda_k(t_k-t_{k-1})}\right\}. \quad (5.46)$$

以上で解説した P_i^{eng} 及び $E[T_{a_Y}]$ を代入して，撃破速度 α_i^{ser} は次の形により計算される．

$$\alpha_i^{ser} = \frac{\dfrac{P_i^{eng}}{\alpha_i+\mu}}{E[T_{a_Y}]+\sum_{k=1}^{n_X}\dfrac{P_k^{eng}}{\alpha_k+\mu}}\ \alpha_i. \quad (5.47)$$

5.4. 目標の重要度に応じて攻撃開始時刻差がある撃破速度

次小節ではシミュレーションにより目標捕捉に必要とする平均時間,および目標の撃破もしくは失探にかかる時間を算出し,目標捕捉に必要とする平均時間とその理論値 $E[T_{a_Y}]$ とを比較して考察を行う.また,この α_i^{ser} の表現から理論的な撃破速度の値を計算し,各兵種ごとの目標数の変化に伴う α_i^{ser} の変化についても考察する.

5.4.2 シミュレーションによる数値例

本節ではまず1回の戦闘における1目標に対する発見から捕捉および,撃破もしくは目標の失探にかかる時間 (以下,周回時間と記す) をシミュレートし,(5.46) により計算される目標捕捉までの理論値 $E[T_{a_Y}]$ との比較を行う.次に (5.47) により計算される撃破速度 α_i^{ser} が各兵種ごとの目標数の減少に伴い変化する様子について考察する [40].なお,以下の計算では,射手 Y は1クラスのみを想定する.

5.4.2.1 シミュレーションの結果

(1) 2兵種の場合

図 5.9 に示す一連のフロー及び下記のパラメータ値に基づいて目標との会敵,捕捉及び撃破事象を発生させ,周回時間を求める.目標の発見,捕捉/失探および撃破にかかる時間はそれぞれで独立した指数乱数を発生させ,20000回のモンテカルロシミュレーションにより平均的な周回時間を求めた.以下にシミュレーションを行う際のパラメータ値をまとめる.

[2兵種の場合のパラメータ設定]

	重要度1	重要度2
目標数 (n_{X_i})	10	20
1目標の捕捉確率 (λ_{X_iY})	0.02	0.04
キルレート (α_i)	1	4
LOS(捕捉の持続) がある割合 P_{LOS}	1	1
LOS を失う割合 (回/単位時間) (μ_i)	1	1

また,目標への攻撃を開始できる時刻を $t_1 = 1, t_2 = \infty$ に設定する.シミュレーション実施時の目標1および目標2の発見時刻 u_1, u_2 は,それぞれ異なる指数乱数 t_{a1} および t_{a2} を発生させて,下式のように生成する.

$$u_1 = t_{a1}, \qquad (5.48)$$
$$u_2 = t_1 + t_{a2}. \qquad (5.49)$$

図 5.9 に示す交戦部分で,目標撃破に至るまで捕捉を持続する確率 P_{LOS} のパラメータを C,LOS を消失する確率 μ_i のパラメータを D と設定した.これらはいずれもパラメータ値1の指数乱数を用いて下の式で表現される.ただし $[0,1]$ は様々なプログラミング言語に用意されている標準的な数値計算ライブラリで生成される $[0,1]$ 間の一様乱数とする.

$$C = -\log([0,1]), \quad D = -\log([0,1]). \qquad (5.50)$$

図 5.10 にシミュレーション結果を示す.

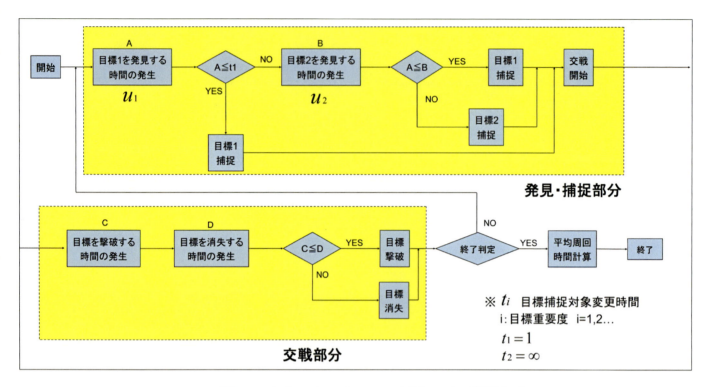

図 5.9: シミュレーションの流れ　(2兵種)[55]

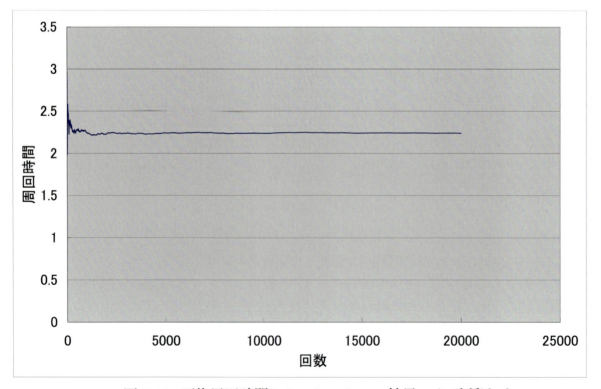

図 5.10: 平均周回時間シミュレーション結果　(2兵種)[40]

5.4. 目標の重要度に応じて攻撃開始時刻差がある撃破速度

シミュレーション回数が少ない開始直後は多少のバラツキがあるものの，20000回のシミュレーション後の平均周回時間は2.239程度でほぼ落ち着いている．また，撃破または失探を除いた捕捉までのみにかかる時間(図5.9で交戦部分を除いた時間)の平均は1.733となった．

ここで2兵種の場合の理論式(5.46)にもとづいて，次に会敵する目標に遭遇するまでの平均時間 $E[T_{aY}]$ を計算すれば，以下の形となる．

$$E[T_{aY}] = \frac{1}{\lambda_1}(1 - e^{-\lambda_1 t_1}) + \frac{e^{-\lambda_1 t_1}}{\lambda_1 + \lambda_2}. \tag{5.51}$$

$\lambda_1 = n_{X_1}\lambda_{X_1 Y} = 0.2$, $\lambda_2 = n_{X_2}\lambda_{X_2 Y} = 0.8$ を代入して計算すると，$E[T_{aY}] = 1.725$ となりシミュレーションの結果と理論値が，ほぼ一致することが確認できる．

(2) 3兵種の場合

次に，図5.9の発見・捕捉部分のみを3兵種に拡張して同様の計算を行う．図5.11に示す発見捕捉フロー及び下記に示すパラメータ値によりシミュレーションを行う．なお，このフローにおいて，目標を捕捉した後の，目標に対する攻撃もしくは目標失探発生部分のフローは，2兵種の場合と同様とする．

[3兵種の場合のパラメータ設定]

	重要度1	重要度2	重要度3
目標数 (n_{X_i})	10	20	30
1目標の捕捉確率 $(\lambda_{X_i Y})$	0.02	0.04	0.06
キルレート (α_i)	1	4	9
LOS(捕捉の持続)がある割合 P_{LOS}	1	1	1
LOSを失う割合(回/単位時間) (μ_i)	1	1	1

目標への攻撃開始時刻を2目標の場合の途中に1段階追加し，$t_1 = 1$, $t_2 = 2$, $t_3 = \infty$ と設定する．これより重要度1,2の目標の探知時刻の生成も，2目標の場合と同様に(5.48),(5.49)を採用し，新たに重要度3の目標の探知時刻 u_3 を指数乱数 t_{a3} を用いて

$$u_3 = t_2 + t_{a3} \tag{5.52}$$

として生成する．以上の設定から3兵種の場合の周回時間のシミュレーションを実施すると，図5.12の結果が得られた．

20000回のシミュレーション後の平均周回時間は2.032であった．また，撃破または失探を除いた捕捉までのみにかかる平均時間は1.527であった．2兵種の場合と同様に(5.46)にもとづいて，3兵種の場合の，次に会敵する目標に遭遇するまでの期待時間 $E[T_{aY}]$ を計算すると以下の式となる．

$$E[T_{aY}] = \frac{1}{\lambda_1}(1-e^{-\lambda_1 t_1}) + \frac{e^{-\lambda_1 t_1}}{\lambda_1+\lambda_2}(1-e^{-(\lambda_1+\lambda_2)(t_2-t_1)}) + \frac{e^{-\{\lambda_1 t_1+(\lambda_1+\lambda_2)(t_2-t_1)\}}}{\lambda_1+\lambda_2+\lambda_3}(1-P_1). \tag{5.53}$$

$\lambda_1 = n_{X_1}\lambda_{X_1 Y} = 0.2$, $\lambda_2 = n_{X_2}\lambda_{X_2 Y} = 0.8$, $\lambda_3 = n_{X_3}\lambda_{X_3 Y} = 1.8$ を代入して計算する．さらに $t = t_1$ まで継続して捕捉している確率 P_1 は，次の値が計算される．

$$P_1 = \frac{P_{LOS}\lambda_{X_1 Y}}{P_{LOS}\lambda_{X_1 Y} - \mu_1}\{e^{-\mu_1 t_1} - e^{-P_{LOS}\lambda_{X_1 Y} t_1}\} = 0.0247. \tag{5.54}$$

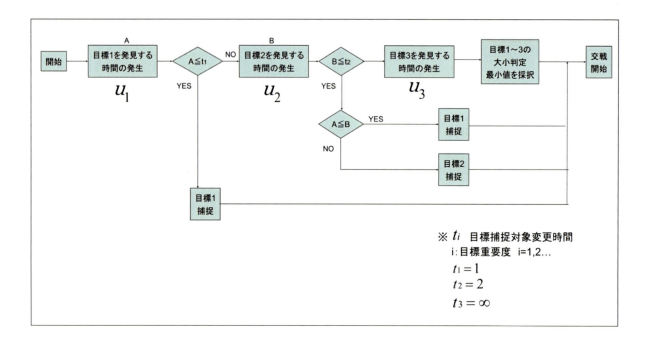

図 5.11: シミュレーションの流れ(発見・捕捉フローのみ)　(3兵種)[40]

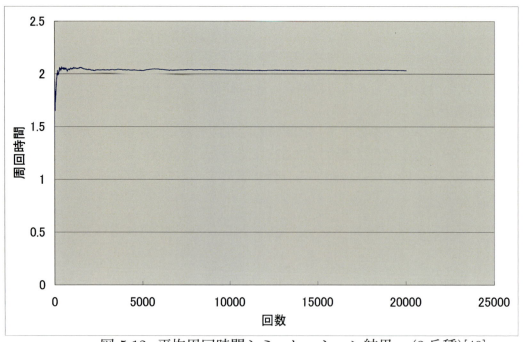

図 5.12: 平均周回時間シミュレーション結果　(3兵種)[40]

5.4. 目標の重要度に応じて攻撃開始時刻差がある撃破速度

これらを (5.53) に代入すると，$E[T_{aY}] = 1.529$ となり，シミュレーション値と理論値がほぼ一致することが確認できる．

2兵種時では目標数そのものが少ないため，3兵種の場合と比べて捕捉時間が長い (2兵種時→1.725, 3兵種時→1.529)．これは，目標数が多い3兵種の場合には目標数が増加したことで，会敵機会が増加するため，逆に捕捉している時間が短縮してしまうためと考えられる．交戦時間に関しては交戦する目標の種類によらず同一条件でシミュレーションしているので2兵種時と同様，約 0.5 を要している．

(3) 4兵種の場合

3兵種の場合と同様に，図 5.13 に示す発見捕捉フロー及び下記に示すパラメータ値によりシミュレーションを行う．

[4兵種の場合のパラメータ設定]

	重要度1	重要度2	重要度3	重要度4
目標数 (n_{X_i})	10	20	30	40
1目標の捕捉確率 (λ_{X_iY})	0.02	0.04	0.06	0.08
キルレート (α_i)	1	4	9	16
LOS(捕捉の持続)がある割合 P_{LOS}	1	1	1	1
LOSを失う割合(回/単位時間) (μ_i)	1	1	1	1

攻撃開始時刻に関しては，3兵種の場合に1段階追加し，$t_1 = 1, t_2 = 2, t_3 = 3, t_4 = \infty$ とする．また目標を捕捉する時刻は，これまでの目標 1,2,3 に対して発生させる時刻に加え，目標 4 の発生時間 u_4 として，指数乱数 t_{a4} を用いて以下のように発生させる．

$$u_4 = t_3 + t_{a4} . \tag{5.55}$$

この設定の下でのシミュレーション結果を図 5.14 に示す．

20000回のシミュレーション後の平均周回時間は 2.025 であった．また撃破もしくは失探を除いた捕捉までのみにかかる平均時間は 1.526 であった．ここで 4 兵種の場合も (5.46) にもとづいて，次に会敵する目標に遭遇するまでの平均時間 $E[T_{aY}]$ を計算すれば次の式となる．

$$\begin{aligned} E[T_{aY}] &= \frac{1}{\lambda_1}(1-e^{-\lambda_1 t_1}) + \frac{e^{-\lambda_1 t_1}}{\Lambda_2}(1-e^{-\Lambda_2(t_2-t_1)}) + \frac{e^{-\{\lambda_1 t_1 + \Lambda_2(t_2-t_1)\}}}{\Lambda_3}(1-P_1)(1-e^{-\Lambda_3(t_3-t_2)}) \\ &+ \frac{e^{-\{\lambda_1 t_1 + \Lambda_2(t_2-t_1) + \Lambda_3(t_3-t_2)\}}}{\Lambda_4}(1-P_1)(1-P_2) . \end{aligned} \tag{5.56}$$

これに $\lambda_1 = n_{X_1}\lambda_{X_1Y} = 0.2, \lambda_2 = n_{X_2}\lambda_{X_2Y} = 0.8, \lambda_3 = n_{X_3}\lambda_{X_3Y} = 1.8, \lambda_4 = n_{X_4}\lambda_{X_4Y} = 3.2$ を代入し，さらに 3 兵種のときに計算した $P_1 = 0.0247$ も代入する．ここで新たに必要となる P_2 は，

$$P_2 = \frac{P_{LOS}\lambda_{X_2Y}}{P_{LOS}\lambda_{X_2Y} - \mu_2}\{e^{-\mu_2 t_1} - e^{-P_{LOS}\lambda_{X_2Y}t_1}\} = 0.0480 \tag{5.57}$$

と計算される．これらの値より，$E[T_{aY}] = 1.526$ となり，シミュレーション値と理論値はほぼ一致することが確認できた．

4兵種の場合も3兵種の場合と同様に各兵種の目標数が捕捉時間に影響を及ぼしている．4兵種時ではさらに目標数が増加するために会敵機会が増加して，逆に捕捉している時間が短縮していると考えられる．交戦時間に関しては3兵種の場合と同様で約 0.5 を要している．

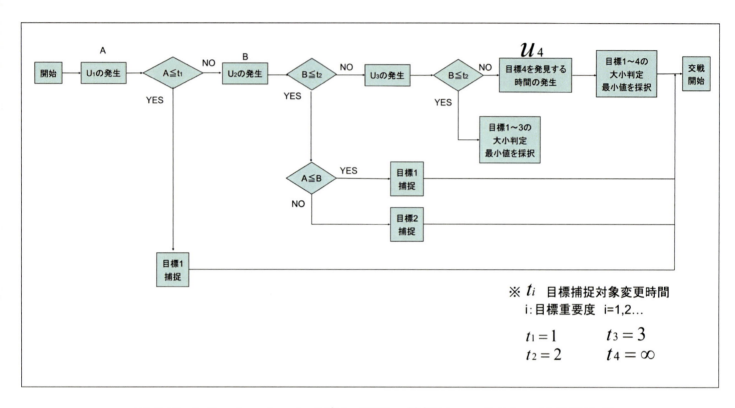

図 5.13: シミュレーションの流れ (発見・捕捉フローのみ)　(4 兵種)[40]

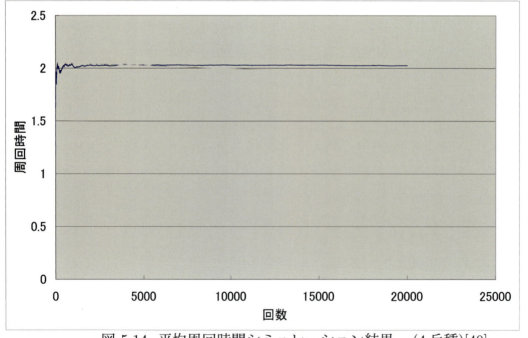

図 5.14: 平均周回時間シミュレーション結果　(4 兵種)[40]

5.4. 目標の重要度に応じて攻撃開始時刻差がある撃破速度

5.4.2.2 理論式から計算される撃破速度

目標数が減少して行く際に撃破速度が変化する様子について，(5.47) から計算される結果を各兵種数の場合で考察する．

[2 兵種の場合]

2 兵種の目標に対して交戦が許可されている状況で攻撃を行う際に，目標数が 1 単位ずつ減少する場合の撃破速度の変化の様子を図 5.15 に示す．初期目標数は前小節と同様，重要度 1：10 目標，重要度 2：20 目標である．

重要度 1 の撃破速度は，その目標数が少なくなるにつれて会敵する機会も減少するために低下していく．この傾向は重要度 2 の目標数の変化にはほとんど影響されない．これは，重要度 2 の優先度が低いため，仮に重要度 2 の目標を先に発見した場合でも，その目標への攻撃を後回しにするためである．これらの考察から明らかなように，重要度 2 に対する撃破速度は重要度 1 に比べて優先度が低く，交戦が後回しにされるために，重要度 1 目標の残存数が多い戦闘の初期段階には低い値であるが，目標数が減るにつれて次第に高くなる傾向がある．ただし，重要度 2 目標自身が減少する際は，重要度 1 目標の場合と同様，撃破速度は低下していく．

[3 兵種の場合]

3 兵種の場合の撃破速度を図 5.16 に示す．2 兵種の場合と同様に，他の目標の残存数が与える影響について考察する．なお，前小節と同様，初期目標数は重要度 1：10 目標，重要度 2：20 目標，重要度 3：30 目標と設定した．

まず，他兵種の目標数が減少するにつれて撃破速度が増大していることが全てのグラフから読み取れる．これは他兵種の目標数の減少により，自らの目標数が相対的に増大することから明らかである．また，その際の撃破速度が増大する様子は $\alpha_3^{ser}, \alpha_2^{ser}, \alpha_1^{ser}$ の順に激しくなる傾向が見られる．この傾向は，交戦の優先度が影響しているためと考えられる．重要度 1 目標の撃破速度は重要度 3 目標の残存数にはあまり影響されず，むしろ重要度 2 目標の残存数に影響される．重要度 2 目標の残存数が減少すれば，撃破速度が上昇する傾向にある．優先度の関係から重要度 3 の目標数がほとんど影響を及ぼさないためと考えられる．また，重要度 2 目標は，他の重要度の目標数が減少するにしたがって撃破速度が上昇している．重要度 3 の目標では重要度 1,2 の目標数が減少するにつれてさらに撃破速度が上昇している．これは重要度 3 の目標は重要度が 1,2 の目標と比べて捕捉の優先度が低いため，発見されても後回しにされるためである．

以上の考察から，一般に，重要度が異なる兵種間での影響を与える傾向は，重要度が近い兵種，特に，上位の兵種の目標数の変化に大きく影響されやすいことがわかる．重要度 1 の目標は重要度 2 の目標に，重要度 2 の目標は重要度 1 の目標に，また，重要度 3 の目標は重要度 2,1 目標の順に影響を受けやすいことが図から読み取ることができる．

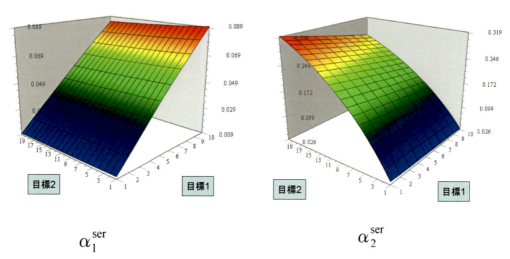

図 5.15: 目標数が減少する際の撃破速度の変化 (2 兵種)

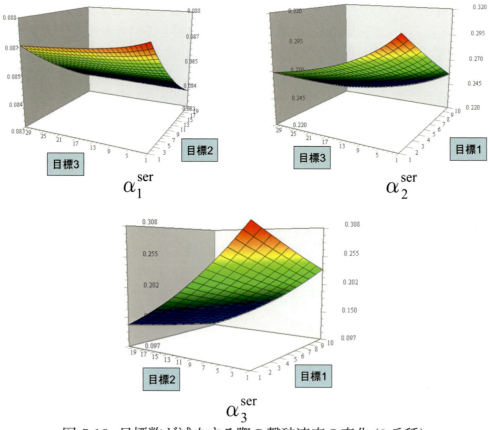

図 5.16: 目標数が減少する際の撃破速度の変化 (3 兵種)

5.4.3 おわりに

　前章までに示してきたランチェスターモデルでは，攻撃態様や目標数の変化によらず，交戦中は常に撃破速度を一定として扱ってきたが，本節では実際に起こりうる事態に対応するように撃破速度を扱い，その値が変化する研究 [55] に沿って試算を行った．論文に記述された方法に基づいて1交戦サイクル全体の所要時間，すなわち，目標捕捉までの時間，交戦に要する時間をシミュレートし，理論式から計算される時間との比較を行った．また理論式に従って各兵種の目標数が減少していく際の撃破速度も算出した．本節で行ったシミュレーションでの成果と今後の課題について以下に記す．

　シミュレーションによる目標の発見・捕捉までの期待時間 $E[T_{aY}]$ とモデル構築した式から得られる値を比較したところ，2,3,4 兵種の場合について，ほぼ一致した結果が得られた．実施したシミュレーションでは，目標を捕捉した後に失探/撃破するフェーズも指数乱数により発生させ計算している．ただし，実施したシミュレーションでは，失探/撃破判定での指数分布パラメータ値を同じ値に設定したため，兵種や目標数によらず，失探/撃破がほぼ五分五分の状況で計算した．本来はもう少し失探が低い状況で計算すべきであると考えられるので，この点に関してはもう少しパラメータ値を検討してシミュレーションを行うべきだった．

　目標数が減少していく際の撃破速度について，2,3 兵種の場合について計算した．兵種間で対応順序に優先度を設定した結果，撃破速度値はそれぞれの場合に予想される自然な挙動が確認された．

　本節で考えた撃破速度のシミュレーションモデルは，直接照準射撃を行う2次則モデルの状況を前提とし，また，各兵種の個々の目標とポアソン会敵することも前提としている．

　このような戦闘環境は，個々の兵士や戦闘単位の自由度を高め散開して交戦を実施している状況を想定するものであり，現在の交戦環境というよりも，むしろ将来的な環境の一例として捉えるべきであると考える．将来的には，個別装備の充実により，現在のような小隊規模で行動するような運用状況から変わっていくものと思われるが，その変化に合わせてこのモデルを再検討する必要があると考える．

　また，今回は撃破速度のみに着目した検討となったが，計算された撃破速度を使って，実際の損耗モデルに適用する研究も行わなければならない．その際には，少兵種・少目標に対する撃破速度を求めていることから，少数兵力間の戦闘の記述に適した確率論的ランチェスターモデルへの適用から行うべきと考える．例えば，各目標に対して攻撃開始時刻に差を設ける運用が可能であり，情報共有による共同対処の可能性や兵力集中の有無も表現可能と思われる．こうしたことから，情報化時代の戦闘に対応したランチェスターモデルへの展開が期待される．

5.5 取得目標情報が共有可能である環境での撃破速度

前節では，現実的な運用要求に着目し，重要度が高い目標から攻撃を遂行する ROE のもとで撃破速度モデルを構築し，シミュレーションを通して撃破速度が計算される過程を示した．本節では，情報技術 (IT) が戦場に浸透してきた最近の傾向を踏まえて，取得される攻撃目標情報の共有可能性が戦闘に及ぼす影響を撃破速度の観点から探求する．

現代の戦闘環境においては，特定の目標を攻撃している最中に別の目標情報が確定できている環境が整いつつある．例えば最近の戦車においては，砲術士が特定の目標を攻撃している最中に，車両指揮官が付近に存在する別目標の発見並びに情報取得ができ，現在攻撃中の目標への攻撃が終了 (あるいは失探) したならば，キープしておいた別目標情報に即座に攻撃を振り向ける，といったような状況である．海上や空中戦闘でも，LINK システムに代表されるような，敵味方識別情報を共有できるシステムを用いて，攻撃目標情報を蓄積し，攻撃や防御のための資源を効率的に振り分けることができるようになってきている．イメージの一例として，図 5.17 のような防衛省により示された将来的な空中戦闘例がある [38]．ネットワークで接続され情報交換が可能な情報収集機と攻撃戦闘機の間では，どの機体がどの目標を攻撃すべきかが，常に管制される環境が構築され，対処時のオーバーラップや割り当てもれが軽減され，戦闘資源の有効活用が期待される．これまでの運用と比較すれば，従来は個々のビークルごとで，個別に攻撃対象機の情報収集から攻撃・防御までを独立して担っていた，プラットフォームセントリックな戦闘環境であったが，今後は，情報ネットワークで相互につながり，様々な特化した機能を持つ多数のビークル相互で補完しあいながら，集団として対処するような，ネットワークセントリックな戦闘環境に移行していくものと考えられている．

本節ではこうした目標情報取得・共有に関する環境が改善されつつある過渡的状況に焦点を当て，従来どおり各戦闘単位が独立して対処する場合と，部隊の戦闘単位間で情報共有しつつ対処する場合とで別々の撃破速度モデルの構築を行い，情報共有機能を備えた部隊で交戦様相が改善される様子を観察する．

本節で紹介する撃破速度モデルは，Taylor らによる研究成果 [56] である．彼らの研究では，陸上戦闘における現代の戦車同士での戦闘をイメージし，図 5.18 に示すような情報取得に関する直列・並列取得サイクルを想定してモデルが組み立てられた．交戦は攻撃目標の捜索から開始し，攻撃目標が発見できれば，攻撃に必要な位置・速度情報など様々な情報の取得に努め，攻撃可能な状況となり次第，攻撃を開始する．攻撃目標の発見及び情報取得については，ある目標への攻撃が実施中であっても，味方部隊から常に入手可能であるとし，そうした情報取得環境を，以下では，並列取得と呼ぶ．この環境では，目標情報が蓄積されていれば，交戦終了 (撃破完了もしくは失探) 後，速やかに次の目標攻撃に移換でき，攻撃の効率化が図れる．一方，従来からの個々の戦車での単独攻撃のように，ある目標を攻撃中にはその目標に専念するために別の目標情報が得られず，交戦終了後に，再び新たな攻撃目標の捜索フェーズから始めるような方式を，直列取得方式と呼ぶ．こうした2種類の情報取得方式それぞれで，以下，撃破速度モデルの構築を解説して行く．

5.5. 取得目標情報が共有可能である環境での撃破速度

図 5.17: 将来空中戦構想：クラウドシューティング [38]

5.5.1 撃破速度モデルの構築

直列 (serial)・並列 (parallel) 取得方式で規定される交戦サイクルの撃破速度 α^{ser} (あるいは α^{par}) は，前節の (5.25) 同様，シミュレーションの出力から計算される．

$$\alpha^{ser}(あるいは\alpha^{par}) = \frac{1\,サイクルあたりの期待目標撃破数}{1\,サイクルに要する時間} = \frac{n_k^{cycle}}{T_{cycle}}. \quad (5.58)$$

分子の n_k^{cycle} に関しては，射手が目標攻撃中に，目標を逃がさずに撃破完了するか，あるいは目標に逃げられる (見失う) 事象を，いずれも指数分布に従う (パラメータ：α 及び μ) と仮定して，前節同様の思考過程から得られる結果，

$$n_k^{cycle} = \frac{\alpha}{\alpha + \mu} \quad (5.59)$$

を採用する．この部分は攻撃に必要な情報を取得した後に敵を撃破する確率なので，情報取得方式によらず共通した表現となる．これに対し，分母の 1 サイクルあたりの所要時間 T_{cycle} は，取得方式に応じて異なる．

5.5.2 直列取得方式におけるサイクル時間

図 5.18 に示す攻撃サイクルにおいて，1 サイクルに要する期待時間 $T_{cycle} = E(T)$ は，(1) 攻撃目標を発見し，攻撃に必要な情報を取得するまでの期待時間 $E(T_{acq})$ と，(2) 必要な情

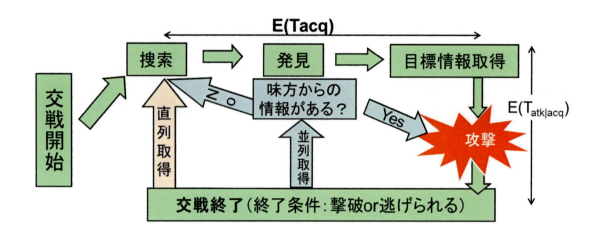

図 5.18: 直列・並列取得方式による攻撃サイクル

報が得られている状態から攻撃し，撃破するか逃げられてしまう (見失う) までの期待時間 $E(T_{atk|acq})$ との和である．すなわち，

$$E(T) = E(T_{acq}) + E(T_{atk|acq}) \tag{5.60}$$

と表される．直列取得方式の場合には，交戦終了後は必ず，赤い矢印で示されるような捜索フェーズに戻る．

まず，目標情報取得までの期待時間を考える．対象となる戦場には，攻撃目標が x 戦闘単位存在するとし，それらが独立して行動している．各戦闘単位は，パラメータ λ の指数分布により探知・情報取得されると仮定する．また，いったん情報取得された目標が見失われることがなく捕捉し続けられる確率を P_{LOS} とする．このとき前節と同様に，これらのパラメータの積の逆数によって $E(T_{acq})$ が計算され，以下の式で表される．

$$E(T_{acq}) = \frac{1}{P_{LOS}\lambda x} . \tag{5.61}$$

次に，攻撃開始後，撃破完了 (あるいは逃げられる，見失う) までの期待時間 $E(T_{atk|acq})$ について考える．α は単位時間当たりの撃破数であり，1 サイクルあたりの期待撃破数は，(5.59) に示した n_k^{cycle} である．これから，求めるべき時間の期待値は以下の式で表される．

$$E(T_{atk|acq}) = \frac{1\text{サイクルでの期待撃破数}}{\text{単位時間当たりの撃破数}} = n_k^{cycle} \times \frac{1}{\alpha} = \frac{1}{\alpha + \mu} . \tag{5.62}$$

以上から，1 サイクルに要する期待時間 T_{cycle} は式 (5.60) に (5.61), (5.62) を代入することにより，以下の式で表される．

$$T_{cycle} = E(T) = E(T_{acq}) + E(T_{atk|acq}) = \frac{1}{P_{LOS}\lambda x} + \frac{1}{\alpha + \mu} . \tag{5.63}$$

よって，式 (5.58) に (5.59), (5.63) を代入することにより直列取得方式における撃破速度 α^{ser} は以下の式となる．

$$\alpha^{ser} = n_k^{cycle}/T_{cycle} = \left(\frac{\alpha}{\alpha + \mu}\right) / \left(\frac{1}{P_{LOS}\lambda x} + \frac{1}{\alpha + \mu}\right) . \tag{5.64}$$

この式で特徴的なことは，目標数 x に応じて α^{ser} が変わるということである．すなわち，目標 x が多数存在するときは，撃破速度 α^{ser} も大きいが，x が少なくなるにつれ，次第に会敵の機会も減るようになり，α^{ser} も小さくなっていく．

5.5.3 並列取得方式におけるサイクル時間

並列取得方式の特徴をモデル化するために，図 5.19 に示すような 3 状態のマルコフモデルを考える．時刻 t でのそれぞれの状態の存在確率として，攻撃目標が見えていない(=探知していない，見失っている)確率 $P_I(t)$，攻撃目標が見えているが攻撃情報取得までには至っていない確率 $P_V(t)$，さらに攻撃に必要な情報が取得済みとなっている確率を $P_A(t)$ とする．見えている，見えていないという 2 状態だけではなく，見えていて攻撃開始可能な情報が取得できている，という第 3 の状態を追加した点が，図 5.8 のモデルと異なる点である．この時，微少時間における状態間の推移を考えると，以下の連立微分方程式が得られる．

$$\begin{cases} \dfrac{dP_I(t)}{dt} = -\eta P_I(t) + \mu P_V(t) + \mu P_A(t) \\[2mm] \dfrac{dP_V(t)}{dt} = \eta P_I(t) - (\lambda + \mu) P_V(t) \\[2mm] \dfrac{dP_A(t)}{dt} = \lambda P_V(t) - \mu P_A(t) \,. \end{cases} \tag{5.65}$$

交戦中のいずれの時点でも 3 状態のうちのいずれかの状態に必ず属しているので，任意の時刻 $t\ (\geq 0)$ での状態確率について，次の関係が成り立つ．

$$P_I(t) + P_V(t) + P_A(t) = 1 \,. \tag{5.66}$$

この関係を利用して，連立微分方程式を $P_A(t)$ について解くと，以下が得られる．

$$\begin{aligned} P_A(t) = & \left\{ \frac{\lambda}{\lambda - \eta} P_I(0) + P_A(0) - \frac{\lambda}{\lambda - \eta} \cdot \frac{(\lambda - \eta) + \mu}{\lambda + \mu} \right\} \exp(-(\lambda + \mu) t) \\ & + \left\{ \frac{\lambda}{\eta - \lambda} P_I(0) - \frac{\mu \lambda}{(\eta + \mu)(\eta - \lambda)} \right\} \exp(-(\eta + \mu) t) + \frac{\eta \lambda}{(\eta + \mu)(\lambda + \mu)} \,. \end{aligned} \tag{5.67}$$

(5.67) には，2 つの初期値 $P_I(0), P_A(0)$ が含まれているが，捜索開始時において，$P_A(0) = 0$ であり，$P_I(0), P_V(0)$ は，前節の 2 状態マルコフ連鎖モデルを思い出せば，$\mu/(\eta+\mu), \eta/(\eta+\mu)$ である．これらを上式に代入し，定常状態の確率を求めるために $t \to \infty$ とすれば，任意の時刻における $P_A(t)$ は，上式で第 1 項，第 2 項をゼロとした，以下の形に求められる．

$$P_A(t) = \frac{\eta \lambda}{(\eta + \mu)(\lambda + \mu)} = \frac{\eta}{(\eta + \mu)} \cdot \frac{\lambda}{(\lambda + \mu)} \,. \tag{5.68}$$

この結果は，「見えている・見えていない」問題で，LOS が維持され(=見失っていない)($\eta/(\eta+\mu)$)，かつ，"情報取得状態" と "見失う事象" とのせめぎあいで，情報取得状態が勝っている状況 ($\lambda/(\lambda+\mu)$) の積事象ゆえ，自然な表現といえる．この状態にあるときが，攻撃リストに目標情報が積み上げられ，目標移換後，即座に攻撃可能な状態といえる．

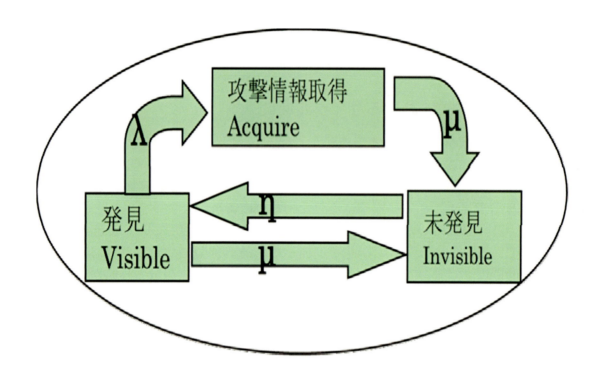

図 5.19: 3 状態のマルコフモデル

並列取得方式でのサイクル時間を検討する際に，攻撃対象が x 戦闘単位存在しているとする．Y 軍の射手が攻撃サイクルの開始時に，敵の x 戦闘単位のうち 1 戦闘単位の攻撃目標情報も得ていないために，即座に攻撃出来ない確率 p_Y^0 は次の式となる．

$$p_Y^0 = [1 - P_A(t)]^x . \tag{5.69}$$

逆に，1 戦闘単位以上攻撃目標情報を得ている確率 p_Y^{1+} は，余事象ゆえ，以下の式となる．

$$p_Y^{1+} = 1 - p_Y^0 = 1 - [1 - P_A(t)]^x . \tag{5.70}$$

これらの考察より，並列取得方式における 1 サイクルに要する期待時間は，次の 2 つのケースに分けて考える．

1 つ目は味方からの情報も含めて情報がない場合である．この時，未発見の状態から，発見し攻撃に必要な情報を取得し攻撃開始しなければならない．この条件で 1 交戦サイクルに要する時間 T_{cycle}^0 は以下のようにあらわされる．

$$T_{cycle}^0 = E(T_{acq}) + E(T_{atk|acq}) . \tag{5.71}$$

2 つ目としては，(交戦終了時に) 次の攻撃目標の情報が得られている場合である．この時は，その情報をもとに即座に攻撃に移れるので，1 交戦サイクルに要する時間 T_{cycle}^1 では情報取得のプロセスがカットされる．

$$T_{cycle}^1 = E(T_{atk|acq}) . \tag{5.72}$$

よって，並列取得方式における 1 サイクルに要する期待時間 T_{cycle}^{par} は以下の式で表される．

$$T_{cycle}^{par} = p_Y^0 \{E(T_{acq}) + E(T_{atk|acq})\} + p_Y^{1+} E(T_{atk|acq}) . \tag{5.73}$$

5.5. 取得目標情報が共有可能である環境での撃破速度

この式に (5.61), (5.62), (5.69), (5.70) を代入すると，以下を得る．

$$\begin{aligned}
T_{cycle}^{par} &= [1-P_A(t)]^x \left\{ \frac{1}{P_{LOS}\lambda x} + \frac{1}{\alpha+\mu} \right\} + (1-[1-P_A(t)]^x)\frac{1}{\alpha+\mu} \\
&= \frac{[1-P_A(t)]^x}{P_{LOS}\lambda x} + \frac{1}{\alpha+\mu}.
\end{aligned} \tag{5.74}$$

以上から，並列取得方式における撃破速度 α^{par} は以下の式で表される．

$$\alpha^{par} = n_k^{cycle}/T_{cycle} = \left(\frac{\alpha}{\alpha+\mu}\right) / \left(\frac{[1-P_A(t)]^x}{P_{LOS}\lambda x} + \frac{1}{\alpha+\mu}\right). \tag{5.75}$$

直列・並列取得方式での撃破速度モデルのまとめとして，文献 [56] で紹介されている数値例を図 5.20 に示す．初期兵力として，B 軍 $B_0=100$ 戦闘単位と R 軍 $R_0=250$ 戦闘単位から交戦を開始する．捕捉レート $\lambda_B=0.1, \lambda_R=0.07$，キルレート $\alpha_B=8, \alpha_R=1.5$, 共通するパラメータとして $\mu=0.01, P_{LOS}=\eta/(\eta+\mu)=0.9$ ($\leftrightarrow$ $\eta=0.09$) とする．B 軍は戦闘単位数では劣るものの，捕捉レートやキルレートは R 軍よりも優れている設定とし，少数ではあるが能力の高い戦闘単位で構成される部隊イメージである．対する R 軍は，B 軍よりは能力が低い戦闘単位が多数で構成される部隊である．すなわち，質対量の対決の構図と捉えることができる．

図の戦闘の推移は，点線どおしが，B 軍, R 軍とも直列取得方式どおしの部隊間での戦闘経過を示し，次の連立微分方程式モデルで計算される．

$$\begin{cases}
\dfrac{dR(t)}{dt} = -\alpha_B^{ser} B(t) = -\left\{\left(\dfrac{\alpha_B}{\alpha_B+\mu}\right) / \left(\dfrac{1}{P_{LOS}\lambda_B R(t)} + \dfrac{1}{\alpha_B+\mu}\right)\right\} B(t) \\
\dfrac{dB(t)}{dt} = -\alpha_R^{ser} R(t) = -\left\{\left(\dfrac{\alpha_R}{\alpha_R+\mu}\right) / \left(\dfrac{1}{P_{LOS}\lambda_R B(t)} + \dfrac{1}{\alpha_R+\mu}\right)\right\} R(t).
\end{cases} \tag{5.76}$$

一方，実線どおしは，B 軍が並列取得方式で，R 軍が直列取得方式のときの戦闘経過を表し，次のモデルで計算される．$P_A(t)$ は (5.68) を代入する．

$$\begin{cases}
\dfrac{dR(t)}{dt} = -\alpha_B^{par} B(t) = -\left\{\left(\dfrac{\alpha_B}{\alpha_B+\mu}\right) / \left(\dfrac{[1-P_A(t)]^{R(t)}}{P_{LOS}\lambda_B R(t)} + \dfrac{1}{\alpha_B+\mu}\right)\right\} B(t) \\
\dfrac{dB(t)}{dt} = -\alpha_R^{ser} R(t) = -\left\{\left(\dfrac{\alpha_R}{\alpha_R+\mu}\right) / \left(\dfrac{1}{P_{LOS}\lambda_R B(t)} + \dfrac{1}{\alpha_R+\mu}\right)\right\} R(t).
\end{cases} \tag{5.77}$$

計算結果を見ると，旧来からの直列取得方式どおしの戦い (点線の比較) では，戦闘開始時より終結時まで，常に R 軍兵力が B 軍兵力よりも優勢な展開であり，交戦の趨勢は，個々の戦闘単位の能力によらず，もっぱら初期兵力量の差で決定されるということができる．これに対し，B 軍のみ並列取得機能を持つ場合 (実線の比較) は，R 軍が急速に損耗し，交戦の終盤では優劣が逆転し，初期兵力で劣る B 軍が優勢になる状況が生じている．この計算終了時では，直列取得方式どおしの結果にくらべて，R 軍の損耗を 62 ％も増やすことができ，また，B 軍の犠牲も 19 ％低減できる結果が得られている．

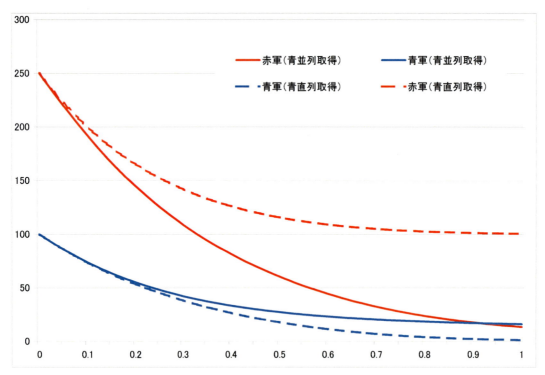

図 5.20: 直列対直列 (点線どおし)，直列対並列 (実線どおし) での計算結果

5.5.4 将来戦闘機の性能を比較検討するための確率論的モデル

前節で解説した直列・並列取得方式での撃破速度モデルを用いて，以下では，今後の取得が予想されるいくつかの将来戦闘機候補について，その性能を数値化して確率論的ランチェスターモデルにより比較検討を試みる [42]．現代の空中戦においては，第2次世界大戦のころのように大規模な戦闘機の編隊間での戦闘が生起することはほぼなく，もっぱら，少数の機体同士の間での交戦が主流となっている．戦闘機は時代を問わず高価な装備品であるため，保有数や整備完了ずみの稼動機数，作戦に投入できる機体の運用頻度も限定的とならざるを得ない．また，現代の戦闘機は前述の図5.17でも示したように，高度にネットワーク化された情報共有環境で運用されることが多い．こうした事情から，現代の戦闘機間の交戦をランチェスターモデルで扱うには，少数兵力間での交戦を分析する確率論的なモデルで，しかも，本節で検討した，異なる情報取得方式で分析することが，きわめて自然な流れであると考える．実際の交戦態様では，照準射撃状況下での交戦が生起すると考えられるので，以下では確率論的2次則モデルに沿って分析を進めていく．

確率論的2次則モデルに関しては，すでに **2.1** 節で解説しているので，以下では，分析に必要な部分についてのみ，再度，簡単にまとめる．B軍とR軍の少数兵力が交戦する状況を想定する．時刻 $t=0$ から兵力数 (B, R)，各軍の撃破速度 b, r で交戦を開始する．ある時刻 t までに両軍ともに損耗が生じていない確率を $q(t) = \exp(-(bB + rR)t)$ とし，微少時間 Δt において R 軍の1戦闘単位が撃破される確率は2次則での兵力損耗式より $bB\Delta t$ であるので，B軍に損耗が起きる前にR軍に1戦闘単位の損耗が起きる確率 D_R は次式で表される．

$$D_R = \int_0^\infty q(t)bB dt = \frac{bB}{bB + rR}. \tag{5.78}$$

5.5. 取得目標情報が共有可能である環境での撃破速度

同様に，B軍1戦闘単位が損耗する $((B,R) \to (B-1,R))$ 確率 D_B は次式となる．

$$D_B = \int_0^\infty q(t)rR\,dt = \frac{rR}{bB+rR} \,. \tag{5.79}$$

(5.78),(5.79) から，兵力 (B,R) からの交戦で B 軍の勝利確率 $P_B(B,R)$ は，次の漸化式により逐次計算して行くことができる．

$$P_B(B,R) = \frac{bB}{bB+rR}\,P_B(B,R-1) + \frac{rR}{bB+rR}\,P_B(B-1,R) \,. \tag{5.80}$$

ただし，初期条件は任意の初期兵力 $B_0, R_0 (>0)$ について $P_B(0,R_0) = 0, P_B(B_0,0) = 1$ である．さらに (5.78), (5.79) を用いることにより，B 軍が勝利する際の残存機数 $E(B)$ は B 軍の損耗機数を $i(=0,1,\cdots,B_0-1)$ とすれば，以下の式で計算される．

$$E(B) = \sum_{i=0}^{B_0-1}(B_0-i)\binom{i+R_0-1}{R_0-1}D_B^i D_R^{R_0} \,. \tag{5.81}$$

以下では，B 軍の機体として，ネットワークにより，ある程度の情報交換可能な現代主流の非ステルス機を，一方の R 軍機は，情報交換機能が劣り，主に単独で探知・攻撃するステルス機を想定して計算を行う．撃破速度 b, r には情報取得方式に応じた前小節の撃破速度 $\alpha^{par}, \alpha^{ser}$ を代入して計算する．

R 軍の情報取得は，もっぱら単機での捜索が主となることから直列取得方式とする．これより撃破速度には，

$$r = \alpha_R^{ser} = n_k^{cycle}/T_{cycle} = \left\{\left(\frac{\alpha_R}{\alpha_R+\mu_R}\right)\bigg/\left(\frac{1}{P_{LOS}\lambda_R B}+\frac{1}{\alpha_R+\mu_R}\right)\right\} \tag{5.82}$$

を代入する．B 軍については直列取得方式の場合は，

$$b = \alpha_B^{ser} = n_k^{cycle}/T_{cycle} = \left\{\left(\frac{\alpha_B}{\alpha_B+\mu_B}\right)\bigg/\left(\frac{1}{P_{LOS}\lambda_B R}+\frac{1}{\alpha_B+\mu_B}\right)\right\} \tag{5.83}$$

を代入し，ネットワークで連接され，攻撃目標情報がリッチな並列取得方式の想定では，

$$b = \alpha_B^{par} = n_k^{cycle}/T_{cycle} = \left\{\left(\frac{\alpha_B}{\alpha_B+\mu_B}\right)\bigg/\left(\frac{[1-P_A(t)]^R}{P_{LOS}\lambda_B R}+\frac{1}{\alpha_B+\mu_B}\right)\right\} \tag{5.84}$$

を代入する．

前提により，B 軍を現代主流の非ステルス機，R 軍をステルス機として想定しているため，B 軍機は R 軍機を見失いやすく，見失うレート μ_B は μ_R よりも大きい値に設定する．他のパラメータは，特に指定しない限り両軍で同じ値を用いる．両軍とも 10 機までの機数で試算を行う．

パラメータ設定 (初期値)

キルレート	$\alpha_B = 4$	$\alpha_R = 4$
発見レート	$\eta_B = 0.5$	$\eta_R = 0.5$
捕捉レート	$\lambda_B = 0.9$	$\lambda_R = 0.9$
見失うレート	$\mu_B = 3$	$\mu_R = 1$

5.5.4.1 　直列取得方式と並列取得方式における交戦様相の比較

B軍，R軍ともに直列取得方式で交戦した場合の結果を図5.21の上段に，B軍のみ並列取得方式で交戦した場合の結果を図5.21下段に示す．以下では，いずれの図においてもB軍の勝利確率が0.5以上となる交戦結果の領域は青で，そうでない領域は赤で色分けする．

両軍とも同じ直列取得方式で戦う場合は，R軍がステルス性能に優れた機体であるため，B軍の方が劣勢である．また，機数が多くなるほどその傾向は強くなる．これに対して，B軍が並列取得方式に改善されると，下段の表からわかるように交戦様相はやや押し戻し，B軍が優勢となる領域が拡大する．機数が多くなればなるほど，情報を並列化する効果が増すため，その傾向は顕著となる．

B軍が勝利する時，すなわち，R軍を全滅させた時の残存機数を図5.22に示す．各セルの上段は残存機数であり，左側はB軍,R軍ともに直列取得方式で交戦した場合，右側はB軍のみ並列取得方式に改善し交戦した場合の結果をそれぞれ示している．下段はそれら残存機数の差を示している．図5.21の傾向と同様に，B軍の投入機数が多いほどB軍が被る被害は減り，取得方式の違いによる残存機数差も大きくなる傾向にある．

5.5.4.2 　並列取得方式におけるレーダー探知能力向上の影響

5.5.4.1 より，情報取得方式の改善により交戦結果に大きな影響が出ることが確認できた．並列取得方式では味方間で攻撃目標情報を共有することにより有効性が発揮される．この特徴を踏まえて，攻撃目標の情報共有能力を生かすためにB軍機が搭載するレーダーで探知能力を高性能化した ($\eta_B = 0.5 \to 0.7$) 場合の勝利確率を図5.23上段に示す．比較のために，両軍とも直列取得方式のまま，B軍が搭載するレーダーを高性能化した ($\eta_B = 0.5 \to 0.7$) 場合の勝利確率を図5.23下段に示す．

図5.23上段ではR軍の基本性能・情報取得方式はそのままで，B軍のみ探知能力を向上 ($\eta_B = 0.5 \to 0.7$) させることで，図5.21に比べてさらに優勢になった．これに対し，図5.23下段では図5.21に比べ，B軍の勝率はそれほど向上していないが，それでもR軍に対し優勢となる．機数が同じであれば勝率が5割となっていることから，R軍のステルス機に対してB軍の探知能力を向上することで，ようやく互角の戦いができる状況になっていることがわかる．これらの交戦結果をもとに，B軍が勝利する際の残存機数を図5.24に示す．

図5.24の上表はB軍が並列取得方式で探知性能を向上した場合であり，図5.22に比べ更に高性能化したことで，B軍の被る被害がより縮小していることがわかる．これより，レーダー性能の高性能化もさらに被害低減には有効であることがわかる．一方，B軍が直列取得方式のままの下表の数値と比べてみれば，直列取得方式のまま，単に探知能力のみを向上させるだけでは，残存機数の増加には，あまり効果がないことがわかる．

5.5. 取得目標情報が共有可能である環境での撃破速度

B\R	1	2	3	4	5	6	7	8	9	10
1	0.422	0.172	0.068	0.026	0.010	0.003	0.001	0.000	0.000	0.000
2	0.678	0.388	0.201	0.096	0.043	0.019	0.008	0.003	0.001	0.000
3	0.826	0.583	0.366	0.209	0.111	0.055	0.026	0.012	0.005	0.002
4	0.909	0.734	0.531	0.350	0.212	0.120	0.064	0.032	0.015	0.007
5	0.954	0.839	0.674	0.496	0.337	0.213	0.126	0.070	0.037	0.019
6	0.977	0.907	0.786	0.632	0.471	0.327	0.212	0.130	0.075	0.041
7	0.989	0.949	0.867	0.745	0.599	0.451	0.319	0.212	0.133	0.079
8	0.995	0.973	0.921	0.832	0.711	0.573	0.436	0.312	0.212	0.136
9	0.998	0.986	0.955	0.894	0.802	0.683	0.552	0.423	0.307	0.211
10	0.999	0.993	0.975	0.936	0.870	0.776	0.660	0.535	0.412	0.302

B\R	1	2	3	4	5	6	7	8	9	10
1	0.453	0.211	0.100	0.048	0.023	0.011	0.005	0.003	0.001	0.001
2	0.712	0.454	0.275	0.161	0.093	0.052	0.029	0.015	0.008	0.004
3	0.853	0.655	0.470	0.321	0.211	0.135	0.084	0.051	0.030	0.017
4	0.928	0.797	0.643	0.493	0.363	0.258	0.177	0.118	0.076	0.047
5	0.966	0.888	0.776	0.649	0.521	0.404	0.302	0.218	0.153	0.104
6	0.984	0.941	0.868	0.773	0.665	0.552	0.443	0.345	0.259	0.189
7	0.993	0.970	0.927	0.862	0.780	0.685	0.583	0.482	0.386	0.300
8	0.997	0.986	0.961	0.921	0.864	0.791	0.707	0.614	0.519	0.426
9	0.999	0.993	0.981	0.957	0.921	0.870	0.805	0.729	0.644	0.554
10	0.999	0.997	0.991	0.978	0.956	0.923	0.878	0.820	0.751	0.672

図 5.21: B軍勝利確率 $P_B(B, R)$　上 (B:直列, R:直列), 下 (B:並列, R:直列)

B\R	1		2		3		4		5		6		7		8		9		10	
1	0.422	0.453	0.172	0.211	0.068	0.100	0.026	0.048	0.010	0.023	0.003	0.011	0.001	0.005	0.000	0.003	0.000	0.001	0.000	0.001
	0.031		0.038		0.032		0.022		0.013		0.008		0.004		0.002		0.001		0.001	
2	1.120	1.185	0.577	0.683	0.279	0.388	0.128	0.218	0.056	0.121	0.023	0.066	0.009	0.036	0.004	0.019	0.001	0.010	0.000	0.005
	0.065		0.106		0.109		0.090		0.065		0.043		0.027		0.015		0.009		0.005	
3	1.985	2.076	1.205	1.385	0.679	0.899	0.359	0.570	0.179	0.355	0.085	0.217	0.038	0.129	0.017	0.076	0.007	0.043	0.003	0.024
	0.091		0.180		0.220		0.212		0.176		0.132		0.091		0.059		0.036		0.021	
4	2.946	3.054	2.010	2.254	1.276	1.616	0.759	1.130	0.425	0.772	0.225	0.515	0.113	0.336	0.054	0.214	0.025	0.133	0.011	0.080
	0.108		0.243		0.339		0.371		0.347		0.290		0.223		0.159		0.108		0.069	
5	3.959	4.074	2.943	3.231	2.051	2.496	1.342	1.883	0.828	1.387	0.483	0.998	0.267	0.700	0.141	0.480	0.071	0.320	0.034	0.208
	0.115		0.288		0.445		0.540		0.559		0.515		0.433		0.339		0.250		0.174	
6	4.996	5.113	3.957	4.269	2.965	3.489	2.100	2.792	1.406	2.185	0.891	1.673	0.536	1.251	0.307	0.913	0.168	0.649	0.088	0.450
	0.116		0.312		0.524		0.692		0.780		0.781		0.714		0.605		0.481		0.362	
7	6.043	6.157	5.016	5.337	3.978	4.550	3.003	3.811	2.154	3.132	1.468	2.522	0.951	1.988	0.587	1.531	0.346	1.152	0.195	0.845
	0.114		0.320		0.572		0.808		0.978		1.055		1.037		0.944		0.806		0.650	
8	7.092	7.201	6.098	6.416	5.054	5.646	4.017	4.898	3.051	4.183	2.212	3.511	1.529	2.891	1.009	2.332	0.636	1.839	0.384	1.417
	0.110		0.318		0.592		0.882		1.132		1.299		1.362		1.322		1.203		1.033	
9	8.138	8.243	7.187	7.496	6.163	6.755	5.105	6.021	4.067	5.300	3.107	4.598	2.273	3.924	1.591	3.288	1.066	2.701	0.684	2.172
	0.105		0.308		0.591		0.916		1.233		1.491		1.651		1.697		1.635		1.487	
10	9.182	9.281	8.276	8.572	7.288	7.865	6.238	7.158	5.167	6.450	4.126	5.744	3.169	5.046	2.337	4.365	1.654	3.710	1.123	3.094
	0.099		0.295		0.577		0.920		1.283		1.618		1.877		2.028		2.057		1.971	

図 5.22: B軍勝利時の残存機数 (上段左：B直列, 上段右：B並列, 下段：並列－直列)

B\R	1	2	3	4	5	6	7	8	9	10
1	0.541	0.300	0.169	0.095	0.053	0.030	0.016	0.009	0.004	0.002
2	0.799	0.586	0.411	0.280	0.185	0.119	0.074	0.045	0.026	0.015
3	0.915	0.781	0.633	0.492	0.368	0.266	0.186	0.125	0.082	0.051
4	0.966	0.893	0.793	0.678	0.558	0.444	0.341	0.252	0.179	0.123
5	0.987	0.952	0.893	0.814	0.719	0.616	0.509	0.407	0.314	0.233
6	0.995	0.979	0.949	0.901	0.836	0.756	0.664	0.566	0.467	0.371
7	0.998	0.992	0.977	0.951	0.911	0.857	0.788	0.706	0.615	0.519
8	0.999	0.997	0.990	0.977	0.955	0.922	0.876	0.815	0.741	0.656
9	1.000	0.999	0.996	0.990	0.979	0.960	0.932	0.892	0.838	0.771
10	1.000	1.000	0.998	0.996	0.991	0.981	0.965	0.941	0.905	0.857

B\R	1	2	3	4	5	6	7	8	9	10
1	0.500	0.240	0.111	0.049	0.021	0.009	0.004	0.001	0.001	0.000
2	0.760	0.500	0.298	0.165	0.086	0.042	0.020	0.009	0.004	0.002
3	0.889	0.702	0.500	0.327	0.198	0.113	0.060	0.031	0.015	0.007
4	0.951	0.835	0.673	0.500	0.344	0.221	0.134	0.076	0.041	0.021
5	0.979	0.914	0.802	0.656	0.500	0.356	0.239	0.150	0.090	0.051
6	0.991	0.958	0.887	0.779	0.644	0.500	0.366	0.252	0.164	0.102
7	0.996	0.980	0.940	0.866	0.761	0.634	0.500	0.373	0.263	0.176
8	0.999	0.991	0.969	0.924	0.850	0.748	0.627	0.500	0.379	0.272
9	0.999	0.996	0.985	0.959	0.910	0.836	0.737	0.621	0.500	0.383
10	1.000	0.998	0.993	0.979	0.949	0.898	0.824	0.728	0.617	0.500

図 5.23: B軍レーダー性能向上 ($\eta_B = 0.5 \to 0.7$) に伴う B軍勝利確率の変化 (上段：並列取得, 下段：直列取得)

5.5.4.3 並列取得方式における攻撃能力向上の影響

前小節ではB軍の並列取得方式時におけるレーダーの探知能力向上について述べた．この節では，並列取得方式での撃破速度の向上に加え，さらに，現在装備中である兵装を若干改善し攻撃能力を向上することが，どの程度有効であるかについて考察していく．具体的に，(5.84) における撃破速度を向上させること ($\alpha_B = 4.0 \to 4.5$) を考える．2次則モデルにおけるキルレートは，単発撃破確率 (SSKP) と発射速度の積で表されるが，航空機に搭載させるAAM 数には限りがあり，複数発の連続攻撃を想定する発射速度の向上は期待できない．このため，一発あたりの撃破性能の向上，すなわち，命中率及び破壊威力の若干の改善を相乗的に加味した上で，上記の値に設定した．

図 5.25 はこの性能向上を図った AAM を搭載した際のB軍の勝利確率である．図 5.23 のレーダー探知性能の向上に比べると，効果は薄いことがわかる．これは，もともとの搭載兵器の能力が高いことから，改めて搭載兵器の性能向上を図っても全体的な能力向上には寄与しないためと考えられる．一般的に言われることだが，自機の性能の中で著しく劣っている能力を底上げさせる方が，もともと性能の高い部分でのさらなる向上を図るよりも効果が高いことが示唆される結果である．

5.5. 取得目標情報が共有可能である環境での撃破速度

上表：B軍のみ並列取得

B\R	1	2	3	4	5	6	7	8	9	10
1	0.422 | 0.541 0.119	0.172 | 0.300 0.128	0.068 | 0.169 0.101	0.026 | 0.095 0.069	0.010 | 0.053 0.044	0.003 | 0.030 0.026	0.001 | 0.016 0.015	0.000 | 0.009 0.008	0.000 | 0.004 0.004	0.000 | 0.002 0.002
2	1.120 | 1.359 0.240	0.577 | 0.908 0.331	0.279 | 0.599 0.320	0.128 | 0.389 0.261	0.056 | 0.248 0.192	0.023 | 0.155 0.132	0.009 | 0.094 0.085	0.004 | 0.056 0.052	0.001 | 0.032 0.031	0.000 | 0.018 0.018
3	1.985 | 2.309 0.324	1.205 | 1.737 0.533	0.679 | 1.281 0.602	0.359 | 0.925 0.566	0.179 | 0.653 0.474	0.085 | 0.449 0.365	0.038 | 0.301 0.263	0.017 | 0.196 0.179	0.007 | 0.124 0.117	0.003 | 0.076 0.073
4	2.946 | 3.316 0.360	2.010 | 2.698 0.687	1.276 | 2.153 0.870	0.759 | 1.683 0.924	0.426 | 1.000 0.861	0.225 | 0.958 0.733	0.113 | 0.695 0.581	0.054 | 0.489 0.435	0.025 | 0.334 0.309	0.011 | 0.221 0.210
5	3.959 | 4.345 0.385	2.943 | 3.725 0.782	2.051 | 3.144 1.093	1.342 | 2.606 1.264	0.828 | 2.117 1.289	0.483 | 1.680 1.198	0.267 | 1.300 1.030	0.141 | 0.978 0.837	0.071 | 0.714 0.644	0.034 | 0.506 0.471
6	4.996 | 5.379 0.383	3.957 | 4.790 0.828	2.965 | 4.158 1.233	2.100 | 3.635 1.535	1.406 | 3.093 1.688	0.891 | 2.561 1.690	0.536 | 2.105 1.569	0.307 | 1.674 1.367	0.168 | 1.295 1.127	0.088 | 0.973 0.885
7	6.043 | 6.414 0.370	5.016 | 5.843 0.827	3.978 | 5.279 1.301	3.003 | 4.718 1.715	2.154 | 4.160 2.006	1.468 | 3.608 2.140	0.951 | 3.069 2.118	0.587 | 2.554 1.967	0.346 | 2.074 1.728	0.195 | 1.639 1.444
8	7.092 | 7.446 0.354	6.098 | 6.905 0.807	5.054 | 6.367 1.313	4.017 | 5.824 1.808	3.051 | 5.272 2.221	2.212 | 4.711 2.499	1.529 | 4.142 2.613	1.009 | 3.576 2.567	0.636 | 3.022 2.386	0.384 | 2.494 2.110
9	8.138 | 8.475 0.336	7.187 | 7.963 0.776	6.163 | 7.453 1.290	5.105 | 6.935 1.830	4.067 | 6.403 2.336	3.107 | 5.851 2.743	2.273 | 5.279 3.006	1.591 | 4.691 3.100	1.066 | 4.095 3.029	0.684 | 3.503 2.819
10	9.182 | 9.501 0.319	8.276 | 9.016 0.740	7.288 | 8.533 1.245	6.238 | 8.042 1.803	5.167 | 7.534 2.367	4.126 | 7.002 2.876	3.169 | 6.444 3.275	2.337 | 5.858 3.521	1.654 | 5.248 3.594	1.123 | 4.622 3.499

下表：両軍直列取得

B\R	1	2	3	4	5	6	7	8	9	10
1	0.422 | 0.500 0.078	0.172 | 0.240 0.068	0.068 | 0.111 0.043	0.026 | 0.049 0.023	0.010 | 0.021 0.012	0.003 | 0.009 0.005	0.001 | 0.004 0.002	0.000 | 0.001 0.001	0.000 | 0.001 0.000	0.000 | 0.000 0.000
2	1.120 | 1.280 0.160	0.577 | 0.760 0.182	0.279 | 0.423 0.144	0.128 | 0.223 0.096	0.056 | 0.112 0.056	0.023 | 0.053 0.030	0.009 | 0.024 0.015	0.004 | 0.011 0.007	0.001 | 0.005 0.003	0.000 | 0.002 0.001
3	1.985 | 2.205 0.221	1.205 | 1.509 0.305	0.679 | 0.966 0.288	0.359 | 0.582 0.223	0.179 | 0.331 0.152	0.085 | 0.179 0.094	0.038 | 0.092 0.054	0.017 | 0.045 0.029	0.007 | 0.021 0.014	0.003 | 0.010 0.007
4	2.946 | 3.202 0.255	2.010 | 2.415 0.405	1.276 | 1.716 0.439	0.759 | 1.149 0.390	0.425 | 0.727 0.302	0.225 | 0.436 0.211	0.113 | 0.249 0.135	0.054 | 0.135 0.081	0.025 | 0.070 0.045	0.011 | 0.035 0.024
5	3.959 | 4.228 0.269	2.943 | 3.415 0.472	2.051 | 2.622 0.571	1.342 | 1.909 0.566	0.828 | 1.318 0.490	0.483 | 0.864 0.381	0.267 | 0.538 0.271	0.141 | 0.319 0.179	0.071 | 0.181 0.110	0.034 | 0.098 0.064
6	4.996 | 5.266 0.269	3.957 | 4.463 0.506	2.965 | 3.631 0.665	2.100 | 2.823 0.723	1.406 | 2.093 0.687	0.891 | 1.478 0.587	0.536 | 0.995 0.459	0.307 | 0.639 0.331	0.168 | 0.391 0.223	0.088 | 0.229 0.142
7	6.043 | 6.305 0.262	5.016 | 5.531 0.515	3.978 | 4.699 0.721	3.003 | 3.846 0.843	2.154 | 3.021 0.867	1.468 | 2.271 0.804	0.951 | 1.633 0.682	0.587 | 1.123 0.535	0.346 | 0.738 0.392	0.195 | 0.464 0.269
8	7.092 | 7.343 0.251	6.098 | 6.606 0.508	5.054 | 5.796 0.742	4.017 | 4.935 0.918	3.051 | 4.059 1.008	2.212 | 3.215 1.003	1.529 | 2.445 0.916	1.009 | 1.784 0.775	0.636 | 1.247 0.611	0.384 | 0.836 0.453
9	8.138 | 8.377 0.239	7.187 | 7.678 0.491	6.163 | 6.902 0.738	5.105 | 6.058 0.953	4.067 | 5.169 1.102	3.107 | 4.271 1.163	2.273 | 3.406 1.132	1.591 | 2.615 1.024	1.066 | 1.931 0.865	0.684 | 1.371 0.686
10	9.182 | 9.408 0.227	8.276 | 8.745 0.469	7.288 | 8.007 0.719	6.238 | 7.194 0.956	5.167 | 6.317 1.150	4.126 | 5.401 1.275	3.169 | 4.480 1.311	2.337 | 3.594 1.257	1.654 | 2.783 1.129	1.123 | 2.077 0.954

図 5.24: B軍レーダー探知性能向上時の残存機数（上表：B軍のみ並列取得, 下表：両軍直列取得）

B\R	1	2	3	4	5	6	7	8	9	10
1	0.466	0.224	0.110	0.055	0.027	0.014	0.007	0.003	0.002	0.001
2	0.726	0.475	0.296	0.179	0.106	0.062	0.036	0.020	0.011	0.006
3	0.864	0.676	0.497	0.349	0.237	0.157	0.101	0.063	0.039	0.023
4	0.935	0.815	0.670	0.527	0.398	0.291	0.207	0.143	0.096	0.063
5	0.970	0.900	0.799	0.681	0.560	0.445	0.343	0.257	0.187	0.132
6	0.987	0.949	0.886	0.800	0.701	0.596	0.491	0.394	0.306	0.232
7	0.994	0.975	0.938	0.883	0.810	0.725	0.632	0.536	0.442	0.355
8	0.998	0.988	0.969	0.935	0.887	0.824	0.750	0.666	0.578	0.488
9	0.999	0.995	0.985	0.966	0.936	0.894	0.840	0.774	0.699	0.617
10	1.000	0.998	0.993	0.983	0.966	0.940	0.904	0.856	0.798	0.730

図 5.25: B軍兵器性能向上 ($\alpha_B = 4.0 \to 4.5$) に伴うB軍勝利確率の変化

5.5.4.4 F-X の検証

前小節までは提案するモデルのパラメータ値を変化させる基本的な分析を行ってきたが，本節では，より具体的な問題に適用してモデルの機能を確認していく．

2010 年当時，航空自衛隊において次期主力戦闘機 F-X の機体選定の検討が行われていた[4]．

隣国では，優れたステルス性，先進的なアビオニクスを持つ F-35，あるいは PAK FA の導入を予定したり，ステルス性を持つ J-20 を自国で製造している．これに対し，航空自衛隊では F-22 の導入が絶望的であり，そのほかの機体の導入を検討中である．本節では機体の導入について，米国の F/A-18EF や F-15FX や F-35，欧州のユーロファイター タイフーンなど，その諸元から能力を数値化し比較・検討し，導入決定に関する試算を行う [14]-[17]．ただし，キルレート α 及び攻撃情報取得に移るレート λ は，空対空ミサイルの搭載可・不可の制限，空対空ミサイルの射程，射角により変動するため，以下では共通の値を用いるものとする．

交戦様相を想定する際に，R 軍については，国際的に導入される実績が多いと推測される F-35 を想定する．B 軍については F/A-18EF からユーロファイター タイフーン，F-35，F-15FX という順に検討していく．ただし，敵を見失うレート μ については，ステルス性に応じた敵機の μ の想定値を代入する．

レーダー探知能力に関する各パラメータ値の算定は [48] を参考にしている．具体的には各機の λ は，100km 先で F-15 を捕捉する場合を $\lambda = 1$ とし，それを基準として，各レーダーが F-15 を何 km 先で捕捉できるかを数値化するため，探知距離を 100km で割った値とした．μ については，レーダー AN/APG-79 で探知されてしまう距離で割り，その計算結果の逆数とした．各機搭載機材の諸元を表 5.4 に，パラメータ設定値を表 5.5 に示す．

表 5.4：各機搭載機材の諸元 [48]

機体名 (搭載レーダー)	$F/A-18EF$ $(AN/APG-79)$	タイフーン $(CAPTOR)$	$F-35$ $(AN/APG-77)$	$F-15FX$ $(AN/APG-79$ 改良$)$
$F-15$ を捕捉する距離 [km]	191	144	346	220(推定)
$AN/APG-79$ に捕捉される距離 [km]	191	107	35	191

表 5.5：各機体のパラメータ設定値

機体名	$F/A-18EF$	タイフーン	$F-35$	$F-15FX$
キルレート	$\alpha_{F-18}=4$	$\alpha_T=4$	$\alpha_{F-35}=4$	$\alpha_{F-15}=4$
発見レート	$\eta_{F-18}=1.9$	$\eta_T=1.4$	$\eta_{F-35}=3.5$	$\eta_{F-15}=2.2$
捕捉レート	$\lambda_{F-18}=1.0$	$\lambda_T=1.0$	$\lambda_{F-35}=1.0$	$\lambda_{F-15}=1.0$
見失うレート	$\mu_{敵機}=0.5$	$\mu_{敵機}=0.9$	$\mu_{敵機}=2.9$	$\mu_{敵機}=0.5$

---

[4]以下の航空自衛隊関連及び近隣諸国情勢の記述は，2010 年当時において，防衛大学校の航空要員学生が航空自衛隊に関して個人的に認識していたイメージであって，防衛省をはじめとする公的な機関の見解ではないことに注意されたい．採録されている搭載機材などに関するデータ/性能比較は，インターネット等に公開されていた当時の資料に基づいて，個人的に収集し検討したものである．

5.5. 取得目標情報が共有可能である環境での撃破速度

F-18\F-35	1	2	3	4	5	6	7	8	9	10
1	0.330	0.095	0.024	0.006	0.001	0.000	0.000	0.000	0.000	0.000
2	0.608	0.284	0.111	0.037	0.011	0.003	0.001	0.000	0.000	0.000
3	0.797	0.506	0.266	0.119	0.047	0.017	0.005	0.002	0.000	0.000
4	0.905	0.699	0.458	0.258	0.127	0.056	0.022	0.008	0.003	0.001
5	0.960	0.837	0.642	0.431	0.255	0.135	0.064	0.028	0.011	0.004
6	0.984	0.920	0.788	0.605	0.416	0.256	0.142	0.072	0.033	0.014
7	0.994	0.964	0.886	0.751	0.580	0.406	0.257	0.149	0.079	0.039
8	0.998	0.985	0.944	0.857	0.724	0.562	0.399	0.260	0.156	0.086
9	0.999	0.994	0.975	0.924	0.833	0.702	0.548	0.395	0.263	0.162
10	1.000	0.998	0.989	0.963	0.907	0.812	0.684	0.537	0.393	0.267

F-18\F-35	1	2	3	4	5	6	7	8	9	10
1	0.416	0.169	0.063	0.021	0.006	0.002	0.000	0.000	0.000	0.000
2	0.712	0.438	0.237	0.112	0.047	0.017	0.006	0.002	0.000	0.000
3	0.877	0.685	0.474	0.289	0.155	0.074	0.031	0.012	0.004	0.001
4	0.953	0.849	0.692	0.507	0.331	0.192	0.100	0.047	0.020	0.008
5	0.984	0.937	0.845	0.704	0.533	0.364	0.224	0.124	0.063	0.029
6	0.995	0.977	0.932	0.845	0.713	0.553	0.390	0.251	0.147	0.078
7	0.999	0.992	0.973	0.928	0.844	0.720	0.568	0.411	0.273	0.167
8	1.000	0.998	0.991	0.970	0.924	0.843	0.723	0.578	0.428	0.292
9	1.000	0.999	0.997	0.989	0.967	0.920	0.840	0.725	0.586	0.441
10	1.000	1.000	0.999	0.996	0.987	0.963	0.916	0.836	0.725	0.591

図 5.26: F/A-18EF の勝率 (上段：F/A-18EF, F-35 とも直列取得方式, 下段：F/A-18EF を並列取得方式に改良)

[F/A-18EF と F-35 の交戦様相]

F/A-18EF と F-35 は，両機体ともそれぞれの機体間での情報共有能力について明示している文献がなかったので，いずれも直列取得方式とし，その交戦結果を図 5.26 に示す．

直列取得方式どうしである場合，レーダー性能の低い F/A-18EF は劣勢である．その傾向は機数が多くなるほど大きくなる．この状況から F/A-18EF を改良して，各機をデータリンク等により連接し，並列取得方式とした場合の下段の結果では，劣勢だった F/A-18EF も戦況が改善され，また，その傾向も機数が多くなるほど顕著となる．

[ユーロファイター タイフーンと F-35 の交戦様相]

ユーロファイター タイフーンは MIDS(多機能情報伝達システム) の端末を搭載しており，北大西洋条約機構の新しい標準的戦術データリンクであるリンク 16(TADIL J) のネットワークに参加することができるので，並列取得方式とした．F-35 については直列取得方式とし，その交戦結果を図 5.27 上段に示す．

ユーロファイター タイフーンはレーダーが未だに旧式である．そのため機数が少ない交戦では勝率が低いが，機数が多くなるにつれて優勢になっていく．ユーロファイター タイフーンを導入する際はレーダーを高性能なものに変更する必要がある．ここで，F-2 用に日本が開発したレーダー J/APG-1 火器管制レーダー (改) が F/A-18EF と同程度のものである

T\F-35	1	2	3	4	5	6	7	8	9	10
1	0.356	0.128	0.044	0.014	0.004	0.001	0.000	0.000	0.000	0.000
2	0.639	0.354	0.177	0.080	0.032	0.012	0.004	0.001	0.000	0.000
3	0.820	0.591	0.381	0.220	0.114	0.053	0.022	0.009	0.003	0.001
4	0.920	0.775	0.595	0.414	0.260	0.147	0.075	0.035	0.015	0.006
5	0.968	0.890	0.768	0.612	0.446	0.295	0.178	0.098	0.049	0.023
6	0.988	0.952	0.882	0.772	0.630	0.474	0.327	0.206	0.119	0.063
7	0.996	0.981	0.946	0.881	0.779	0.646	0.497	0.353	0.231	0.140
8	0.999	0.993	0.978	0.944	0.882	0.786	0.659	0.517	0.376	0.253
9	1.000	0.998	0.992	0.976	0.943	0.882	0.790	0.669	0.532	0.395
10	1.000	0.999	0.997	0.991	0.975	0.941	0.882	0.793	0.677	0.544

T\F-35	1	2	3	4	5	6	7	8	9	10
1	0.428	0.179	0.069	0.024	0.008	0.002	0.001	0.000	0.000	0.000
2	0.722	0.453	0.250	0.121	0.052	0.020	0.007	0.002	0.001	0.000
3	0.883	0.698	0.490	0.304	0.166	0.081	0.035	0.014	0.005	0.002
4	0.956	0.857	0.705	0.523	0.346	0.204	0.108	0.052	0.022	0.009
5	0.985	0.942	0.853	0.717	0.549	0.380	0.237	0.134	0.068	0.032
6	0.996	0.979	0.936	0.853	0.726	0.569	0.406	0.264	0.156	0.085
7	0.999	0.993	0.975	0.933	0.853	0.732	0.583	0.427	0.286	0.177
8	1.000	0.998	0.991	0.972	0.929	0.851	0.736	0.593	0.443	0.305
9	1.000	0.999	0.997	0.990	0.969	0.925	0.848	0.737	0.600	0.455
10	1.000	1.000	0.999	0.997	0.988	0.966	0.921	0.844	0.736	0.605

図 5.27: ユーロファイター タイフーンの勝率 (下段：レーダー改良後)

F-35\F-35	1	2	3	4	5	6	7	8	9	10
1	0.500	0.214	0.080	0.027	0.008	0.002	0.001	0.000	0.000	0.000
2	0.786	0.500	0.267	0.122	0.050	0.018	0.006	0.002	0.000	0.000
3	0.920	0.733	0.500	0.294	0.151	0.069	0.028	0.011	0.004	0.001
4	0.973	0.878	0.706	0.500	0.312	0.173	0.086	0.039	0.016	0.006
5	0.992	0.950	0.849	0.688	0.500	0.326	0.191	0.102	0.049	0.022
6	0.998	0.982	0.931	0.827	0.674	0.500	0.336	0.206	0.115	0.059
7	0.999	0.994	0.972	0.914	0.809	0.664	0.500	0.345	0.219	0.128
8	1.000	0.998	0.989	0.961	0.898	0.794	0.655	0.500	0.353	0.230
9	1.000	1.000	0.996	0.984	0.951	0.885	0.781	0.647	0.500	0.359
10	1.000	1.000	0.999	0.994	0.978	0.941	0.872	0.770	0.641	0.500

F-35\F-35	1	2	3	4	5	6	7	8	9	10
1	0.611	0.337	0.163	0.069	0.025	0.008	0.003	0.001	0.000	0.000
2	0.874	0.672	0.445	0.254	0.126	0.055	0.022	0.008	0.002	0.001
3	0.965	0.870	0.704	0.501	0.312	0.172	0.084	0.037	0.015	0.005
4	0.992	0.957	0.869	0.719	0.533	0.352	0.207	0.110	0.053	0.023
5	0.998	0.988	0.950	0.865	0.726	0.552	0.379	0.235	0.132	0.068
6	1.000	0.997	0.984	0.943	0.859	0.727	0.564	0.399	0.258	0.152
7	1.000	0.999	0.995	0.979	0.936	0.852	0.726	0.572	0.415	0.276
8	1.000	1.000	0.999	0.993	0.974	0.928	0.845	0.723	0.577	0.426
9	1.000	1.000	1.000	0.998	0.990	0.968	0.920	0.837	0.720	0.580
10	1.000	1.000	1.000	0.999	0.997	0.987	0.962	0.912	0.830	0.716

図 5.28: F-35 の勝率 (上段：両軍とも直列取得, 下段：B 軍のみ並列取得)

とし，これを取り付けた場合の結果を図 5.27 下段に示す．

　上段の表の数値に比べ，勝率は改善されるものの大幅な改善には至らない．F-35 との基本性能の差が未だに大きく，情報取得方式の改良だけでは差はあまり埋められないと考える．

[F-35 と F-35 の交戦様相]

　直列取得方式の F-35 同士の交戦結果を図 5.28 上段に示し，B 軍についてデータリンクさせることにより目標情報を並列取得できるようになった場合の結果を図 5.28 下段に示す．

　上段では基本性能が同じ F-35 同士の交戦であるため機数が多い方が勝つ．下段の結果を見ると，機数が多い場合ほど勝率が増大していることがわかる．また機数が 1 機少なくても勝てることがわかる．

[F-15FX と F-35 の交戦様相]

　F-15FX については，機体性能の推定すらできていない．ただし，レーダーは F/A-18EF 搭載のレーダーを向上させ搭載する予定で，データリンクさせることにより，機体間での情報共有ができることが発表されていた．これより，機体のベース性能は F-15 と同等とし，レーダー性能は F/A-18EF より上（ $\eta_{F-15} = 2.2$ ）として，並列取得方式という前提で F-35 と交戦した際の結果を図 5.29 上段に示す．

　この図からわかるように F-35 を除けば，これまでのどの機種よりも高い勝率である．レーダー性能が未確定のため，この検討例では η に F/A-18EF より 0.3 高い推測値を入力した．これに加え，当初の計画から，データリンクにより並列取得が可能なため，有力な候補となっていた．また，F-35 の共同開発に参加していない日本が導入することは当時は難しいと考えられていた．以下の検討では，搭載 AAM の射程・射角をさらに向上させ，かつ，IRCCM などにより命中率を向上させる場合の効果について，F-15FX をベースに検証する．

[並列取得方式における AAM-5 の検証]

　04 式空対空誘導弾 (AAM-5) は，その要求性能により，ごく一部の F-15 にしか搭載できていなかった．しかし，AAM-5 は射程を延伸しており，これに加え，ヘルメット・マウンテッド・サイトなどにより正面から大きく逸れた位置に存在する敵機に照準，もしくは攻撃する "オフボアサイト" や "IRCCM"（赤外線妨害排除能力；これにより敵機のフレアなどの効果を減少させ，ミサイル命中率の向上を図る．）など最新の技術が取り入れられている．射程の延伸，オフボアサイトから，射程と射角の向上が得られるので敵機を攻撃する際必要な情報がそろっている状態に移行するレート λ の向上と，IRCCM により敵機に対する命中率，撃破率のレート α の向上が期待できる．

　以下では，F-15FX が AAM-5 を搭載可能な機体と想定する．この時，AAM-5 は従来のAAM-3 の 2 倍以上の射程を持ち，IRCCM により命中率の向上が期待できるので，それぞれのレートを $\lambda=1.0 \rightarrow 2.0$, $\alpha=4.0 \rightarrow 6.0$ とする．このときの試算結果を図 5.29 下段に示す．兵器性能の向上により，戦況が圧倒的に F-15FX に有利に働いていることがわかる．搭載兵器の能力向上が機体全体の性能向上にバランスよく作用しているといえるだろう．

　以上本節では，今後，多くの国で導入されるであろう F-35 を仮想敵とし，導入予定の各機体ごとにパラメータ値を設定し，勝率を試算した．これまでの分析結果より，今回設定したパラメータ値による交戦では，F-15FX が最も優れているという結論が得られる．現在の

F-15\F-35	1	2	3	4	5	6	7	8	9	10
1	0.450	0.194	0.075	0.026	0.008	0.002	0.001	0.000	0.000	0.000
2	0.747	0.482	0.270	0.131	0.056	0.021	0.007	0.002	0.001	0.000
3	0.900	0.727	0.519	0.324	0.177	0.085	0.037	0.014	0.005	0.002
4	0.966	0.879	0.733	0.549	0.365	0.215	0.113	0.053	0.023	0.009
5	0.989	0.954	0.874	0.741	0.571	0.395	0.246	0.138	0.070	0.032
6	0.997	0.984	0.948	0.871	0.746	0.586	0.419	0.271	0.160	0.086
7	0.999	0.995	0.981	0.943	0.867	0.748	0.596	0.436	0.292	0.180
8	1.000	0.999	0.994	0.978	0.938	0.863	0.748	0.603	0.450	0.310
9	1.000	1.000	0.998	0.992	0.974	0.932	0.857	0.746	0.608	0.461
10	1.000	1.000	0.999	0.997	0.990	0.970	0.926	0.851	0.743	0.610

F-15\F-35	1	2	3	4	5	6	7	8	9	10
1	0.727	0.456	0.243	0.112	0.046	0.017	0.005	0.002	0.000	0.000
2	0.943	0.801	0.589	0.375	0.209	0.103	0.046	0.019	0.007	0.002
3	0.991	0.945	0.831	0.657	0.461	0.288	0.162	0.082	0.038	0.016
4	0.999	0.988	0.945	0.848	0.698	0.522	0.353	0.217	0.122	0.063
5	1.000	0.998	0.985	0.944	0.859	0.728	0.568	0.407	0.268	0.163
6	1.000	1.000	0.996	0.982	0.944	0.867	0.750	0.605	0.453	0.314
7	1.000	1.000	0.999	0.995	0.980	0.944	0.874	0.769	0.636	0.493
8	1.000	1.000	1.000	0.999	0.994	0.979	0.944	0.880	0.784	0.662
9	1.000	1.000	1.000	1.000	0.998	0.993	0.978	0.944	0.885	0.798
10	1.000	1.000	1.000	1.000	1.000	0.998	0.992	0.977	0.945	0.890

図 5.29: F-15/FX の勝率 (上段) と AAM 改善による効果の検証 (下段)

運用体制から考えると，機体性能は不明であるものの，多数の機体を取得済みの F-15J の運用・整備のノウハウがあるので，もっとも容易に扱えると思われる機体であり，パイロットなどの順応も容易である．これらを総合的に考慮して，F-15FX が最も良い FX ということになるが，諸元についてはあくまで推測値を用いており，また，機動力や旋回半径などは考慮していないため，それらも考慮して検討する必要があると考える．

さらに AAM を積み替える試算では，従来とは一線を画する装備品を搭載するケースを検討した．その結果，兵器の格段の進歩が交戦様相に大きな影響を与えることがわかった．ベースとなる機体性能が重要なことはもちろんであるが，搭載兵器性能の向上も目指して，全体的にバランスのとれた新世代 FX の導入を計画していくべきであろう．

5.5.5 おわりに

本節では，異なる情報取得方式のもとでの撃破速度モデルを解説し，少数兵力間の交戦での確率論的 2 次則モデルにより，航空機同士の戦闘における勝率や残存機数を求め，情報取得方式が戦闘に与える効果を検証した．さらに様々な性能を持つ戦闘機どおしの交戦を想定して，将来戦闘機での勝率の変化，残存機数を計算し，取得までの思考過程の 1 例も示すことができたと考える．本節の検討で得られた教訓を以下にまとめる．

(1) ステルス機と交戦するとき，同程度のレーダー性能，兵器性能，情報取得方式では劣勢となるものの，RCS の差次第では情報取得方式を優位にすることで，戦況は逆転でき優勢に持ち込める．これは，味方どおしで情報共有することにより，攻撃効率の改善が図られるためである．

(2) 情報取得方式が並列取得方式の場合には，レーダーの性能や兵器の性能が比較的大きな影響を与える．したがって，情報取得方式だけでなく機体の基本性能向上も目指さなければならない．

(3) 設定パラメータ値にもよるが，FX の選定に関しては，F-35 以外では F-15FX が最も有力である．ただし，兵装などは他の候補と共通としており，機動力や最高速度，旋回半径などは考慮していない．これらの点も総合的に加味した上で最終決定を下すべきである．

今後の課題としては，搭載兵器性能や最高速度，旋回半径，といった機動性など他の視点に基づくパラメータ値をも組み込む余地を検討することである．また，RCS やレーダー探知距離などのパラメータ値も，現実に即した値を入力して，より実用的な撃破速度モデルの構築を目指したい．

5.6 撃破速度モデルの総括

本章では，撃破速度の取り扱いについて，研究の時間軸に沿いつつ，また，単純なモデルから，より緻密で実用的なモデルについてまで紹介してきた．ここで紹介した研究例は公表されているものばかりで比較的簡明なモデルである．実際に使用されているモデルでは，さらにきめ細かな ROE の設定や様々な事情が組み込まれていると思われる．

本章を締めくくるにあたり，これまでに紹介してきた撃破速度モデルの広がりを総括的な視点から振り返れば，以下のようにまとめられるだろう．

(1) Bonder-Farrell モデルにより，射撃での，「1 目標を撃破するまでの時間，の逆数」として，撃破速度をとらえた点が，撃破速度モデルのブレークスルーといえるだろう．射撃での一連の行為を様々な要素に分解し，各要素を，それぞれの所要時間という同じ土俵の上で扱うに至ったこと，さらには確率的に生起する要素に関しては，マルコフ連鎖モデルを導入して平均的な時間として取りだせたことが撃破速度モデル誕生のカギであったと思われる．

(2) さらに ATCAL モデルでは，Bonder-Farrell モデルからの，微視的な視点で部分的な要素への分解と，各要素を所要時間で統一的にとらえる，という概念を継承しつつ，射撃・撃破サイクルの平均的な振る舞いに着目して，数値シミュレーションにより撃破速度を計算するというアイディアが画期的である．各要素に要する時間が指数分布に従うと仮定して対立するイベントと競い合わせることで，イベントが発生するまでの所要時間の期待値が，簡単なパラメータの比で表現でき，シミュレーションを実行する式も簡明に表現できる．

こうした長年の研究の成果として，撃破速度は表現力に富むパラメータとなってきた．ランチェスターモデルは単純な形式で記述されているが，撃破速度パラメータには戦い方を制御する規則を精密に盛り込める余地があり，実際に表現可能となってきている．ここに戦い方を反映したアイディアをどれだけ盛り込めるかが，ランチェスターモデルの説明力や価値を左右するといえるだろう．「敵味方同じ能力を仮定して … 」というように，"なんとなく" の感覚で決められるようなパラメータでは，決してない．ランチェスターモデルを，単なるお話の枕として生ぬるく持ち出すのではなく，実際の戦闘場面を描写する道具として使いこなすためには，撃破速度をどのように組み立てていくか，交戦状況を極めて慎重に検討し，正確に定式化することが大切である．

第6章　一般化モデルへの拡張

　第3章でも見たように，最近までのランチェスターモデルの実戦への適用研究での主要テーマは，「1次則か？2次則か？」という，どちらがより現実を説明するモデルとして妥当かを決定する議論であった．しかし，1990年代以降になると，こうした二者択一議論の流れから外れて，非整数次のランチェスターモデルにあてはめる研究が徐々に出始めてくる．以下では，非整数次数のモデルを用いて実戦データを説明する研究事例 [34] を紹介する．

6.1　非整数次数のモデル

　実戦の損耗データに基づく事例分析は，第3章でも列挙したように，これまでに実施されたケースはあまり多くない．それは，戦闘という混乱状態の中で収集される損耗データが必要だからであり，こうしたデータの入手の困難さや収集したデータを保持することの困難さ，また，データの秘匿性・非公表性の方針などにより，研究に利用できるデータが限られていたことが大きな理由であると思われる．

　1990年代になって，第2次世界大戦中のクルスクとアルデンヌにおける戦闘記録が，陸軍分析センター (CAA) やデュプイ研究所よりまとめられ，ようやく公開されるに至った [7, 8]．クルスクでの戦闘は，ドイツ軍とソ連軍とが繰り広げた14日間の戦闘であり，両軍の参加兵力・損耗兵力の記録が整理されている．また，アルデンヌの戦闘については，ドイツ軍と英米連合国軍とが繰り広げた33日間の戦闘であり，こちらも両軍の記録が整理されている．両軍が対峙している状況での，各軍の参加兵力数・損耗兵力数の時系列データが入手できることは極めて稀な事例である．以下では，各種兵力 (歩兵，装甲兵員輸送車 (APC)，戦車，火砲) に重みをつけて統合兵力とするモデルを構成して，ランチェスターモデルを記述する連立微分方程式への最適なフィッティングを検討する．その際に，従来からのモデルを拡張し，統合兵力に掛かるベキ数を非整数次に緩和して，パラメータ推定により損耗式を確定する．ベキ数を非整数に緩和するモデルが派生してきた原因としては，従来からの1次則モデルや2次則モデル，あるいは，ログ法則モデルでは，いずれも，実データによる推定式での当てはまりがあまりよくなく，説明力の弱い結果となってしまうためと考えられる．ベキ数を非整数次に緩和するとともに，第5章で見たような，撃破速度自体も交戦時刻や残存兵力数に応じて変化しうるという方針を追認すれば，モデルの自由度が増し，実戦をより精密に再現できる可能性が増大すると考えられる．

　このような，兵力のベキ数を非整数にまで緩和し，かつ，(研究開始当初は) 撃破速度も反対称的に設定する，従来のランチェスターモデルからの拡張モデルは，一般化ランチェスターモデル (Generalized Lanchester Model; GLM) と呼ばれ，Bracken によって1995年に提案された [4]．その基本的な形は以下の形式で記述される．

6.1. 非整数次数のモデル

$$\begin{cases} \dfrac{dB(t)}{dt} = -a\ (d\ or\ 1/d)R(t)^p B(t)^q \\ \\ \dfrac{dR(t)}{dt} = -b\ (1/d\ or\ d)B(t)^p R(t)^q \end{cases} \tag{6.1}$$

この形式には，推定すべき5つのパラメータ a, b, d, p, q が含まれている．これらは脆弱性や攻撃態勢を意図したパラメータである．

a, b は敵からの攻撃にさらされることによる損耗係数であり，時間によらず一定とする．d は，攻撃態勢を意識した係数であり，特定の時間帯での攻防場面で，主に防御している側には d を，一方，攻撃側は $1/d$ を付与する．撃破速度がもともと交換比の考え方に基づいているとも考えられるから，一方の値 (d) が，他方では逆数の値 ($1/d$) になるという反対称的な関係は，妥当な設定であるといえよう．これらのパラメータの導入により，従来の撃破速度の概念に，時間とともに変化する攻撃態勢・防御態勢を含めた考察が可能となり，より細やかな攻撃能力の表現が可能となった．

兵力にかかるベキ数 p, q も両軍で同じ形になるように調整されている．p は攻撃側の兵力にかかるベキ数であり，q は防御側 (自軍) の兵力にかかるベキ数である．従来からの基本的なランチェスターモデルと異なる点は，これらの値に 0 や ± 1 といった，整数値以外の実数値も許容する点である．

一般化モデル (6.1) と従来からの基本モデルとの関係を簡単に振り返れば，(1) $p = q = 1$ (あるいはより一般的に $p - q = 0$) であれば，1次則モデルとなる．また (2) $p = 1, q = 0$ (あるいはより一般的に $p - q = 1$) であれば，2次則モデルとなる．さらに (3) $p = 0, q = 1$ (あるいはより一般的に $q - p = 1$) であれば，対数法則モデルとなる．

まず初めに，第2次世界大戦中のソビエト軍とドイツ軍間の，戦車戦で有名なクルスクの戦いについて，概要を紹介する．なお，以下のモデルの解説では文献 [34] の表記に従い，B軍をソ連軍，R軍をドイツ軍として扱う．

[クルスクの戦いの概要]

1943年春，ドイツ軍とソビエト軍の戦線は図 6.1 に示すような状態であり，ソ連側の突出部の中央に，東部戦線の要塞，クルスクが位置していた．ドイツ軍はこの地を陥落することを目的とするシタデル (城塞) 作戦の構想を練っていた．約2ヶ月遅れて，7/5にクルスク要塞を2正面から攻撃するシタデル作戦が開始された．事前に十分な偵察情報があり，また，ソビエト軍の対応の遅れもあったが，ドイツ軍は強固な位置を攻撃してしまった．北側の正面はすぐに陥落した．一方，南側正面は，熾烈な戦いとなり，7/12でも46km侵攻したのみであった．ドイツ軍はプロホロスカで攻囲される形となり，クルスクへの最後の自然の要塞であるプショール川に橋頭堡を構成した．対するソ連軍は戦略的な予備兵力，第5親衛戦車部隊を投入した．7/12にプロホロスカ近郊でドイツの第IISSパンサー部隊と最先端の第5親衛戦車部隊との間で，後世に名を残す史上最大の戦車戦が始まった．開戦当日にドイツ軍は戦車98輌を失い，対するソビエト軍戦車は414輌も失われた．損失数から見れば，その日はドイツ軍が勝利したように見えるが，ヒトラーは13日に撤退命令を出す．残りの日々はドイツ軍は防御戦が主だった．南部戦線の指揮官マンスタイン元帥は勝利をみすみす逃した，と述懐している．7/23までソビエト軍は反撃を続けて，失った地域すべてを再び取り戻している．マンスタインは「ドイツ軍は東部戦線での最後の攻撃をフィアスコでやめてしまった，敵が4倍もの損害を受けているにもかかわらず」と悔しさをにじませた言葉を残している．

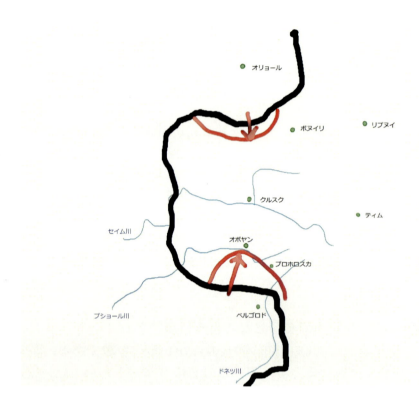

図 6.1: クルスクの戦いの戦況図 (1943.7)

[分析の概要]

一般化モデルによる実戦データの分析は，(6.1) において a, b, d, p, q をどのように決定するか？ということに尽きる．以下の分析には CAA のデータ [7] を用いる．提供されているデータでは，7/4〜7/18 までの15日分のデータベースが整理されているが，実際に戦闘が始まったのは 7/5 ゆえ，分析には 14 日間のデータを用いた．この間に，30 万人のドイツ軍兵士と 50 万人のソビエト軍兵力が交戦した．交戦期間の兵力を大きく 4 つのカテゴリー，歩兵，APC(装甲兵員輸送車)，戦車，火砲に分類して分析を行う．第 2 章で解説した合成火力モデルで分析を実施する際に，兵力を合成する際の重み付けは，歩兵：APC：戦車：火砲＝1：5：20：40 の比で重み付けする．合成した結果の，全ソビエト軍と全ドイツ軍の兵力を表 6.1 に示す．合成する際の重みの取り方は，これまでの研究と同じ設定であり，Turkes の研究 [57] によれば，重みのとり方を多少変動しても計算結果にはほとんど影響せず，比較的感度が鈍いとの報告が得られている．

パラメータ p, q の決定に関しては，最小 2 乗法のアイディアを利用して評価式の最小化により決定する．すなわち，実データに基づく日々の損耗兵力 $\dot{B}_n, \dot{R}_n$ と，モデルから計算される損耗兵力 $a(d_n^*)R_n^p B_n^q, b(d_n^*)B_n^p R_n^q$ との差を日ごとで 2 乗して，全交戦期間 (14 日間) で合計した評価式を最小化するように p, q を決定する．残差の合計を最小とすることは，最小 2 乗法と同様，もともとのデータを最もよく説明しうるとみなす考え方に基づいている．

以下の評価式 SSR (= Sum of Squared Residuals) の値が最小となるように (p, q) の値を変化させる．

$$SSR(p,q) = \sum_{n=1}^{14}(\dot{B}_n - a(d_n^*)R_n^p B_n^q)^2 + \sum_{n=1}^{14}(\dot{R}_n - b(d_n^*)B_n^p R_n^q)^2 . \tag{6.2}$$

6.1. 非整数次数のモデル

表 6.1 ソ連軍とドイツ軍の統合兵力と損耗兵力

日	ソ連軍統合兵力	ソ連軍損耗兵力	ドイツ軍統合兵力	ドイツ軍損耗兵力
7/5	586353	11167	373411	11257
7/6	575769	12993	364265	9532
7/7	559345	16266	359085	6249
7/8	545332	16472	372524	5702
7/9	528552	18071	367444	6043
7/10	516403	14445	366504	3450
7/11	507576	10754	365070	4415
7/12	480033	28492	361965	5112
7/13	469271	13302	362229	3491
7/14	459604	11323	359820	3290
7/15	463159	6201	357522	3047
7/16	462451	3600	358946	1975
7/17	461186	2067	360245	1174
7/18	457943	5160	360280	1639

d_n^* については，ある日について，防御が主な軍は d とし，攻撃軍を $1/d$ とする．また，互いに攻撃している，あるいは互いに攻撃していない日には，両軍とも $d_n^* = 1$ とした．

戦況が史実より既知なことから，とりあえず日々の d (あるいは $1/d$) を確定しておいて，残りのパラメータ a, b を回帰直線での係数を決定する手法により決定する．(6.2) において，日々の兵力 B_n, R_n や，その変化量 $\dot{B}_n, \dot{R}_n$ は，入手データから把握可能なので，a, b は推定できる．すなわち，p, q に仮の値を設定して，SSR を a, b それぞれについて微分してゼロとおくことで推定値 $\hat{a}, \hat{b}$ を得ることができる．任意の日について，両軍対等に $d_n = 1$ とすれば，以下の推定式を導くことができる．

$$\hat{a} = \sum_{n=1}^{14} \dot{B}_n R_n^p B_n^q \bigg/ \sum_{n=1}^{14} (R_n^p B_n^q)^2 , \quad \hat{b} = \sum_{n=1}^{14} \dot{R}_n B_n^p R_n^q \bigg/ \sum_{n=1}^{14} (B_n^p R_n^q)^2 . \quad (6.3)$$

こうして得た $d, a(=\hat{a}), b(=\hat{b})$ に対して，上記の (p, q) を最小化する手続きを実施し，求めるべきパラメータの組 (a, b, d, p, q) が仮に確定する．ただし，d (あるいはその逆数 $1/d$) の値そのものは，戦況からは一意に決定できず，仮おきしているにすぎない．従ってこの値を適当な範囲で変化させることで (ラインサーチして)，(d, a, b) を決定し，次に対応する最適値 (p, q) を決定するというルーチンを繰り返し，最終的に，最適なパラメータ値の組 (a, b, d, p, q) を確定するという流れである．

(p, q) 平面で SSR の等高線の様子を図 6.2 に示す．この図の計算結果においては，いずれの日とも，$d = 1$ としている．図から明らかなように比較的広範な (p, q) に対して SSR が最小化されている様子がうかがえる．たとえば，$SSR = 6.0 \times 10^8$ の等高線は，SSR の最小値から約 10 %ほど大きな値であるが，p については，2〜10 程度の値，対応する q については 0 から 3 付近の値を取る，なだらかな等高線となっていることがわかる．より詳細な計算の結果，最適値は $p = 5.6957, q = 1.2702$ であり，評価式 SSR の値は 5.46546×10^8 であった．また，そのときの撃破速度 a, b は $a = 14.66 \times 10^{-36}, b = 1.201 \times 10^{-36}$ である．

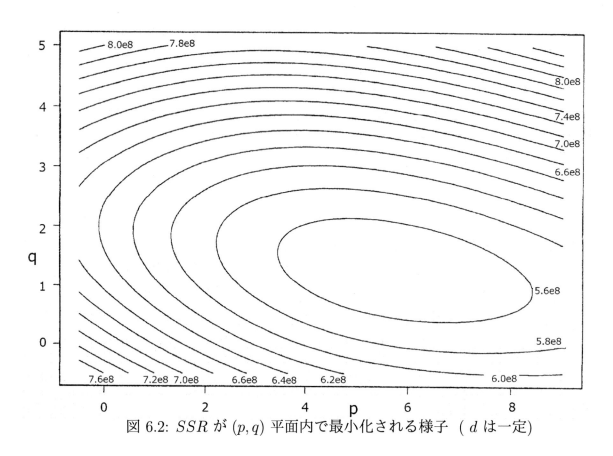

図 6.2: SSR が (p,q) 平面内で最小化される様子（d は一定）

これまでに説明した基本的なランチェスターモデルでは，ベキ数 p,q はともに 0〜1 程度の値であるが，この結果からは，攻撃側に関しては，兵力の 5 乗にも作用して撃破能力を発揮していることになる．また，この結果が正しいとすれば，この戦いでは，ドイツ軍はソビエト軍に比べ，10 倍以上の撃破速度を有していたといえる．

実データへの適合性のよさを評価する別の尺度として，以下の R^2 を定義する．

$$R^2 = 1 - \frac{SSR}{SST} \quad \text{ただし,} \tag{6.4}$$
$$SST = \sum_{n=1}^{14}(B_n - \overline{B})^2 + \sum_{n=1}^{14}(R_n - \overline{R})^2 . \tag{6.5}$$

ここで $\overline{B}, \overline{R}$ はソビエト軍とドイツ軍の 1 日あたりの平均損耗兵力とする．したがって，SST は日々の損耗兵力 B_n, R_n と平均損耗兵力との差の 2 乗残差である．2 乗残差 SSR が小さいほど，モデル式がもとのデータに近い曲線を再現していることから，R^2 が大きいほど，実際の値を反映したモデルが得られていることを意味する．また，R^2 はデータを線形変換しても不変である，という特徴を有する．このおかげで，モデル間で異なる重みづけをした分析を実施しても，それぞれのモデルどおしを比較できるメリットがある．

[攻勢・守勢パラメータ d の影響]

攻勢・守勢パラメータ d の取り方による影響を考察する．文献 [7] によれば，南側の戦線では，ほぼ毎日，両軍とも攻撃と防御を繰り返していた．しかし，一般的には，最初の 7 日間は，ドイツ軍が攻勢であり，8 日目にはじめてソ連軍の攻撃がドイツ軍を凌駕した．8 日目以降は，ドイツ軍の攻撃よりもロシア軍の攻撃が増加した．このような史実より，最初の 7

6.1. 非整数次数のモデル

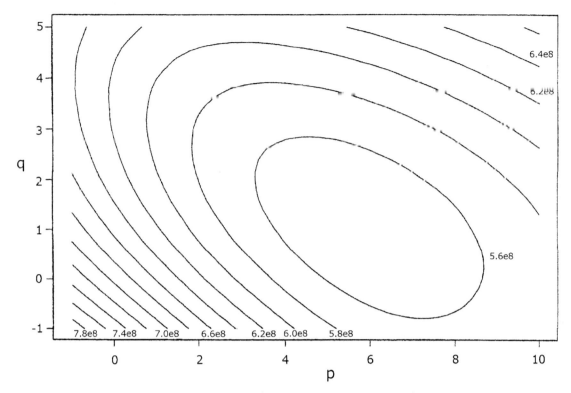

図 6.3: SSR が (p, q) 平面内で最小化される様子 (d が前半・後半で異なる)

日間はドイツ軍が，そして，最後の 7 日間はソ連軍が攻撃態勢であるとして，戦況パラメータ d を設定する．この設定の下で，最終的なベストフィットのパラメータ値 d は，1.028 となり，$p = 5.8703, q = 1.0078, a = 49.07 \times 10^{-36}, b = 3.521 \times 10^{-36}$ となった．また，その時の SSR は 5.46202×10^8 となった．これらの値は，攻勢・守勢を考慮しない結果から，ほとんど変化していない．もう 1 つの指標 $R^2 = 0.238$ となった．以上の結果より，ドイツ軍は相変わらず攻撃能力が高い（$a > b$）ことがわかる．また，d の値がほぼ 1 であり，攻撃側のアドバンテージはほとんど無いこともわかる．SSR を最小化する等高線 (図 6.3) は図 6.2 とほぼ変わらないが，d を導入したことで自由度が増し，前回の図よりもさらに平坦な構造になっている．この結果を微分方程式の形で記述すれば，以下のとおりとなる．B 軍をソ連軍としているので，14 日間の戦闘で最初の 7 日間は，カッコ内の d 値を採用し，後半 7 日間はカッコがない d 値を採用する．標準的なランチェスターモデルに比べれば，明らかに奇異な形をしているが，この連立微分方程式が実データを最もよく説明している表現である．

$$\begin{cases} \dfrac{dB(t)}{dt} = -49.07 \times 10^{-36} \times 1.028 (or\ \dfrac{1}{1.028}) \times R(t)^{5.8703} B(t)^{1.0078} \\ \dfrac{dR(t)}{dt} = -3.521 \times 10^{-36} \times \dfrac{1}{1.028} (or\ 1.028) \times B(t)^{5.8703} R(t)^{1.0078} \end{cases} \quad (6.6)$$

[アルデンヌの戦い]

同様の手法を，アルデンヌの戦い[1]にも適用し，分析を実施した．この際に，Bracken の報告でのデータ [4] と，Fricker の報告のデータ [20] で別々に分析を実施してみた．

Bracken のデータから得られた最適なパラメータ値は，$(p,q) = (0.91, -0.61)$ で，そのときの SSR は 1.36×10^7 で $R^2 = 0.381$ となった．また，優劣パラメータ d は 1.12 となり，攻撃側が有利な結果となった．

一方，Fricker のデータから得られた最適なパラメータ値は，$(p,q) = (-0.6, 5.2)$ で，そのときの SSR は 2.8×10^7 で $R^2 = 0.50$ となった．$q = 5.2$ となった結果には，やや疑問が残る．というのは，自軍の兵力の 5.2 乗にも比例して，損耗が生じることになってしまうからである．優劣パラメータ d は 1.25 となり，ここでも攻撃側が有利な結果となっている．

同じ戦闘に対しこのような大きな差が生じる理由として，Bracken の分析では 10 日間のデータが利用されているのに対し，Fricker の分析ではそれ以上のデータが利用されている点が指摘される．この違いにより Bracken の分析においては，相対的に均質な戦闘が繰り広げられたと考えられる．また，両者の分析において，友軍兵力の算入のしかたが異なることも，分析結果に差が生じた原因といえるだろう．いずれにせよ，見るべきポイントは，どちらの分析結果がより妥当かという優劣の比較よりも，分析に用いるデータがどのように整理されているかで結果が大きく異なってしまうという教訓である．

[その他の考察]

文献 [34] ではさらに，新たに導入して試用した一般化モデルと従来からの基本モデルとで，2 つの戦闘に適用し分析した結果を比較している．以下に，その要点を簡単にまとめる．

- これまでのクルスクの戦闘の分析では，各兵種間で重み付けした総合的な兵力により分析を実施したが，歩兵のみで同様の分析も実施した．その結果，(p,q) 平面での等高線の形状は，最適点（ $(p,q) = (7.8, 3.4), R^2 = 0.234$ ）の近傍で，総合兵力の場合と同様に平坦な振る舞いを示している．他の重み付けによる分析結果や航空支援を含めた分析結果も同様に平坦な振る舞いをしていることから，係数の取り方による重み付けの影響はほとんどないことがわかった．

- 基本的なモデル (1 次, 2 次, ログ法則) と一般化モデルとで元データへのフィットの良さを R^2 で比較してみた．クルスク戦闘に適用した結果は，基本モデルの中では，従来の重みづけをした場合 (1:5:20:40; $R^2 = 0.131$) も，歩兵だけで分析した場合 (1:0:0:0; $R^2 = 0.116$) も，1 次則モデルのフィットがもっともよかった．しかし，一般化モデル（それぞれの重みづけの場合で，$R^2 = 0.238, 0.234$ ）には及ばない．アルデンヌの戦闘に適用した結果も同様に一般化モデルの方が適合性が良い．

- クルスクの戦闘の損耗データを詳しく見てみると，7/12 の歩兵の損耗が飛びぬけて多い．このデータが分析上の異常値となるためにフィッティングの精度が悪いと考えられる．この問題を回避する目的でデータ分割して分析を行った．14 日間を 4 つのフェーズ (1-2,3-7,8,9-14) に分割し，前半はドイツ軍が攻勢，最終フェーズのみ，ソ連軍攻勢とした．8 日目データのみを元データのまま適合させる処理をしたことにより，分析結果である適合性は，基本モデルでも一般化モデルでも飛躍的に改善される．R^2 の値は，1 次

---

[1] 連合国軍とドイツ軍との，ドイツの西部戦線における戦い (1944.12-1945.1)．アルデンヌは地名である．戦場が「出っ張っている」(英語でバルジ) 土地であったことから,「バルジの戦い」と呼ばれることもある．

6.1. 非整数次数のモデル

則 $((p,q) = (1,1))$ で 0.816, 2次則 $((p,q) = (1,0))$ で 0.804, ログ法則 $((p,q) = (0,1))$ で 0.812, 一般化モデルでは最善パラメータ $(p,q) = (3.92, 3.38)$ で $R^2 = 0.832$ となった.

最後に, これまで説明してきた GLM の特徴について, 次のように総括する.

- 損耗方程式に5つのパラメータ (a, b, d, p, q) を採用したことで基本モデルよりも自由度が増している. これにより, 実際の戦闘データを説明する能力が (R^2 が全般的に大きくなることから) 高まったといえよう.

- パラメータ a, b については, 実際の損耗データを用いて回帰直線の係数を求める手法で容易に計算できる.

- さらにパラメータ d によって, 史実に基づく攻勢・劣勢を表現できるばかりではなく, その烈度も観測時点ごとに定量的に表現可能となった.

- (p, q) 平面内で SSR の等高線を示すことで, 最適なベキ数となる点 (p^*, q^*) の近傍での変化の様子を視覚的に把握できる.

このように GLM は従来からの基本モデルの形式を維持しつつ, より忠実に兵力損耗の様子を記述できる特徴を持つ. 現代の標準的な部隊構成となっている複数兵種による統合作戦を合成火力モデルで再現しようとすると, 基本モデルでは, きわめて単純な形式でしか定式化されないために, どうしても乖離が生じてしまう. その解決策として, 本モデルで提案するように, いくつかのパラメータを付加し, 実際の戦闘経過に近づくように, きめ細やかにパラメータ値を調整する工夫は, 現実とモデルの乖離を解決するための1つの方法といえる. ただし, 本文で解説したように, 実数ベキを認め, 攻撃・防御の側面を分割して表現する撃破速度を決定するためには, 従来よりも手の込んだパラメータ決定のプロセスが不可避である.

GLM において, 撃破速度パラメータ a, b, d やベキ数 p, q を決定する方法の概要は, 以上までに説明したとおりであるが, 一番初めに GLM を提案した Bracken[4] の研究の概要を簡単に紹介しておく.

[GLM の出発点]

Bracken の研究でも, アルデンヌの戦いを事例としたデータ分析を行っている. 戦史に基づいて, 攻勢・守勢に応じて戦闘期間を2つに区分した. データをなるべく忠実に再現する GLM のパラメータ値を見出すために, 前述と同じ最小化手法を採用した. すなわち, 以下の評価式 SS を最小にする5つのパラメータ値の決定を目指した.

$$\begin{aligned} SS &= \sum_{n=2}^{6} (\dot{B}_n - adR_n^p B_n^q)^2 + \sum_{n=2}^{6} (\dot{R}_n - b(1/d)B_n^p R_n^q)^2 \\ &+ \sum_{n=7}^{11} (\dot{B}_n - a(1/d)R_n^p B_n^q)^2 + \sum_{n=7}^{11} (\dot{R}_n - bdB_n^p R_n^q)^2 . \end{aligned} \tag{6.7}$$

ただし, この計算では, 前節のような $\hat{a}, \hat{b}$ の決定に推定値を用いることやラインサーチによる d の最適化はせずに, それぞれのパラメータごとに適当な値をあらかじめ設定しておき, それらのパラメータ値の総当り的な組み合わせに対し, SS の計算を単純に繰り返して最小化を図っている. すなわち, $SS = SS(a_i, b_j, d_k, p_l, q_m)$ として, $i = 1, \ldots, 5, j = 1, \ldots, 5, k =$

$1, 2, 3, l = 1, \ldots, 5, m = 1, \ldots, 5$ の，全部で 1875 とおりの組み合わせをひたすら計算した．その結果，4種の兵力 (歩兵, APC, 戦車, 火砲) で前節同様の重みづけをした統合兵力どおしの交戦では，以下の連立微分方程式で記述される場合が最も妥当である結論を得た．(そのときの SS 値は 0.163×10^8 となった．)

$$\begin{cases} \dfrac{dB(t)}{dt} = -8.0 \times 10^{-9} \times \dfrac{10}{8} \ (or \ \dfrac{8}{10}) \times R(t)^{1.0} B(t)^{1.0} \\ \dfrac{dR(t)}{dt} = -10.0 \times 10^{-9} \times \dfrac{8}{10} \ (or \ \dfrac{10}{8}) \times B(t)^{1.0} R(t)^{1.0} \end{cases} \quad (6.8)$$

このほか歩兵だけで交戦する場合や，攻勢・守勢パラメータ $d(, 1/d)$ を考慮しない場合などについても総当たり的な組み合わせから一般化ランチェスターモデルを決定している．

[バトル・オブ・ブリテンの空中戦]

さらに 2011 年にバトル・オブ・ブリテンを一般化モデルにより分析する研究 [26] が発表された．バトル・オブ・ブリテンは第2次世界大戦の初頭に，イギリスへの侵攻を企図して制空権確保を目指したドイツ軍爆撃機・戦闘機と，本土防空・侵攻阻止を目的として対抗するイギリス軍戦闘機との間で繰り広げられた空中戦である．ランチェスターモデルの実戦分析では陸上戦闘のデータが利用されることが多いが，航空戦闘を扱う事例研究は少なく，これまで取り上げられることはほとんどなかった．空中戦の特徴は，対象となる兵種が少なく，また地勢や戦術，指揮通信などの影響も少ないことから均質な分析環境が見込まれる．また，バトル・オブ・ブリテンに関しては，約2ヶ月間に及ぶ長期データが利用可能であり，同時代の単発戦闘機同士の交戦が主であり，かつドイツ空軍 (G) とイギリス空軍 (B) が全空中戦能力を投入し，全滅も辞さない覚悟で，多くの航空兵力を投入した消耗戦の構図ゆえに，2次則モデルを適用する分析データとしては好都合な状況である．

先に示した2つの分析事例では，ベキ数パラメータは，攻勢側と守勢側で共通とした2パラメータ p, q で分析したが，本研究では，両軍で異なる値の設定を可能として，以下のようにパラメータ数を 2→4 変数に増やしている．この拡張で，さらに自由度が高いモデルになるといえるが，当然のことながら，パラメータ数増加により，その決定過程は困難になる．

$$\begin{cases} \dfrac{dB}{dt} = -g G^{g_1} B^{g_2} \\ \dfrac{dG}{dt} = -b B^{b_1} G^{b_2} \end{cases} \quad (6.9)$$

モデルの係数の決定方法を説明する前に，このモデルの特徴を述べれば，$\gamma b B^\beta - \beta g G^\gamma$ (ただし，$\beta = b_1 - g_2 + 1, \gamma = g_1 - b_2 + 1$) が時間によらない不変量となることである．これは，このモデルのフェーズ解が $\gamma b (B_0^\beta - B^\beta) = \beta g (G_0^\gamma - G^\gamma)$ と導かれることから容易に示すことができる．この不変量より，例えばB軍に関しては，$B = B_1 + B_2$ などと，兵力を分割して2回に分けた連続攻撃を仕掛けるべきか，あるいは，全兵力 B で対処すべきかが判断できる．$\beta > 1$ では，全体攻撃 $(B_1 + B_2)^\beta$ の方が分割攻撃 ($B_1^\beta + B_2^\beta$) よりも効果が大きくなり，逆に $\beta < 1$ では，分割した方が効果が大きくなるからである．

もう1つの特徴は，$\beta \neq \gamma$ の場合に γb と βg に注目することから見いだせる．$\beta < \gamma$ であれば，G は不利な戦いを強いられる．なぜならば，対等な損耗で戦い続けるためには，G

は $\gamma/\beta(>1)$ 倍の攻撃力 (あるいは，より多くの G 兵力) を持たなければならないからである．これは，攻撃側 G が不利 (あるいは防御側 B が有利) な状況を表現しているといえる．

さて，(6.9) のパラメータ値を決定するには，日々のデータをプロットし，それらから回帰直線を決定し，その勾配や切片を求めることでパラメータ値を算出する．回帰直線を得るために，(6.9) の対数をとれば，以下の線形の関係式が得られる．

$$\log\left(-\frac{dB}{dt}\right) = \log y + g_1 \log G + g_2 \log B, \tag{6.10}$$

$$\log\left(-\frac{dG}{dt}\right) = \log b + b_1 \log B + b_2 \log G. \tag{6.11}$$

回帰直線を得るために用いたデータは，8/14〜10/31 までの 52 日分のデータ (投入兵力 B, G 及び損耗兵力 $\delta B, \delta G$) である．この期間のデータでも異常値となるデータや，戦闘以外による軽微な損耗データはあらかじめ除外されている．これらのデータの回帰分析より，回帰直線の傾き (=パラメータ推定値) が確定され，全戦闘期間を対象とした場合のイギリス軍 (B) とドイツ軍 (G) の損耗方程式は以下の形となる．

$$\begin{cases} \dfrac{dB}{dt} = -5.4 \times 10^{-3} G^{1.2} \quad (R^2 = 0.66) \\ \dfrac{dG}{dt} = -8.7 \times 10^{-3} G^{0.9} \quad (R^2 = 0.49). \end{cases} \tag{6.12}$$

この結果から，(1) 両軍の損耗はいずれもドイツ軍兵力にのみ依存していることがわかり，また，(2) イギリス軍の損耗については，ドイツ軍兵力に依存している自然な結果となっていることがわかる．さらに戦闘データを前半 (8/15〜9/15)，後半 (9/17〜10/30) の 2 期間に分割して分析した結果も報告されている．前半に関しては，

$$\begin{cases} \dfrac{dB}{dt} \approx G^{0.71 \pm 0.18} B^{0.78 \pm 0.27} \approx G^{0.7} B^{0.8} \quad (R^2 = 0.78) \\ \dfrac{dG}{dt} \approx G^{0.89 \pm 0.16} \approx G^{0.9} \quad (R^2 = 0.56). \end{cases} \tag{6.13}$$

となり，後半については，

$$\begin{cases} \dfrac{dB}{dt} \approx G^{1.06 \pm 0.18} \approx G^{1.1} \quad (R^2 = 0.60) \\ \dfrac{dG}{dt} \approx G^{0.57 \pm 0.18} \approx G^{0.6} \quad (R^2 = 0.30). \end{cases} \tag{6.14}$$

という結果が得られた．("$\approx$" は比例関係にあることを示す．) これらの結果からもドイツ軍兵力の寄与が大きいことが再度確認される．また前期の方が後期よりも，イギリス軍の方がドイツ軍よりも当てはまりが良いことが R^2 の値より確認される．

[GLM の問題点]

従来の基本モデルの枠組みでは，1 次則モデルにしろ，2 次則モデルにしろ (あるいは 3 次則モデルにしろ)，撃破速度 b_i, r_i は，各モデルでそれなりの物理的な現象に対応して組み立てられた物理量であり，個々の損耗方程式の左辺と右辺の次元をそろえるべき，撃破速度自

体にも固有の次元が割り振られてきた．しかし，GLM では，兵力量のベキパラメータ推定値 p, q (あるいは g_1, g_2, b_1, b_2 など) に非整数を許容することで，撃破速度の物理的な解釈が一般的に不可能となる．本来は兵力量や時間，空間的な広がりに絡む次元で構成されるはずであるが，非整数ベキとなると，従来からの整数次元の物理量とは結び付けられない実数次元に緩和されることになってしまう．このとき物理的な解釈を優先させることなく，兵力量や時間の次元を無視して，単にそれらの数値のみを入力値とする微分方程式と捉えて，両辺の物理的次元の意味を喪失させる扱いは妥当であろうか？という問題が新たに生じる．GLM を単なる数値モデル？あるいは，物理量に基づくモデル？という認識の問題，次元をめぐる疑問に対してどのように解釈すべきか？非整数化を許容することで新たな問題が生じてくる．しかしながら，次元の理解のしかたについては当面問題視せずに，ベキパラメータ値の大小が意味することの個人的な捉え方について，次章以降で順次示していく．

6.2　日露戦争の陸上戦闘での検証

これまで解説してきた一般化モデルの手法を，日露戦争での陸上会戦に適用した事例 [30] を以下に紹介する．分析結果を紹介する前に，モデルの説明に必要な，時間に依存して撃破速度が変化する 2 次則モデルの解法 [24] について解説する．

6.2.1　撃破速度が時間に依存する 2 次則モデル

撃破速度が戦闘経過につれて変化することを想定すれば，一般的にモデルの表現力が向上することは前章で見たとおりである．以下では，両軍が攻撃を実施する際に，R 軍が激しく攻撃すれば，B 軍も激しく反撃し，また，R 軍が散発的で緩慢な攻撃を実施する際には，B 軍も同様の攻撃態様で応酬する，というような，互いの攻撃烈度が等しいことを仮定する 2 次則モデルを定式化し，解を得るまでのプロセスを示す．まず，次のように定式化する．

$$\begin{cases} \dfrac{dR(t)}{dt} &= -k_b h(t) B(t) \\ \dfrac{dB(t)}{dt} &= -k_r h(t) R(t) \end{cases} \tag{6.15}$$

両軍の攻撃烈度をあらわす関数を $h(t)$ で表現している．ただしその強度 (撃破速度) は B, R 軍それぞれで異なるはずなので，定数 k_b, k_r で表す．一般的な攻撃態様では，交戦中の両軍の烈度を同等として扱う必要はないが，ここでは，簡単化のために単一の関数 $h(t)$ であらわす．(6.15) から微分項を消去し基本的な 2 次則モデルと同様の展開をしていくことで以下のフェーズ解の表現を得る．ここで双方の初期兵力を B_0, R_0 としている．

$$k_b(B_0^2 - B^2(t)) = k_r(R_0^2 - R^2(t)) . \tag{6.16}$$

$B(t)(> 0)$ についてこれを解くと，以下を得る．

$$B(t) = \sqrt{B_0^2 - \dfrac{k_r}{k_b}(R_0^2 - R^2(t))} . \tag{6.17}$$

6.2. 日露戦争の陸上戦闘での検証

これを (6.15) の上の式に代入すれば次のようになる．

$$\frac{dR(t)}{dt} = -k_b h(t) B(t) = -k_b h(t)\sqrt{B_0^2 - \frac{k_r}{k_b}(R_0^2 - R^2(t))} \,. \tag{6.18}$$

上式を交戦開始時 $t = 0$ (の兵力量 R_0) から時刻 t (の兵力量 $R(t)$) までの間で積分すれば以下の式で書くことができる．

$$\int_{R_0}^{R(t)} \frac{dR(t)}{\sqrt{B_0^2 - \frac{k_r}{k_b}(R_0^2 - R^2(t))}} = -k_b \int_0^t h(t')dt' \,. \tag{6.19}$$

$$\int_{R_0}^{R(t)} \frac{dR(t)}{\sqrt{R^2(t) - (R_0^2 - \frac{k_b}{k_r}B_0^2)}} = -\sqrt{\frac{k_r}{k_b}}k_b \int_0^t h(t')dt' = -\sqrt{k_r k_b} \int_0^t h(t')dt' \,. \tag{6.20}$$

ここで，右辺を $\theta(t)$ と置き，$R(t)$ について解くと以下を得る．

$$R(t) = R_0 \frac{e^{\theta(t)} + e^{-\theta(t)}}{2} + \sqrt{\frac{k_b}{k_r}} B_0 \frac{e^{\theta(t)} - e^{-\theta(t)}}{2} = R_0 \cosh \theta(t) + B_0 \sqrt{\frac{k_b}{k_r}} \sinh \theta(t) \,. \tag{6.21}$$

さらに，この結果を (6.17) に代入し整理すると，$B(t)$ は次の形に求められる．

$$B(t) = B_0 \cosh \theta(t) + R_0 \sqrt{\frac{k_r}{k_b}} \sinh \theta(t) \,. \tag{6.22}$$

以下では，この解を日露戦争のいくつかの陸上会戦に適用し，提案モデルの実データへの当てはまりの良さについて検討していく．

6.2.2 日露戦争陸戦への一般化モデルの適用

本節では日露戦争中の陸上会戦のいくつかに一般化ランチェスターモデル (GLM) を当てはめて，GLM による実際の戦闘の説明可能性を検証する．6.1 節では第 2 次世界大戦中の交戦損耗データに GLM を適用して，モデルの説明力が向上する良好な結果を見た．近年，世界各地で発生している紛争のような，非対称な戦闘能力を有する勢力間での交戦場面に従来のランチェスターモデルの適用を試みると，武器の性能差や情報収集・活用能力差が激しいために，一般的には，当てはまりがそれほど良いとは思えないが，第 2 次大戦以前の戦闘では，武器性能や情報能力で両軍間の差は小さく，ランチェスターモデルの当てはまりが良いことが予想されるので，GLM を適用した分析で良好な結果が期待される．わが国における第 2 次世界大戦 (亜細亜・太平洋戦争) の陸上戦闘については，十分な資料が入手できないため，日露戦争陸戦を対象にモデルの当てはまりの良さの検証を試みる．以下では，まず日露戦争陸戦の概要を説明し，次いで，従来からの 1 次則／2 次則モデルの適用可能性について，第 3 章で解説した Kisi[28] の統計学的検定を経て適用モデルを決定する．

6.2.2.1 日露戦争の概要

日露戦争は 1904 年 2 月 6 日に開戦し，1905 年 9 月 5 日に終戦となった．主戦場は朝鮮半島北部及び満州である．以下に日本軍・ロシア軍の作戦計画 [11] の現代語要約を記す．

日本軍：第一軍を朝鮮半島に上陸させ，鴨緑江を渡河，敵を牽制する．続いて第二軍を遼東半島（普蘭店）へ上陸させ，一帯を制圧した後，第三軍を上陸させ旅順を包囲し，必要があれば攻撃する．第二軍は第一軍と呼応して北上し，その間に，大弧山周辺に第四軍を上陸させ満州，各軍呼応して遼陽を占領する．

　上記の作戦を春に開始すれば，秋頃に作戦成功となる．よって遼陽以北の適した地に冬営して再編成を図り，翌春再び行動を開始して敵野戦軍主力を撃破する．また，全期間を通じて適当な時期に樺太攻略を図る．

ロシア軍：日本軍は上陸作戦に使用できるのは約十個師団と思われる．これに対し兵力の優位を図るためには極東軍に加えてシベリア軍管区より二個師団，欧州より二個軍団及びカザニ軍管区より四個師団を派遣する．（一個軍は概ね二個師団分と考えることができる．）開戦当初は，日本軍は我が軍よりも約二倍で優勢だから攻勢をかけることが予想される．よって南満州や遼東で日本軍は作戦を実施し，ウラジオストックには牽制をかけるのみであると考えられる．主戦場は南満州や遼東半島であろうから，主力軍を遼東・海城附近に集中する必要がある．

これらの作戦計画に従った実際の交戦の経過を図 6.4 に示す．
　まず，第一軍が仁川上陸後，鴨緑江で交戦しその後北上した．第二軍も普蘭店へ上陸後，南山で会戦，北上した．次に第三軍が遼東半島に上陸し，金州を攻め，その後旅順を包囲する．最後に第四軍（当初は独立師団）が大孤山に上陸し，北上する．戦線が北に移っていくにつれ，各軍が合流し，大石橋会戦では第二・四軍が（但しこの時は第四軍ではなく，第五師団である），遼陽・沙河会戦では第一・二・四軍，奉天会戦では第一・二・三・四・鴨緑江軍が合同して戦った．
　史実にもとづくこれらの各地の戦闘のうち，以下では日本軍のデータがある程度そろっている会戦について，1 次則モデル・2 次則モデルの適合性を調べる．

6.2.2.2　モデルの適合性の検証

　第 3 章の Kisi[28] と同様の方法により，1 次則モデル／2 次則モデルの適合性を検討する．各会戦での日本軍の兵力を $J(t)$，ロシア軍の兵力を $R(t)$ で表す．撃破速度は 1 次則モデルでは r_1, j_1 と，2 次則モデルでは r_2, j_2 と表記する．このときそれぞれのモデルは次の連立微分方程式 (6.23),(6.24) で書くことができる．

$$\begin{cases} \dfrac{dJ(t)}{dt} = -r_1 R(t) J(t) \\ \dfrac{dR(t)}{dt} = -j_1 J(t) R(t) \ . \end{cases} \tag{6.23}$$

$$\begin{cases} \dfrac{dJ(t)}{dt} = -r_2 R(t) \\ \dfrac{dR(t)}{dt} = -j_2 J(t) \ . \end{cases} \tag{6.24}$$

6.2. 日露戦争の陸上戦闘での検証

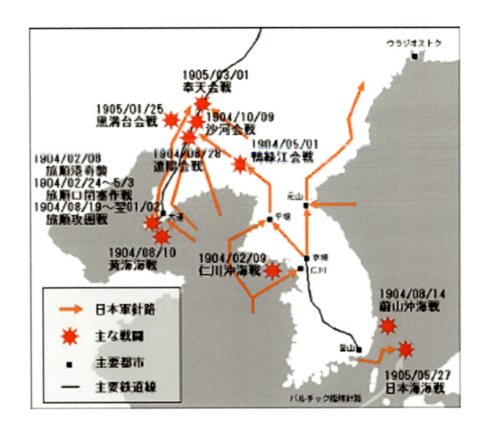

図 6.4: 日露戦争における主要会戦 (wikipedia[44])

各モデルの適合性 (当てはまりの良さ) を検討するために，以下の表 6.2 のデータを用いる．

表 6.2　各会戦における日露両軍の初期・最終兵力 [11]

会戦名 (i)	J_0(人)	J_E(人)	R_0(人)	R_E(人)
得利寺 (1)	33600	32455	41400	37837
遼　陽 (2)	134500	110967	224600	208710
沙　河 (3)	120800	100303	221500	180154
黒溝台 (4)	53800	44476	105000	93267
奉　天 (5)	249800	179772	309600	220177

日露両軍の会戦初日・最終日の兵力量を J_0, J_E, R_0, R_E とするとき，兵力損耗が 1 次則モデルに従うとすれば，$J_0 - J_E = \alpha_1(R_0 - R_E)$ が成り立つ．一方，2 次則モデルに従うとすれば，$J_0^2 - J_E^2 = \alpha_2(R_0^2 - R_E^2)$ が成り立つ．ただし $\alpha_1 = r_1/j_1, \alpha_2 = r_2/j_2$ である．各軍が使用する武器や戦闘能力は会戦間で大差はないと考えれば，j_1, r_1, j_2, r_2 も各会戦で同じ値をとり，α_1, α_2 は定数となることが期待される．兵力変化が 1 次則モデルに従うとして，$x_{1i} = J_0/(R_0 - R_E), y_{1i} = J_E/(R_0 - R_E)$ を，また 2 次則モデルに従うとして，$x_{2i} = J_0^2/(R_0^2 - R_E^2), y_{2i} = J_E^2/(R_0^2 - R_E^2)$ を計算する．その結果，次の表 6.3 の値が得られた．

表 6.3　各会戦 (i) での日露両軍の x, y 値

会戦名 (i)	x_{1i}	y_{1i}	x_{2i}	y_{2i}
得利寺 (1)	9.4303	9.1089	3.9988	3.7309
遼　陽 (2)	8.4644	6.9834	2.6274	1.7884
沙　河 (3)	2.9217	2.4259	0.8787	0.6058
黒溝台 (4)	4.5854	3.7907	1.2442	0.8503
奉　天 (5)	2.7935	2.0104	1.3172	0.6822

　これらの数値に基づく点 $(x_{1i}, y_{1i}), (x_{2i}, y_{2i})$ は，それぞれ 1 次則モデル，2 次則モデルに従うデータと仮定した場合に傾き 1 の直線付近にプロットされるはずであり，そうなることで，一連のデータが 1 次則あるいは 2 次則モデルに従うことが支持される．他方，データをプロットした結果が直線状にならないときや，直線に沿っていても傾きが大きく 1 から外れるときは，1 次則もしくは 2 次則モデルが当てはまらないと結論せざるを得ない．表 6.3 のデータをプロットすると，図 6.5, 図 6.6 の結果が得られる．図中の 1 次式は回帰直線の方程式である．いずれの回帰直線とも傾きが 1 に近い直線となり，これらの結果からは 1 次則モデルにも 2 次則モデルにも従っているように見える．より詳細な分析のために，両直線の傾きの統計量について t 検定を実施する．

　今，x, y とも確率変数として，表 6.3 の x_i と y_i とをその同時確率分布からの $n = 5$ 個の標本値とする．このとき，ある x の値の組 $\{x_1, x_2, \cdots, x_5\}$ に対して，繰り返し抽出される 5 個の標本 $\{y_1, y_2, \cdots, y_5\}$ は，母集団の回帰直線：$y = \beta x - \alpha_1$ の周辺で y_i は独立に同じ分散 σ^2 で正規分布に従って分布している．このとき，標本回帰直線の方程式を $y' = bx - a$ とすると，統計量

$$t = (b - \beta)\sqrt{(n-2)\sum(x_i - \bar{x})^2 / \sum(y_i - y'_i)^2} \tag{6.25}$$

は自由度 $(n-2)$ の t 分布に従う．ただし，$\bar{x}$ は x_i の平均である．これにより，回帰直線の傾きに関する仮定値の検定を実施できる．帰無仮説として $H_0: \beta = 1$ を仮定する．これはランチェスターモデルの 1 次則もしくは 2 次則の妥当性を支持するものである．

　表 6.3 の (x_{1i}, y_{1i}) の各データより，標本回帰直線の傾きは，$b = 0.9746$ となる．また，定数項 a は $a = 0.6319$ と計算できる．さらに最小 2 乗残差 S_0 は $S_0 = \sum(y_i - y'_i)^2 = 0.7575$ となる．これらの数値を $\beta = 1$ とした (6.25) に代入すると，$t = -0.3157$ となる．危険率 5％で自由度 $5 - 2 = 3$ のときの棄却域は，$\{t | |t| \geq 3.182\}$ となる．これより得られた t 値はこの棄却域に入らない．従って帰無仮説 H_0 は棄却されないので，交戦結果のデータが 1 次則モデルに従うことが支持される．

　次に 2 次則が成り立つとして (x_{2i}, y_{2i}) についても同様の計算を行うと，$b = 1.0011, a = 0.4839$ となり，(6.25) に代入して t 値を求めると，$t = 0.00996$ となる．これからも帰無仮説 H_0 が棄却されないことから，2 次則モデル適用の妥当性も同様に支持される．

　以上より，1 次則，2 次則モデルのどちらも棄却されないものの，2 次則モデルを仮定する方が，t 値がより 0 に近い．また，実際の日露戦争での戦闘態様を考えると，当時は歩兵戦闘が主体であり，各歩兵は敵の歩兵を 1 人ずつ狙って射撃していた．すなわち，射撃管制は完全にはされていないものの，ある程度発射可能な範囲内で照準射撃が実施されていた．こうした考察から，以下では 2 次則モデルに従う戦闘状況が，当時の交戦態様として，より適当と考え，日露陸戦分析のための基本モデルとして扱っていく．

6.2. 日露戦争の陸上戦闘での検証

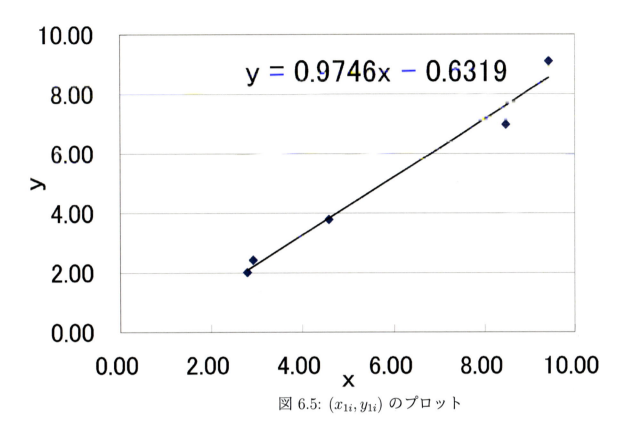

図 6.5: (x_{1i}, y_{1i}) のプロット

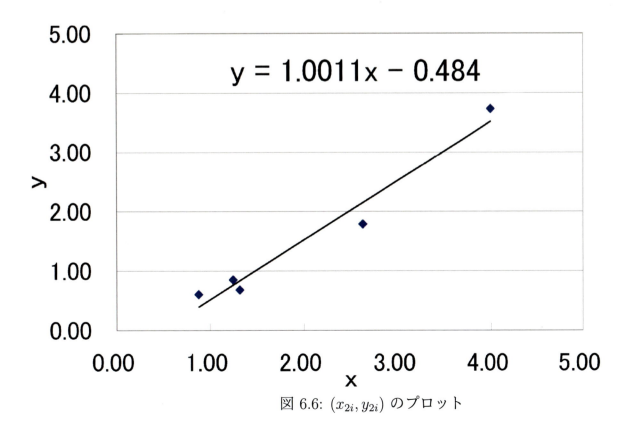

図 6.6: (x_{2i}, y_{2i}) のプロット

6.2.3 日露戦争陸戦モデルの定式化

　第2章でも概観したように，様々な兵種で構成される大規模混成部隊の損耗過程を分析するためには，兵種ごとに独立した微分方程式で記述する層別型モデルか，各武器に火力指数を設定しその数量と掛け合わせて合計し，軍全体を1つの換算火力で表現する合成型モデルのいずれかを利用する．以下では合成型モデルを用いた分析を行なう．まず，様々な武器を持つ兵種を合成する前段階として，当時の兵力運用から交戦態様を規定し，次に戦闘の激しさの変化をモデル化し，最終的な損耗モデル構築に反映させる．

6.2.3.1 兵力の運用方法

　当時の戦闘で用いられた兵力を担当武器ごとで分類すれば，小銃兵力・火砲兵力・機銃兵力に大別される．小銃兵力は歩兵・工兵・騎兵が相当し，火砲兵力は砲兵が相当，機銃兵力は機関砲兵が相当する．以下では，これらの兵力の用法について考察し，損耗モデルを構築する際の攻撃・被攻撃の対応関係を規定する．

- 小銃兵力は主として小銃により敵小銃兵力を照準射撃する．敵火砲や機銃など，勢力が勝る兵力に対しては照準射撃することはないと考える．

- 火砲兵力は軽砲や重砲などを用いて，敵が展開する地域一帯を狙って射撃する兵力と考える．合成型モデルでは歩兵数名分の火力を持ち，敵を照準攻撃している，と置き換えて扱う．火砲が火砲により攻撃を受ける可能性は否定できないが，一般的には火砲位置が秘匿されていたり，障害物により防護されていることが多く，また小銃や機銃の射程外に配置して運用するのが普通であることからも火砲自体が撃破され使用不能となる可能性は微小であると考える．

- 機銃兵力は機関砲を用い，射手が複数の敵を狙って射撃する兵力として考える．攻撃範囲はそれほど広くなく，かつ実戦時にはさらに攻撃範囲が狭まるので，火砲よりも少ない小銃兵力数名分の火力が照準射撃を実施すると設定する．また，機銃兵力と火砲とは距離が離れているため機銃により火砲を照準射撃することはないとする．さらに機銃どおしの交戦も当時は保有する絶対数が少なかったため生起しないと仮定する．

以上の交戦態様の考察を図示すれば，図6.7のようになる．

6.2.3.2 交戦の激しさの変化

　2次則モデルを適用するにあたり，当時の各会戦での戦況の変化について概観する．図6.8〜6.10に遼陽会戦，沙河会戦及び奉天会戦での日本軍の小銃兵力の死傷者数の推移を示す．
　前小節での交戦対応規定より，火砲兵力や機銃兵力での死傷者数は除外した．各図の死傷者数の推移から，当時の交戦状況下では，初日から最終日まで一様な激しさで戦闘が繰り広げられたわけではないことが推測される．同時に，全兵力が一度に投入されるのではなく，時間経過とともに次第に多くの兵力が投入され戦闘が激化し，会戦中盤ころにピークに達し，その後収束に向かうという傾向も推察される．これらの会戦が，いずれも数百人程度の規模の兵力間の戦闘ではなく，何万あるいは何十万もの兵が参加する戦闘であり，そのような大

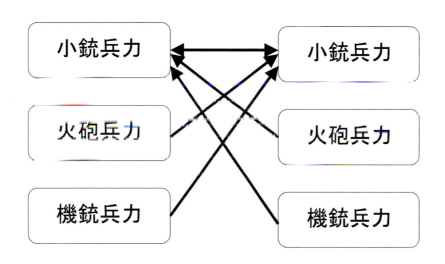

図 6.7: 各兵力間の交戦関係

規模兵力間の戦いでは先遣隊・本隊・後詰めと様々な役割の部隊が時間差で投入されることが一般的であるためである．当時の戦闘の決着は歩兵によってなされており，交戦の初期においては一部の部隊が敵の一部と接触し，その後，次第に広がり大規模な戦闘へと発展していくのが普通だった．ミサイル等により効率的に殺傷するという，現代のような戦術はこの時代にはまだ存在しない．

戦闘の激しさ，あるいは兵力投入の割合が変化する状況での損耗過程を分析するために，撃破速度が時間経過とともに変化するランチェスターモデルの構築を試みる．戦闘の激しさを表現する関数を $h(t)$ とするとき，J, R 軍双方の兵力損耗は 2 次則モデル (6.24) から，以下の連立微分方程式により記述される．r, j は合成火力の撃破速度である．

$$\begin{cases} \dfrac{dJ(t)}{dt} = -rh(t)R(t) \\ \dfrac{dR(t)}{dt} = -jh(t)J(t) \ . \end{cases} \tag{6.26}$$

$h(t)$ は図 6.8〜6.10 の会戦データをもとに，実際の死傷者数推移の平均をとるように簡単な 2 次関数により表現することを考え，以下の式を採用した．その際に，異なる会戦でも一括して使用できるようにするため，交戦期間の中央で最大値をとる設定とした．また，最大値 t_{max}，戦闘の激しさ $h(t)$ とも 1 で規格化している．図 6.11 に $h(t)$ の概形を示す．

$$h(t) = \begin{cases} \dfrac{64}{25 t_{max}^2} t^2 & (0 \le t \le \tfrac{5}{16} t_{max}) \ , \\[2mm] -\dfrac{64}{3 t_{max}^2} (t - \tfrac{1}{2} t_{max})^2 + 1 & (\tfrac{5}{16} t_{max} \le t \le \tfrac{11}{16} t_{max}) \ , \\[2mm] \dfrac{64}{25 t_{max}^2} (t - t_{max})^2 & (\tfrac{11}{16} t_{max} \le t < t_{max}) \ . \end{cases} \tag{6.27}$$

122　　第6章　一般化モデルへの拡張

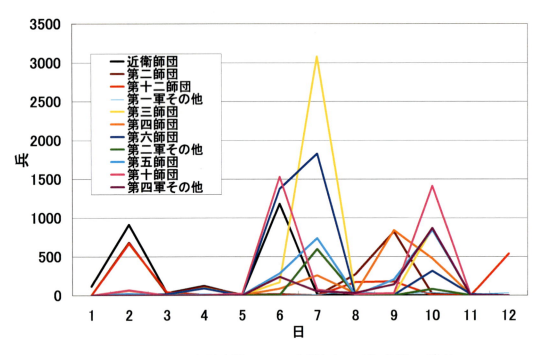

図 6.8: 遼陽会戦での日本陸軍の死傷者数の推移

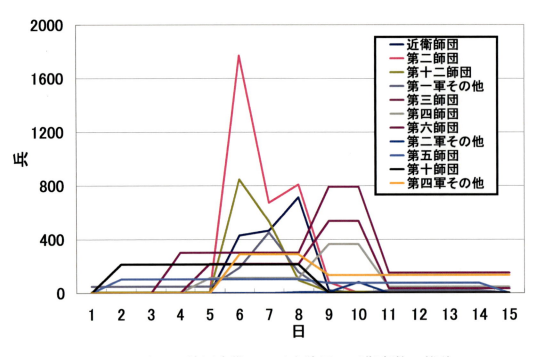

図 6.9: 沙河会戦での日本陸軍の死傷者数の推移

6.2. 日露戦争の陸上戦闘での検証

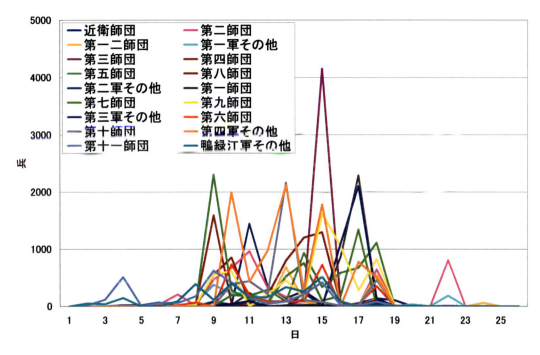

図 6.10: 奉天会戦での日本陸軍の死傷者数の推移

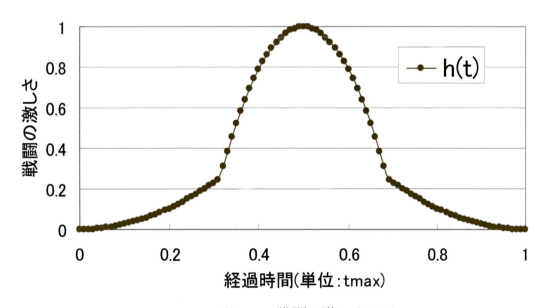

図 6.11: 戦闘の激しさ $h(t)$

　本来は会戦毎に $h(t)$ を違う関数形で設定したほうが，より正確な分析を行なえることが期待されるが，以下で扱う各会戦が全て同じ時期に行われており，戦闘方法や使用する武器に大差がなく戦闘の進め方も同等とみなせることから，戦闘が激しくなっていく速度や収束する速度に大差がないと考えた．また，戦術や要塞戦，天候・地形といった要素は撃破速度 r, j に反映させ，戦闘の激しさ $h(t)$ には影響しないと考えて，以下，モデル化を試みる．

6.2.3.3　日露戦争陸上会戦モデル

前小節で設定した激しさの関数 $h(t)$ を利用し，日露双方の当時の武器の性能を加味して合成型モデル (6.26) の具体的な表記を試みる．まず，小銃兵力・火砲兵力・機銃兵力の各 1 単位の性能 (火力指数) を決定する．日露双方とも，所有する小銃の性能を 1 とし，両軍が使用した火砲や機銃の性能を考慮して各武器の火力指数を決定した．結果は表 6.4 の値となった．

表 6.4　日露両軍の換算火力指数

武器名	兵力	火力指数
明治三十年式歩兵銃	小銃	1
三一年式野砲・山砲	火砲	70
一二糎加農砲・榴弾砲	火砲	150
二八糎榴弾砲	火砲	380
ホチキス機関砲	機銃	80
1891 年式リーニヤ小銃	小銃	1
1900 年式野砲・1893 年式山砲	火砲	80
マキシム機関砲	機銃	120

次にこれらの指数を用いて J, R 軍それぞれの火力を統合し，損耗を表現する微分方程式を導く．日本軍について小銃兵力を $J_I(t)$，火砲兵力を J_A，機銃兵力を J_M とし，火砲火力指数を J_{art}，機銃火力指数を J_{mac} とする．ロシア軍についても同様に $R_I(t), R_A, R_M$ および R_{art}, R_{mac} を定義する．また，各軍の合成火力の撃破速度をそれぞれ j, r とする．

日本，ロシアとも損耗を受けるのは小銃兵力 $J_I(t), R_I(t)$ のみであり，これらの兵力は **6.2.3.1** 節での考察より照準射撃により減殺されていく．一方，火砲兵力と機銃兵力を時間によらない定数としたのも，**6.2.3.1** 節での考察から，これらの武器数の損失を微小としたためである．これらの武器を運用する兵士数は時間とともに一般には減少するであろうが，運用が簡単なため，補充される兵士によりそれらの機能は会戦中維持されるとする．以上の設定により，日露陸上会戦モデルを次の連立微分方程式で記述する．

$$\begin{cases} \dfrac{dJ_I(t)}{dt} = -rh(t)\{R_I(t) + R_{art}R_A + R_{mac}R_M\} \\ \dfrac{dR_I(t)}{dt} = -jh(t)\{J_I(t) + J_{art}J_A + J_{mac}J_M\} \end{cases} \quad (6.28)$$

ここでさらに，小銃兵力以外の兵力を統合して，$J_{AM} = (J_{art}J_A) + (J_{mac}J_M)$, $R_{AM} = (R_{art}R_A) + (R_{mac}R_M)$ と書きなおし，**6.2.1** 節を参照してこの連立微分方程式を解けば，各軍 (小銃) 兵力の時間解は次の式で表すことができる．

$$J_I(t) = (J_I(0) + J_{AM})\cosh\theta(t) + (R_I(0) + R_{AM})\sqrt{\frac{r}{j}}\sinh\theta(t) - J_{AM}, \quad (6.29)$$

$$R_I(t) = (R_I(0) + R_{AM})\cosh\theta(t) + (J_I(0) + J_{AM})\sqrt{\frac{j}{r}}\sinh\theta(t) - R_{AM}. \quad (6.30)$$

(ただし, $\theta(t) = -\sqrt{jr}\int_0^t h(t')dt'$.)

6.2. 日露戦争の陸上戦闘での検証 125

(6.29) を用いて，日本軍の交戦開始後の各時点での残存兵力量の計算を試みようとする場合，実データは交戦記録 [36, 37] より入手でき，(6.29) から計算される値との比較が可能である．換算火力指数並びに関数 $h(t)$ も表 6.4 や (6.27) を用いればよい．しかし，撃破速度 j, r が確定していないため，(6.29)，あるいは (6.30) から両軍の各時点の損耗を計算することはできない．次節での史実との照合を行う際の計算では，これらの値を決定するために，交戦中の日本軍の各日の実際の死傷者数とモデルから計算される死傷者数との差を最小にするように会戦ごとで j, r の値を決定する [33, 34]．すなわち，(6.29) から計算される算出死傷者数で，j, r の値を変化させながら，以下の (6.31) を最小とするパラメータ値 j, r を適当な精度で決定する．ロシア軍に関しては，会戦開始時の兵力と終戦時の兵力のみしか史料 [11] から入手できていないが，$R_I(0)$ が判っているので (6.29) は計算可能である．

$$SSR(j,r) = \sum_{t=\text{会戦開始日}}^{\text{会戦終了日}} (\text{実死傷者数}(t) - \text{算出死傷者数}(t; j, r))^2. \tag{6.31}$$

会戦ごとに決定されるパラメータの組 (j, r) を再度 (6.29),(6.30) に代入して得られる，実際の日本軍の死傷者数との比較結果，及びロシア軍の兵力損耗推移を，以下，いくつかの会戦で考察していく．

6.2.4 史実との照合

前小節で構成した日露陸上会戦モデルをいくつかの会戦に適用し，モデルの適用可能性，計算結果の妥当性について考察する．表 6.5 に主な会戦での交戦記録を示す．

表 6.5 各会戦における投入兵力 (小銃・機関砲・火砲) と損害
(上段：日本軍，下段：ロシア軍)
単位：小銃・損害は (人)，機関砲・火砲は (門)

会戦 (期間)	小銃	機関砲	火砲	損害
得利寺 (1)	33,600	6	162	1,145
	41,400	0	108	3,563
遼陽 (12)	134,500	6	474	23,533
	224,600	20	653	15,890
沙河 (15)	120,800	12	488	16,936
	221,600	32	750	41,346
黒溝台 (4)	53,800	12	160	9,324
	105,000	?	428	11,743
奉天 (26)	249,800	268	992	70,028
	309,600	56	1,219	89,423

上記の会戦のうちの短期間のものを除き，以下では，遼陽，沙河，奉天の各会戦について，実際の兵力損耗と計算される兵力推移とを比較し，考察を加える．

6.2.4.1 遼陽会戦

日露戦史 [11] によれば，遼陽会戦の戦闘期間は12日間で，両軍の換算兵力は表6.6のとおりとなる．

表6.6 遼陽会戦の日露両軍の換算兵力

	兵力	投入数	火力指数	換算兵力
日本	小銃	134500	1	134500
	軽砲	406	70	28420
	重砲	68	150	10200
	機関砲	6	80	480
ロシア	小銃	224600	1	224600
	砲	653	80	52240
	機関砲	20	120	2400

本会戦に参加した兵力は日本軍の方がかなり少なく，損害も日本軍が多かった(表6.5参照；日本軍：23,533人，ロシア軍：15,890人)．これはロシア軍が要塞化した陣地で戦ったためであり，日本軍は苦戦した．以下で検討する2つの会戦に比べれば，損害は甚大なものとなっている．しかし終戦時の損害比は会戦開始時の兵力比ほど大きくなく，日本軍が善戦したことがうかがえる．(6.31)を最小にする両軍の撃破速度 (j, r) の値を小数点以下5桁まで求めると $j = 0.02419, r = 0.02135$ となった．これより，日本軍の方が総合的に約1.13倍戦闘能力が高かったことが推察される．この (j, r) の値から計算される日本軍の兵力推移と実際の値を図6.12に示す．

この図において，実測値と計算値との差が最も大きな日は8日目で5%あるが，交戦期間全体で平均すると1.7%しか差がないことがわかった．このような差異が生じる理由として，実際の会戦では日本軍が師団を2個梯隊に分けて攻撃していたために，死傷者数のピークが2つの山に大きく分かれるにもかかわらず，$h(t)$ では単峰性の関数型を仮定しているためであると考える．それでも最大5%差の範囲に収まっていることから，本モデルが実際の損耗過程をよく描写していると言ってよいだろう．

図6.13は(6.30)より推定されるロシア軍の兵力推移を示したものである．開戦時と終戦時のロシア軍兵力のみ既知であり，表6.5よりそれぞれ，224600名，208710名と求められる．(6.30)からは終戦時兵力が208932名と計算され，ほぼ一致する値が得られている．

6.2. 日露戦争の陸上戦闘での検証

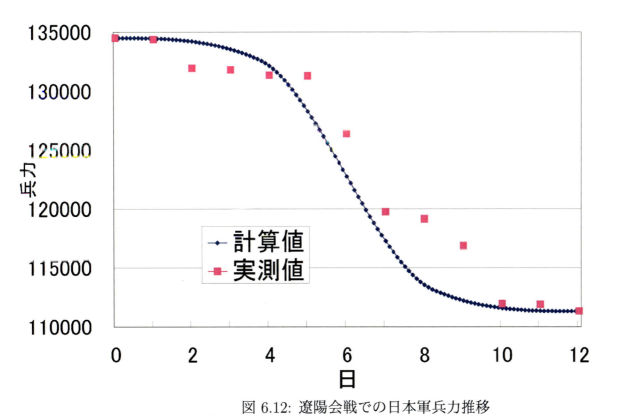

図 6.12: 遼陽会戦での日本軍兵力推移

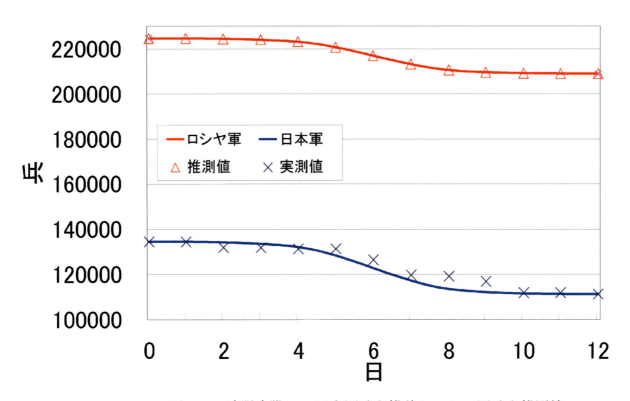

図 6.13: 遼陽会戦での日本軍兵力推移とロシア軍兵力推測値

6.2.4.2 沙河会戦

沙河会戦の戦闘期間は 15 日間で，両軍の換算兵力量は表 6.7 のとおりとなる．

表 6.7　沙河会戦の日露両軍の投入兵力

	兵力	投入数	火力指数	換算兵力
日本	小銃	120800	1	120800
	軽砲	426	70	29820
	機関砲	12	80	960
ロシア	小銃	221600	1	221600
	砲	750	80	60000
	機関砲	32	120	3840

沙河会戦においては，日本軍はロシア軍よりも寡兵であるにも関わらず損害は少ない．これより日本軍の方がロシア軍よりも撃破率が大きいことが予想される．実際 6.2.4.1 節と同様の方法で (j,r) の値を推定すると，$j=0.05848, r=0.01475$ となり，日本軍の方が総合力で，実に 3.96 倍もの戦闘能力を発揮したことになる．この (j,r) の値から計算される日本軍の兵力推移と実際の値を図 6.14 に示す．

図 6.12 の遼陽会戦での計算例よりもさらに実測値と計算値との差が小さくなり，最も大きな差があるときでも，6 日目の約 2%しかない．沙河会戦では野戦が主な戦闘形態であり，参加した各師団ともほぼ均一な損害を出している．また，師団によっては数日分の損害がまとめて記述されている場合もあり，その際はそれらの期間で損害を等分した．これらの状況を加味すれば，遼陽会戦に比較し，単峰形の損傷パターンへの当てはまりがよいことが期待される．これらのことから，図 6.14 のようなモデルへの当てはまりがきわめてよい結果が得られたと考える．

図 6.15 は交戦期間のロシア軍の兵力量の推定値を計算したものである．この例でも会戦最終日のロシア軍兵力の計算値 (180204 名) は実測値 (180254 名) とほぼ一致している．本会戦においては日本軍の撃破速度が 4 倍近いため，2 週間程度の交戦期間でもロシア軍の兵力損耗は甚大であり，兵力差が大幅に縮小していることが曲線から見て取れる．

6.2. 日露戦争の陸上戦闘での検証

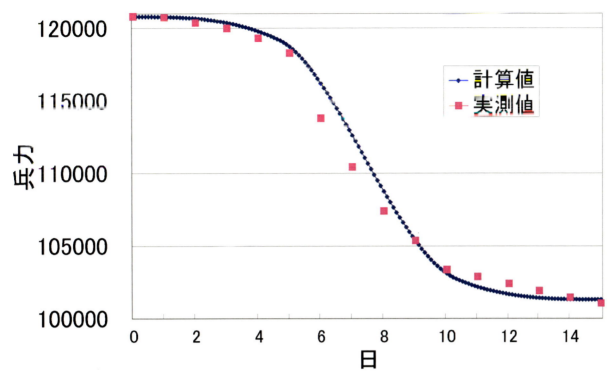

図 6.14: 沙河会戦での日本軍兵力推移

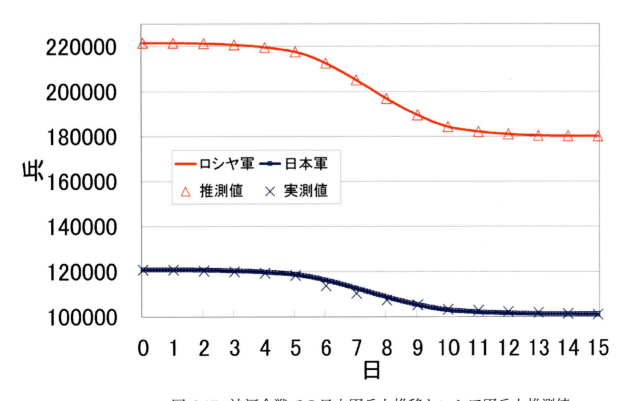

図 6.15: 沙河会戦での日本軍兵力推移とロシア軍兵力推測値

6.2.4.3 奉天会戦

奉天会戦は日露戦争における最後にして最大の会戦である．両軍合わせて約60万もの兵が参加した一大会戦であり，日本軍は兵数で劣りながらも，敢えて包囲戦を敢行した．会戦の後半でロシア軍は奉天を放棄・後退し，日本軍は最終的に奉天に入城を果たすことで日露戦争での陸上戦の勝利を決定づけた．

奉天会戦の戦闘期間は26日間であり，両軍の投入実兵力と換算兵力は表6.8の値となる．

表6.8 奉天会戦の日露両軍の兵力

	兵力	投入数	火力指数	換算兵力
日本	小銃	249800	1	249800
	軽砲	776	70	54320
	重砲	234	150	35100
	超重砲	6	380	2280
	機関砲	268	80	21440
ロシア	小銃	309600	1	309600
	砲	1219	80	97520
	機関砲	56	120	6720

奉天会戦においてもこれまでの会戦と同様，ロシア軍に比し日本軍は寡兵であるが損害は少ない．これは撃破速度が，$j = 0.03138, r = 0.02069$ と日本軍の方が1.52倍大きな結果となるためである．沙河会戦に比べて戦闘能力比が小さいために，勝負がつくまでに長期間を要したと考えられる．また，双方の兵力規模が大きいために継戦能力が高かったことも，会戦期間の長期化に作用した原因と考えられる．これらの撃破速度から計算される日本軍の兵力推移と実際の兵力を図6.16に示す．

さらに兵力規模が増大したこともあり，図6.16ではこれまでで最も実測値と計算値との相対的な差が小さいように見える．差が最大となるのは14日目で2.7%であり，全会戦期間で平均すれば，わずか0.7%の差しかなく，極めて正確に見積もられている結果となることは驚異的である．

図6.17は交戦期間のロシア軍の推定兵力推移を計算したものである．このケースでもモデルから計算される会戦最終日のロシア軍の兵力(220222名)は実測値(220177名)とほぼ一致している．日本軍の撃破速度比は約1.5倍で，沙河会戦の約4倍に比べると大きくはないが，交戦期間が倍近い(15日→26日)ために，ロシア軍は当初兵力を大幅に減少させていることがわかる．

以上，日露戦争における交戦期間が比較的長い3つの陸上会戦について，提案するモデルを適用し，会戦期間中の実際の兵力とモデルから得られる兵力とを比較検討した．いずれの計算例においても，日本軍兵力についてのみであるが，実測値と提案するモデルから計算される値が極めて近い結果となっており，提案モデルにより実戦での損耗が極めて正確に再現されていることを確認できた．

6.2. 日露戦争の陸上戦闘での検証

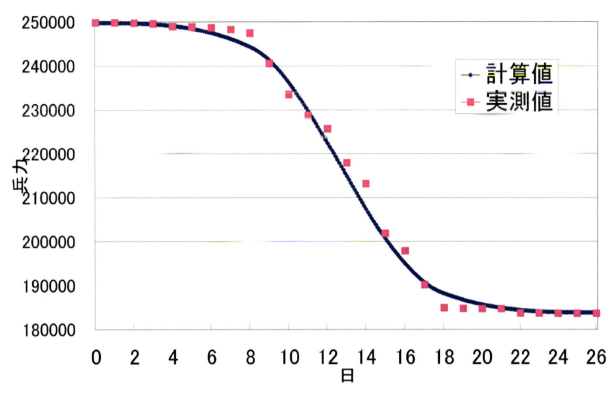

図 6.16: 奉天会戦での日本軍兵力推移

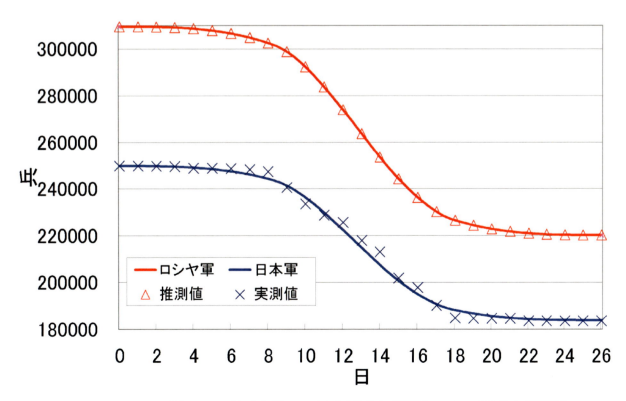

図 6.17: 奉天会戦での日本軍兵力推移とロシア軍兵力推測値

6.2.5 おわりに

本節では日露戦争での陸上会戦について実際に使用された武器や戦闘形態を分析することにより損耗過程を記述するモデルを構築し，実測値と計算値とを比較・分析した．分析結果から明らかになったこととそれぞれの問題点をまとめれば，以下のとおりとなる．

1. GLM の応用として，日露双方の兵力損耗過程を合成型のモデルにより記述することを考えたが，それに先立ち，まず，兵力全体の損耗過程が，1次則モデルと2次則モデルのどちらに，より当てはまりがよいかを統計的検定により検討した．その結果，いずれのモデルとも適合性は否定されなかったが，実際の戦況をイメージして，2次則モデルにより分析することを決定した．史実との照合結果から，2次則モデルによる分析はかなり成功したといえるが，1次則モデルにより交戦過程をうまく説明できる可能性も否定できない．この点に関しては，1次則モデルによる分析も検討すべきであろう．

2. 日露両軍の小銃・火砲・機関砲兵力を火力指数により合成兵力としたモデルを構築し，比較的長期の3会戦に適用・分析し，史実に極めてよく一致する結果を得た．日露双方とも大小さまざまな武器が会戦に参加しており，これらの換算係数 (火力指数) は，武器の性能値や戦史の記述を参考に決定したが，ある程度は主観的な要素が含まれていることも事実である．予備的な検討として，上記の設定値から，仮に日本軍の砲の火力指数のみを過大 (2倍)・過小 (1/2倍) 評価して計算してみたところ，日本側の死傷者数は各会戦とも1％以内で減少・増加すること，他方ロシア側の最終死傷者数は1％程度から10％以上にまで増加・減少することが確認された．特に会戦期間が長い奉天会戦では，過大評価すると死傷者数が30000人程度増加し，一方，過小評価した場合は15000人程度減少する結果が得られ，いずれも実測値からの乖離が大きくなる．火力指数の決定に際しては，できるだけ客観的な基準により決定できるような，さらなる改善や根拠付けが必要であろう．

3. 3会戦にのみ適用した結果ではあるが，日本陸軍が諸会戦において善戦している様子を垣間見ることができた．これらは，計算された撃破速度値を見ても明らかである．さらに，史料をひもといて実際の戦況と兵力損耗過程とを照らし合わせて考えてみても，かなりよく戦い抜けたことが確認できた．当時の日本陸軍の士気の高さや各会戦での戦術選択の正しさがもたらした結果ということができよう．

4. 本検討ではロシア軍の日々の兵力損耗を示す史料を入手できなかったが，日本軍の兵力損耗とパラメータ推定法により撃破速度 j, r を決定し，ロシア側の日々の兵力損耗を推定することができた．会戦終了時のロシア側の兵力のみ把握できていたが，この最終兵力数にほぼ一致する結果が計算できていることから，会戦期間中の日々の兵力損耗も本モデルにより極めて正確に推定できているものと思われる．モデルの精度を確認する意味でもロシア側の日々の兵力損耗データの入手が望まれる．

今回の検討では日露戦争陸戦に一般化モデルを適用し分析を行ったが，このモデルは同時代に生起した他の戦闘，具体的には，日清戦争や第1次世界大戦での諸会戦にも適用できることが予想される．また，第2次世界大戦でも上海会戦や香港攻略戦，マレー攻略戦，バルジ会戦やハリコフ会戦といった陸戦には，本モデルの適用が可能と思われる．これらの会戦

6.2. 日露戦争の陸上戦闘での検証

では，戦車や航空機など機動力のある兵器が投入されているものの，塹壕戦や要塞戦ではなく，野戦軍どうしの戦闘という点で一致しているからである．

ただし，さらに新しい時代の，より長射程化した兵器が参加してくるような大規模交戦では，各部隊の任務が明確に区分され，システム化された部隊構成・運用となるために，全兵力を換算して合成するようなモデルの適用による実証分析は，慎むべきであると考える．合成することで，かえって現実の任務別構成から乖離してしまい，不適切な分析結果を導いてしまう可能性が大きいと考えるからである．新しい時代の兵力損耗には，新たな損耗分析の考え方や手法の導入が必要であろう．

第7章　ピカソモデルの試み

　戦闘が継続されて行く中で，兵力の追加投入やロジスティクスサポートが無い限り，戦況が次第に悪化して行くことが普遍的な原理であろうことは，第5章でも触れたとおりである．混沌とする戦闘状況でのランチェスターモデルの描写力を高めて，実際の戦闘様相を正確に表現するための努力として，戦闘環境に即したROEやコミュニケーション機能を反映させた撃破速度表現の工夫を第5章で紹介した．また，第6章では，損耗データの説明を優先する目的で，長い期間，整数ベキに固執してきた兵力依存性の考えから脱却し，兵力に掛かるベキ数を非整数まで緩和して推定する，一般化モデルについても紹介した．

　本章の基本的な思想もこれまでの章と同様で，戦闘状況の変化に，より忠実に追随するようにモデルを構築していくことを目指すものである．以下では，第5章で示した撃破速度の精緻な表現や第6章で示した兵力の非整数次依存性ではなく，モデルの構造そのものが，時間経過に呼応して，より正確には，戦闘機能の劣化に伴って変化していくことを考える．

　まず，正確ではないことを承知の上で，ご容赦いただきたいが，現代戦闘において，戦闘開始からの時間経過の中で使用されていく武器の順序のイメージを図7.1に示す．この図の例では陸上戦闘で使用される武器で代表させて示した．以下で提案するモデルは陸上戦闘に限らないが，陸上戦闘で使用される武器がもっとも多様であると思われることから，例示させて頂いた．この図に用いた写真は，図を作成した2011年当時の防衛省のWebページに掲載されていたものを主に利用させて頂いている．実際の戦闘では図に掲載したすべての武器が使用されることはないと思われる．また，この図に示した以外にも多種多様な武器が用いられると思われる．これらを承知の上で，説明のために掲載させて頂いた．

　戦闘においては，時代を問わず，開戦当初にできるだけの打撃を投入することが肝要である．そのためには，自軍攻撃兵力の損耗を抑制するための防御機能があれば最大限に活用しつつ，敵の主要装備・兵力・インフラなどを徹底的に撃破する努力が必要である．現代のシステム化された兵力で構成される戦闘部隊では，広範な偵察機能で情報収集し，通信機能により情報交換し，攻撃目標ごとに最善の攻撃兵器を割り当て，あるいは防御兵力で攻撃部隊を防御しつつ，一気に攻撃を開始するであろう．

　すなわち戦闘の序盤では，より広範囲で偵察・情報交換・通信機能を発揮・維持し，より長距離な位置からアウトレンジな精密攻撃を実施し，自軍の防御機能も発揮できている状況からスタートするはずである．戦闘が進む中盤では，自軍・敵軍の攻撃・防御の烈度が増大するために，攻撃・防御機能の一部あるいは全部が少しずつ失われていき，それらの機能が急速に劣化していく．さらに，終盤では，異なった機能を持つシステム化部隊間に，いわゆる"戦場の霧"が発生する．各部隊の連携が破綻し，孤立しはじめ，見えず，弾も尽きがちになり，携帯式ミサイルや迫撃砲や機関銃，小銃や拳銃などの基本的な装備しか運用できなくなっていくだろう．

　継戦機能の劣化に沿いながら適用できそうなランチェスターモデルは，第5章のはじめの撃破速度表現の問題点でも見たように，3次則モデル→2次則モデル→1次則モデルと変化

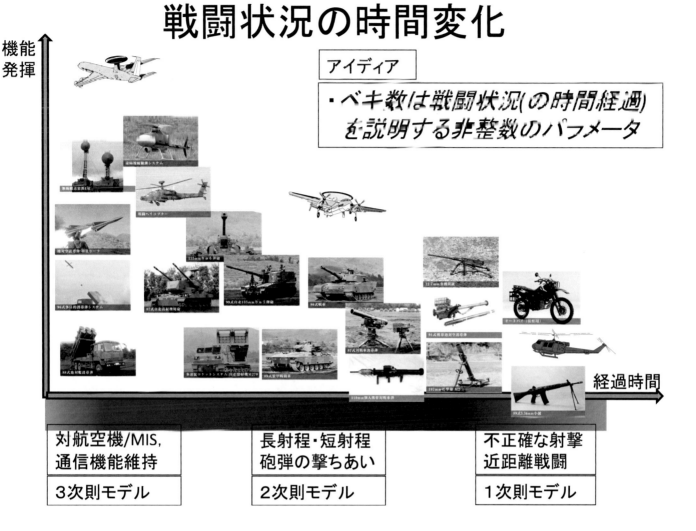

図 7.1: 戦闘経過に応じて投入される装備品の変化

して行くと考えられる．戦域レベルの，あるいは，個別部隊での防御機能は次第に失われていく．偵察部隊やセンサによる敵情報の取得や交換は次第に途絶えがちとなり，戦場に"霧"がかかり始める．そうすると，防空機能の傘下にいて，個別目標ごとに直接火力投射する照準射撃態勢から，防空されずに敵からの攻撃におびえつつ，地域的な広がりの中に盲目的に撃ち込む間接射撃傾向へと防御・射撃機能が劣化して行く．

こうした防御能力・攻撃能力の連続的な劣化をランチェスターモデルそのもので表現できないか？というアイディアをもとに検討を試みるモデルが，本章のタイトルにもつけた「ピカソモデル」である．以下では，偵察部隊やセンサなどによる目標情報取得機能や通信機能が劣化することと，攻撃・防御能力が低下することを連動させて評価するモデルを提案し，機能が劣化していくなかで，戦闘損耗がどのように変化していくかを簡単な数値例をとおして考察する．

7.1 ベキ数の意味づけ

これまでに示した基本モデルをB軍について3次，2次，1次則モデルの順に並べて示す．(R軍についてもそれぞれ対称的な表現なので省略する．)

$$\frac{dB}{dt}=-r_3\frac{R}{B}=-r_3R^1B^{-1} \rightarrow \frac{dB}{dt}=-r_2R=-r_2R^1B^0 \rightarrow \frac{dB}{dt}=-r_1RB=-r_1R^1B^1 . \quad (7.1)$$

この並びから明らかなように，式の右辺の自軍(B)兵力にかかるベキ数は，$-1 \rightarrow 0 \rightarrow 1$と変化して行く．すなわち，式の表現だけで見れば，自軍の兵力が存在することで，敵の攻撃を薄める(自軍の兵力に反比例させる)状況(ベキ数$=-1$)から，自軍兵力には無関係で，もっぱら敵の兵力数のみにより効果が及ぼされる状況(ベキ数$=0$)，そして最後には自軍兵力が存在することで，かえってダメージを増幅してしまう困った状況(ベキ数$=1$)へと移ろっていく傾向が，ベキ数の変化で表現されていることがわかる．もちろん撃破速度 r_i を構成する概念がモデルごとで異なることは第5章でも見たとおりである．ベキ数のみに注目して第6章で議論した非整数を許容する発想をこの状況に取り込めば，**戦闘条件の悪化とともに，自軍(ここではB)にかかるベキ数が$-1 \rightarrow 0 \rightarrow 1$へと，連続的に移ろっていく，すなわち，自軍ベキ数が，(情報機能も含めた)攻撃能力の質の低下を反映しているパラメータとして認識**してはどうだろうか．このことを意識して，以下では，現代のシステム化された部隊構成を念頭におき，自軍主力部隊が損耗する要因を自軍の偵察・通信機能の劣化でとらえて，その機能の低下が主力部隊のベキ数の変化として表現されるモデルを検討する．こうした仮定の上で，偵察部隊と攻撃主力部隊に加えて，防空部隊も存在する3つの機能からなる部隊構成のB軍，R軍が交戦する層別型モデルを設定し，分析を行う．

7.2 偵察部隊と打撃部隊と防空部隊で構成される層別型モデル

7.2.1 はじめに

前節で考察したように，偵察・情報機能は現代のシステム化された部隊構成において重要な要素である．特に近年の陸上戦闘においては情報部隊の優劣が戦況に重大な影響を与えることは，大規模な機動打撃部隊が運用された湾岸戦争，イラク戦争等の例から見ても明らかである．また，海上や空中での戦闘においては，建築物や地形による遮蔽効果が期待できないために，情報収集機能や攻撃機能のほかに防御機能を保有することが通常の運用形態である．具体的には前方で情報収集に努める哨戒機には早期警戒機を飛ばして常に警戒態勢で臨んだり，海上に展開する艦隊では，LINK／イージスシステムにより艦隊全体の防空体制を担保している．

このような軍事科学技術の進歩や運用方法の改善は，これまでの不鮮明で不明確だった，"霧"のかかった戦場から，霧が晴れて戦域全体を見渡せる戦闘環境の実現を可能にしようとしている．図7.2に示すように現代の戦場には無人偵察機や高性能な情報収集装備等が導入されはじめ，以前にも増して，より大量で，より正確な情報収集が可能となり，取得した情報をネットワークで連接した各部隊が適切に利用可能となりつつある．

実際の運用形態を考えれば，情報収集機能が低下することで，具体例を挙げるならば，対空レーダー機能が損なわれることで，防空迎撃態勢に深刻な影響が及ぶことは自明である．情報機能の低下が，エリア防空機能の低下に直接的に影響するのである．このような部隊間

7.2. 偵察部隊と打撃部隊と防空部隊で構成される層別型モデル

図 7.2: 戦場における偵察・通信能力の向上 [1]

の相互依存性を勘案して，以下では本節のタイトルに並べた 3 兵種により構成される部隊どおしの交戦をモデル化し，分析する [46]．

7.2.2 モデルの構築

以下で扱う戦闘状況は，図 7.3 でイメージするような 3 兵種で構成される大規模な B 軍，R 軍間の戦闘である．B 軍，R 軍は自軍の打撃部隊と偵察部隊により相手軍を攻撃する．その際，敵軍の周辺では自軍の偵察部隊が情報収集を行い，個々の戦闘単位の正確な位置情報などを自軍の打撃・防空部隊に伝達する．また，それぞれの打撃部隊には防空ミサイルによる防空能力が備わっているが，防空機能が不完全であったり，攻撃による損耗のため防空網に間隙が生じ，防空カバーに入らない攻撃部隊も次第に増加する．このような交戦イメージを記述するために，情報能力と打撃能力，防空能力を独立して扱う層別モデルを構築する．以下にモデルの前提と使用するパラメータの定義をまとめる．

- B, R 軍双方の兵力を連続量として扱う．交戦開始後は途中で兵力の補充や転換はなく，初期兵力が交戦により損耗していく．B, R 両軍の全戦闘単位とも攻撃可能な射程内にあり，均等に被害を受ける．

- 敵部隊の上空・周辺で攻撃に必要な情報を収集する B 軍の偵察部隊を $B_s = B_s(t)$，R 軍の部隊を $R_s = R_s(t)$ とする．この部隊は情報収集が主目的であるため，攻撃能力はないものとする．

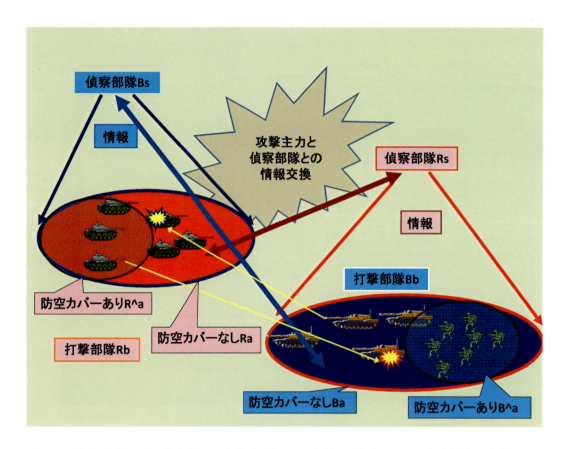

図 7.3: 偵察部隊と打撃部隊，防空部隊の 3 兵種で構成される部隊間の交戦イメージ

- B，R 軍それぞれの打撃部隊の全兵力を $B_b = B_b(t), R_b = R_b(t)$ とする．以下では表記の簡略化のために必要なとき以外は時間の関数であることを明示的に示さない．

- 打撃部隊の中でも防空カバーの及ぶ部隊と及ばない部隊がある．B 軍の防空カバー下にある打撃部隊を $\hat{B}_a = \hat{B}_a(t)$，防空カバー下にない打撃部隊を $B_a = B_a(t)$ とし，R 軍についても，同様に $\hat{R}_a = \hat{R}_a(t)$，$R_a = R_a(t)$ とする．$(B_b = \hat{B}_a + B_a, R_b = \hat{R}_a + R_a)$

- 偵察部隊 B_s, R_s は敵主力部隊の位置情報や保有兵器の種類，隠・掩蔽状態などの敵部隊情報を機動部隊 B_b, R_b へ伝達するため攻撃能力に影響する．また，B_s, R_s の残存性は味方主力部隊への敵部隊の情報 (敵部隊からの攻撃方法，使用武器など) の伝達量を左右するので，B_b, R_b の残存性に影響する．B_s, R_s の得た情報は全て B_b, R_b に伝達され妨害等は行われないとする．B,R 軍それぞれで偵察部隊が各攻撃主力部隊に影響する寄与度は必ずしも等しくないとする．

- B 軍偵察部隊が攻撃を受けるときの撃破速度を K_1，B 軍打撃部隊 (防空カバーなし) では K_2，B 軍打撃部隊 (防空カバーあり) では K_3，R 軍偵察部隊では K_4，R 軍打撃部隊 (防空カバーなし) では K_5，R 軍打撃部隊 (防空カバーあり) では K_6 とする．いずれも正値を仮定する．

以上の前提に基づいて，定式化を行う．B 軍で損耗モデルを記述していくが，対称性ゆえ，R 軍も同様の損耗方程式となる．

7.2. 偵察部隊と打撃部隊と防空部隊で構成される層別型モデル

まず B 軍の偵察部隊の損耗方程式を考える．偵察部隊は敵軍の近傍での情報収集が主任務であるため，攻撃能力は脆弱であり，敵の集中砲火を浴びるような交戦状況となる．これより 2 次則型の損耗を仮定する．

$$\frac{dB_s(t)}{dt} = -K_1 R_b(t) . \tag{7.2}$$

次に，防空カバー下にない B 軍打撃部隊 B_a は交戦開始時，上述したように R 軍の偵察部隊に自軍の戦力の配備状況等を偵察され R 軍機動部隊より精密に射撃される．よって損耗過程は 2 次則型である．ただし，戦闘時間の経過とともに，敵偵察部隊は次第に撃破され，敵からの射撃精度が低下していくため 1 次則型の損耗過程へと移行する．よって，防空カバー下にない B_a は 2 次則型から 1 次則型へと移行するような損耗方程式を考えて次式で記述する．

$$\frac{dB_a(t)}{dt} = -K_2 R_b(t) B_a(t)^{(B_{s0}-B_s(t))/B_{s0}} . \tag{7.3}$$

この式で特徴的なことは，右辺の指数部分を，自軍 (=B) 偵察部隊 B_s の被害状況の規格化したダメージで表して，0 から 1 まで変化させることである．図 7.3 のイメージから自然に考えれば，敵 (=R) 軍の偵察部隊 R_s が損耗することで，R 軍情報機能の劣化により B 軍打撃部隊の損耗状況も 2 → 1 次則へと変化させたい，すなわち，dB_a/dt に R_s の損耗具合を絡ませたいところである．しかし，一般に兵力量 $B_a > 1$ を想定しており，仮に (7.3) のベキ部分を $(R_{s0} - R_s(t))/R_{s0}$ とすれば，すべての時刻 t で $R_s(t) = 0$ とした方が右辺で示す単位時間ごとの B 軍の損耗を最大化できるので，R 軍にとって都合が良いことになってしまう．これは R 軍が偵察兵力を運用しない方が，敵 (= B) の損耗増大に寄与することを意味しており，運用面から考えて，おかしな現象が生じてしまう．また，(7.3) のベキ部分は，7.1 節で考察したように，自軍 (=B) 部隊 B_s の損傷具合を表現する量であり，B_s の機能を改善して，秘匿性を向上させたり防御機能を付加したりと，自ら制御すべき量である．こうしたことから，図のイメージとは異なるが，式の上では，自軍主力兵力 B_a の上空 (指数部分に) に自軍残存偵察兵力 B_s が (ベキ係数として) 飛んでいる (乗せる) ことが妥当なのである．

一方で，偵察機能やネットワークの劣化を B_s の兵力変化にどのように反映させるかは，さらなる予備的な検討が必要である．$B_s(t)$ の変化を，戦闘経過に伴い，上に凸な，あるいは下に凸な，0 から 1 まで増加させる時間関数表現について，別途検討し決定する必要がある．例えば，上に凸な関数形を仮定するならば，次のような $1-\exp$ 型の関数も考えられる．

$$\frac{dB_b(t)}{dt} = -K_{Bb} R_b(t) B_b(t)^{1-\exp(-(B_{s0}-B_s(t))/B_s(t))} \quad (K_{Bb} \text{は定数}) . \tag{7.4}$$

関数形の検討は今後の課題として考慮外とし，以下では，最も単純に，線形に増加することを仮定し，(7.3) で検討していくこととする．

最後に，エリア防空機能下にある B 軍打撃部隊 $\hat{B}_a$ については，交戦開始直後はエリア防空下での損耗パターンゆえ 3 次則型とし，次第にエリア防空のない通常の照準射撃にさらされる 2 次則型の損耗パターンへと移行し，さらなる偵察部隊の損耗に伴い照準射撃も困難な状況に陥って行く．そうした特性から $\hat{B}_a$ の損耗推移は，3 次則型から 2 次則型，2 次則型から 1 次則型への移行を仮定する．B_s の損耗具合を考慮して $\hat{B}_a$ の損耗を次式で表現する．

$$\frac{d\hat{B}_a(t)}{dt} = -K_3 R_b(t) \hat{B}_a(t)^{(B_{s0}-2B_s(t))/B_{s0}} . \tag{7.5}$$

(7.5) の指数部も B 軍偵察部隊 B_s の残存率に応じて，-1 から 0 を経て，1 に近づくような関数であればどのような形を想定しても構わないが，ここでも，簡単化のために 1 次関数を仮定した．ただし，$B_s(t)$ の損耗具合によって右辺の指数部が変化していくスピードが，(7.3) の区間 [0,1] と (7.5) の [-1,1] とでは異なるために，両式の右辺どうしの損耗の様子が異なっている．両者の損耗具合をどのようなテンポに調整すればよいか？という問題は未検討であるが，これについても将来的な検討課題に残して，とりあえず計算を進める．(7.3),(7.5) より B 軍打撃部隊全体の損耗方程式は次式となる．

$$\frac{dB_b(t)}{dt} = \frac{d\hat{B}_a(t)}{dt} + \frac{dB_a(t)}{dt}. \tag{7.6}$$

R 軍に関しても B 軍と同様に定式化すれば次式で記述される．

$$\frac{dR_s(t)}{dt} = -K_4 B_b(t), \tag{7.7}$$

$$\frac{dR_a(t)}{dt} = -K_5 B_b(t) R_a(t)^{(R_{s0}-R_s(t))/R_{s0}}, \tag{7.8}$$

$$\frac{d\hat{R}_a(t)}{dt} = -K_6 B_b(t) \hat{R}_a(t)^{(R_{s0}-2R_s(t))/R_{s0}}, \tag{7.9}$$

$$\frac{dR_b(t)}{dt} = \frac{d\hat{R}_a(t)}{dt} + \frac{dR_a(t)}{dt}. \tag{7.10}$$

ここで定義した各損耗式において，撃破速度 $K_1 \sim K_6$ に関してはいずれも正の値を仮定している．これらの係数値の具体的な設定方法について，次に議論する．

7.2.3 撃破速度の設定

第 5 章でも考察したように撃破速度を組み立てる物理的な要素は，3 次則，2 次則，1 次則モデルそれぞれで異なる．さらには，本章の初めでも見たように，もともとのこれらのモデルの右辺では，自軍兵力量が反比例的に，あるいは比例的に掛けられるために，撃破速度の値自体がモデル間で不連続なほど大きく変化していかないと，右辺全体がある程度連続的な値で変化していかない．前小節で設定した層別型モデルに従って計算を逐次進めて行くにあたっては，3-1 次則モデル間の不連続性をなめらかに移行させるように，撃破速度もそれに呼応して変化させて，計算ステップごとでの右辺の変化を緩やかにする要請がある．

この計算状況を解決する 1 つの考え方として，偵察部隊の残存性に応じて，主に使用する武器も変化して行くと仮定して，それらの武器が及ぼす効果を個別に評価し，個別の武器の効果を偵察部隊の残存性に絡めて，撃破速度も連続値として表現することを考える．

具体的には，5.3 節で紹介した 1 目標撃破までに要する時間，の逆数とする Bonder-Farrell のアイディアを借りて，主に使用する武器の特性値から各武器ごとで撃破速度を算出し，それらの値から計算される回帰曲線により撃破速度の決定を試みる．まず，$i(=B,R)$ 軍の撃破速度 α_i の計算式として，以下を仮定する．

$$\alpha_i = \frac{1}{E[T_{ij}]} \times D_A = \frac{1}{t_{acq} + \frac{1}{v_i SSKP_{ij}}} \times D_A \qquad (i,j = B,R). \tag{7.11}$$

7.2. 偵察部隊と打撃部隊と防空部隊で構成される層別型モデル

この式におけるパラメータは，それぞれ次のとおりとする．この定義における $SSKP_{ij}$ は通常とは異なる観点から定義しているが，結局はこれまでの SSKP と同じ概念であることに注意されたい．

T_{ij}　　i 軍の 1 戦闘単位が j 軍の 1 目標を撃破するのに要する時間 [分](確率変数)
v_i　　i 軍の攻撃兵器の発射速度 [発/分]
$SSKP_{ij}$　　i 軍の攻撃兵器 1 発が撃破する j 軍の目標数 [目標/発](小数値を許容)
t_{acq}　　目標情報取得に要する時間 [分]
D_A　　砲弾の被害規模 [目標/範囲]

(7.11) 式は j 軍 1 目標の撃破に要する時間 (期待値) の逆数が攻撃速度を与えることを意味し，さらにその攻撃で使用する砲弾ごとの損害規模の広がり D_A をも加味している．この式が示すように，1 目標撃破に要する時間は，目標攻撃情報取得に要する時間 (t_{acq}) とその情報に基づいて撃破に至るまでの時間 ($1/(v_i SSKP_{ij})$) との和から求められる．

本モデルでイメージするような現代戦闘においては，交戦時に初めに使用される代表的な砲弾は，ミサイルや GPS・測地機能があるスマート砲弾などの精密誘導弾が想定される．次の段階としては，個々の戦車が自律的に索敵・情報収集し，発射する戦車砲弾を想定し，最終段階では個々の兵士の小銃弾を想定する．これらの砲弾におけるパラメータ値及び計算される撃破速度 α_i を以下の表にまとめる．

表 7.1　代表的な砲弾の特性値と α_i の計算値

	精密誘導弾 (3 次則型)	戦車砲弾 (2 次則型)	小銃弾 (1 次則型)
(基本モデルでの) (自軍主力のベキ数 n_i)	-1	0	1
v_i [発/分]	5	10	4 − 6
$SSKP_{ij}$ [目標/発]	1	1/3	1/10
t_{acq} [分]	5	10	50
$L(=1000 D_A)$ [目標/範囲]	50	10	1
α_i	0.006	0.001	0.0002

この表のパラメータ値は絶対的なものではなく，あくまで，個人の相対的な感覚に基づいて設定した数値である．設定の際の根拠は以下のとおりである．

- 戦闘の進展に伴って攻撃間隔は広がり，また，攻撃武器の能力も低いものに移っていくのが一般的である．戦闘開始時は兵力集中の原則に従って，能力の高い武器から使用し，偵察部隊も健在なので，t_{acq} については，精密誘導弾＜戦車砲弾＜小銃弾とした．武器が違えば，発射間隔もそれぞれ異なる．精密誘導弾＜小銃弾＜戦車砲弾の順に間隔が短くなるものとした．これは，v_i と関係している．

- $SSKP_{ij}$ は各兵器における命中率や殺傷能力を考慮し，精密誘導弾＞戦車砲弾＞小銃弾 とした．この逆数が 1 目標撃破までに要する必要弾数の期待値となる．

- 1発の砲弾により殺傷されると考えられる人数を L とした．損害規模の概念を考える場合，損害規模内における，各砲弾の殺傷範囲と，爆裂後に与える損害状況はそれぞれ異なる．ここで，各兵器が与える値 L を 1000 で割ったものを損害規模 $D_A(=L/1000)$ とする．以下では，精密誘導弾＞戦車砲弾＞小銃弾の順に殺傷範囲が狭くなり，与える損害も小さくなっていくとする．

表 7.1 のパラメータ値に基づき，(7.11) により計算される α_i は表の最下段の値となる．情報部隊の損耗具合 $n_i(=1-2i_s(t)/i_{s0})$ と撃破速度 α_i とを関連付けるために，3 点 $(-1, 0.006), (0, 0.001), (1, 0.0002)$ による非線形回帰式を求めると，次の式となった．

$$\alpha_i = 0.001 \times e^{-1.6811 n_i} . \tag{7.12}$$

R 軍に対する撃破速度 α_B は B 軍の偵察部隊 B_s の残存性に影響を受け上式で与えられる．また，B 軍に対する撃破速度 α_R も同様に定義する．両軍の偵察部隊の損耗に関しても，戦闘様相の変遷による主力部隊と同様の影響を受けるので，この撃破速度を採用する．以上により，3 兵種で構成される層別型モデルでの各兵種ごとの損耗方程式は，α_B, α_R を用いて以下のように書き換えられる．数値計算では，これらの損耗方程式系を使用する．

$$\frac{dB_s(t)}{dt} = -\alpha_R R_b(t) , \tag{7.13}$$

$$\frac{dB_a(t)}{dt} = -\alpha_R R_b(t) B_a(t)^{(B_{s0}-B_s(t))/B_{s0}} , \tag{7.14}$$

$$\frac{d\hat{B}_a(t)}{dt} = -\alpha_R R_b(t) \hat{B}_a(t)^{(B_{s0}-2B_s(t))/B_{s0}} , \tag{7.15}$$

$$\frac{dR_s(t)}{dt} = -\alpha_B B_b(t) , \tag{7.16}$$

$$\frac{dR_a(t)}{dt} = -\alpha_B B_b(t) R_a(t)^{(R_{s0}-R_s(t))/R_{s0}} , \tag{7.17}$$

$$\frac{d\hat{R}_a(t)}{dt} = -\alpha_B B_b(t) \hat{R}_a(t)^{(R_{s0}-2R_s(t))/R_{s0}} . \tag{7.18}$$

これらの式を連立させて並列的な数値計算を繰り返すことで，偵察部隊が損耗していく際の両軍主力兵力 (防空カバーあり・なし) の損耗の様子を観察することができる．

7.2.4 数値例

[基本ケース]

基準とするケースとして，表 7.2 に示すような，B 軍の偵察兵力数のみを優勢に設定したケースで計算を行う．両軍の撃破速度 α_i については，いずれも同じ設定で $\alpha_B = 0.001 \times \exp(-1.6811 \times (B_{s0}-2B_s(t))/B_{s0})$, $\alpha_R = 0.001 \times \exp(-1.6811 \times (R_{s0}-2R_s(t))/R_{s0})$ とする．

7.2. 偵察部隊と打撃部隊と防空部隊で構成される層別型モデル

表 7.2 B, R 軍のパラメータ初期値

	初期兵力 $a0, s0$	撃破速度 α_i
B 軍機動部隊 B_a（防空機能なし）	150	
B 軍機動部隊 $\hat{B}_a$（防空機能あり）	100	α_R
B 軍偵察部隊 B_s	40	
R 軍機動部隊 R_a（防空機能なし）	150	
R 軍機動部隊 $\hat{R}_a$（防空機能あり）	100	α_B
R 軍偵察部隊 R_s	30	

表 7.2 で設定したパラメータ値に対する，B,R 軍それぞれの機動部隊全体及び偵察部隊の損耗過程を図 7.4 に示す．偵察部隊が劣勢な R 軍は，$t = 20$ でベキ数 $n_R = 0$ となる．すなわち，この時刻を境界として，R 軍の損耗状況が 3 次則・2 次則の混合状態から 2 次則・1 次則の混合状態へと変化していく．さらに $t = 58$ で $n_R = 1$ となるので，R 軍の損耗状況は 2 次則・1 次則混合状態から完全な 1 次則型へと移行するが，この時点で R 軍機動部隊全体はほぼ壊滅している．R 軍の偵察部隊の損耗が防空機能の損耗に波及し，攻撃能力の低下も引き起こす．このため，R 軍主力から B 軍の偵察部隊への攻撃も急激に弱まり，最終的には，B 軍のベキ数 n_B は，$-1 \leq n_B \leq 0$ に落ち着き，B 軍の損耗状況は 3 次則型と 2 次則型の混合した状態で終了する．

図 7.5 は B 軍，R 軍の防空カバー下にある部隊 $\hat{B}_a, \hat{R}_a$ とカバー下にない部隊 B_a, R_a の損耗過程を示したものである．

防空カバー下にある $\hat{B}_a, \hat{R}_a$ は，戦闘開始直後は両軍の防空機能が健在であるので，損耗に大差はないが，偵察部隊が劣勢な R 軍は防空カバーが急速に減耗していく．$t = 20$ で $n_R = 0$ となってからは，防空カバー下の $\hat{R}_a$ も 2 次則型の損耗に移行し，この時点以降，$\hat{R}_a$ は急速に減耗し始める．対する B 軍の防空カバー下部隊 $\hat{B}_a$ は終盤まで 3 次則・2 次則型の損耗状態を維持するので，ほとんど兵力を減らさない．

防空カバー下にない部隊 B_a, R_a は，戦闘開始直後から 2 次則・1 次則型が混合した状況で兵力を減らす．撃破速度が味方の偵察部隊の残存率に影響を受けているので，α_B が $t = 20$ 時点以降もミサイルや砲弾並みの能力を発揮するのに対し，α_R は砲弾か小銃弾程度の能力値となる．こうしたことから R_a については，戦闘中盤以降もそれまでと同じペースで，終盤まで損耗が続く．一方の B_a も中盤ではそれまでと同じペースで損耗するが，受ける攻撃の威力が次第に弱まることで，終盤はほぼ損耗しなくなる．

図 7.6 は両軍の撃破速度の変化を示したものである．当初は同じ値ゆえに同じ攻撃能力を持ち，敵部隊への減殺効果は同じであるが，戦闘が進むにつれ，R 軍の偵察部隊が急速に損耗して行くために，R 軍の撃破速度も急低下し，最終時点では約 6 倍もの能力差が生じてしまっている．B 軍は砲弾程度の能力値を有する（$\alpha_B \approx 0.002$）が，R 軍は，小銃弾程度の能力値（$\alpha_R \approx 0.0002$）しか発揮できなくなってしまう．

図 7.7 は両軍のベキ数 n_B, n_R の変化の様子を示したものである．R 軍の偵察部隊を劣勢に設定しているために n_R のほうが早く 1 に近づく．$t = 58$ で $n_R = 1$ となるが，その時点以降は，定義式より上限が 1 に抑えられるので変化はない．($n_R = 1 - 2R_s(t)/R_{s0}$)

以上，偵察部隊の兵力数のみに差をつけた 3 兵種間の交戦モデルを計算してきたが，ここまでで得られた結果を整理すると次のようになる．

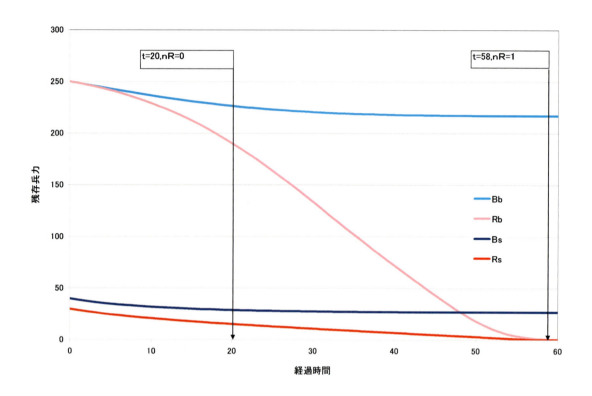

図 7.4: 機動部隊全体と偵察部隊の損耗過程

- 基本的な 1,2 次則モデルで見られたような exp 型の単調減少する兵力損耗ではなく，複雑な変化の様子を示している．複雑な損耗変化が生じる要因は，自軍兵力に掛かるベキ数が変化していくこととともに，撃破速度の変化も作用しているためと考えられる．

- 兵力損耗の曲線形状を見ると，前章の日露戦闘モデルのように，戦闘の中盤で大きく兵力を減らしている様子が見られる．日露戦闘モデルでは，戦闘中盤で撃破速度を盛り上げる設定を行ったが，本モデルでは，(7.12) 式に示したような両軍ともに指数ベキが単調減少する撃破速度設定である．ただし，本モデルでは自軍兵力数自体に掛かるベキ数を変化させることを取り込んでいる．こうしたモデル設定の違いがどのように兵力損耗に影響するかを見極めるためには，さらなるモデル形態の検討と試算が必要である．

- 右辺で表現するように，偵察兵力の損耗率という，時間に依存する兵力パラメータが，さらに主力兵力にベキ数としてかかる，複雑な微分方程式であり，解析的に解くことは不可能と思われる．しかし，数値的には簡単に解の振る舞いを見ることができる．

これらの考察から，本モデルは，偵察能力や部隊間の情報ネットワーク機能に左右される現代戦闘での兵力損耗過程を分析しうる有効なモデルであると考える．

[主力打撃部隊を細分化する]
　次に，より現実的な兵力構成に基づいて兵力を細分化した層別型モデルにより試算を行う．仮想的な J 軍と A 軍の陸上部隊が交戦すると仮定する．主力打撃部隊を細分化するにあた

7.2. 偵察部隊と打撃部隊と防空部隊で構成される層別型モデル

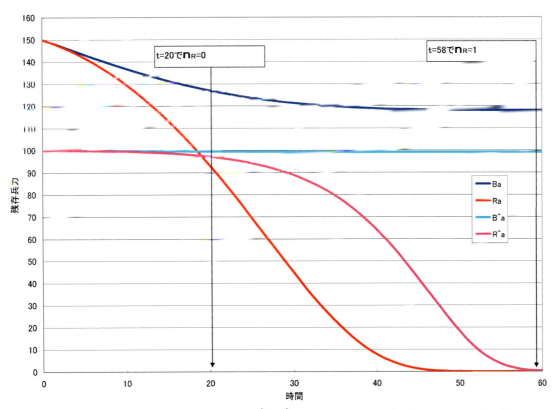

図 7.5: 防空カバーあり部隊 $\hat{B}_a, \hat{R}_a$ とカバーなし部隊 B_a, R_a の損耗過程

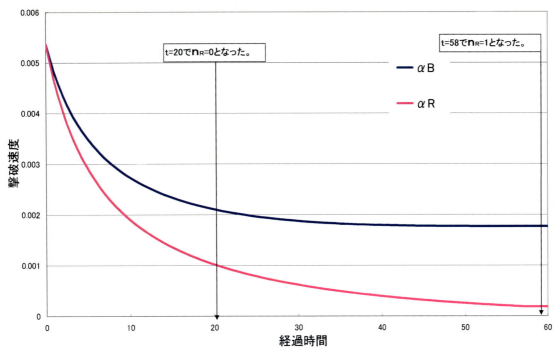

図 7.6: B軍・R軍の撃破速度の変化

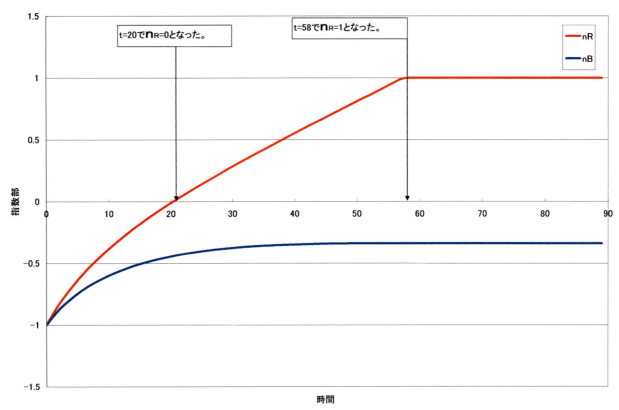

図 7.7: B軍・R軍のベキ数 n_B, n_R の変化

り，以下の各項を設定する．

- 現代の陸上戦闘における機動部隊の任務は，機動打撃能力，火力支援能力，自隊防空能力が協同して敵部隊に打撃を与えることである．それらの能力を有する部隊編成として，歩兵(普通科)部隊，戦車(機甲科)部隊，砲兵(特科)部隊，及びヘリ(航空科)部隊の4兵種からなる編成を想定する．

- 航空科部隊は機動性が高く，攻撃機能のみを有する装備とする．偵察部隊と同様に敵主力兵力の近傍で戦闘を行うので，損耗過程は偵察部隊と同様に，照準射撃下での2次則型の損耗とする．

- 各兵種ごとの残存性は，味方偵察部隊の残存性にのみ影響を受け，兵種間の依存関係はないものとする．ただし，各部隊の偵察部隊への依存性は兵種により異なるとする．具体的には，戦車部隊と砲兵部隊は機械化された部隊ゆえに防空機能を有する部隊として，3次則→2次則→1次則型へと変化する損耗プロセスに，歩兵部隊に関しては防空傘下にはない部隊として，2次則→1次則型へと変化する損耗プロセスに従うとする．

- 撃破速度パラメータ α_A, α_J は [基本ケース] と同じ (7.12) 式を採用する．

各部隊が使用する武器を統合して扱うために，表7.3に示す火力指数を設定する．この値と兵力数との積が換算兵力となり，そららを合計することで各軍の統合兵力 J_b, A_b が計算される．また，J軍とA軍の偵察部隊(偵察ヘリ) J_s, A_s をヘリ部隊とは別に，それぞれ，8機，16機とする．

7.2. 偵察部隊と打撃部隊と防空部隊で構成される層別型モデル

表 7.3 J, A 軍のパラメータ初期値 [61]

(偵察部隊)	兵種 (記号)	兵力	火力指数	換算兵力
J 軍 ($J_s = 8$ 機)	歩兵部隊 (i)	1200 名	$W_{ji} = 1$	1200
	戦車部隊 (t)	286 輌	$W_{jt} = 120$	34320
	砲兵部隊 (a)	40 輌	$W_{ja} = 50$	2000
	ヘリ部隊 (h)	16 機	$W_{jh} = 200$	3200
A 軍 ($A_s = 16$ 機)	歩兵部隊 (i)	1488 名	$W_{ai} = 1$	1488
	戦車部隊 (t)	275 輌	$W_{at} = 100$	27500
	砲兵部隊 (a)	72 輌	$W_{aa} = 50$	3600
	ヘリ部隊 (h)	24 機	$W_{ah} = 240$	5760

$$J_b = W_{ji}J_i + W_{jt}J_t + W_{ja}J_a + W_{jh}J_h , \tag{7.19}$$
$$A_b = W_{ai}A_i + W_{at}A_t + W_{aa}A_a + W_{ah}A_h . \tag{7.20}$$

兵力損耗を計算するために兵種ごとに細分化された損耗方程式を (7.21)-(7.28) に示す.

$$\frac{dJ_i(t)}{dt} = -\alpha_A A_b(t) J_i(t)^{1-J_s(t)/J_{s0}} , \tag{7.21}$$
$$\frac{dJ_t(t)}{dt} = -\alpha_A A_b(t) J_t(t)^{1-2J_s(t)/J_{s0}} , \tag{7.22}$$
$$\frac{dJ_a(t)}{dt} = -\alpha_A A_b(t) J_a(t)^{1-2J_s(t)/J_{s0}} , \tag{7.23}$$
$$\frac{dJ_h(t)}{dt} = -\alpha_A A_b(t) , \tag{7.24}$$
$$\frac{dA_i(t)}{dt} = -\alpha_J J_b(t) A_i(t)^{1-A_s(t)/A_{s0}} , \tag{7.25}$$
$$\frac{dA_t(t)}{dt} = -\alpha_J J_b(t) A_t(t)^{1-2A_s(t)/A_{s0}} , \tag{7.26}$$
$$\frac{dA_a(t)}{dt} = -\alpha_J J_b(t) A_a(t)^{1-2A_s(t)/A_{s0}} , \tag{7.27}$$
$$\frac{dA_h(t)}{dt} = -\alpha_J J_b(t) . \tag{7.28}$$

これらを重みつきで合成した J 軍, A 軍全体の兵力損耗は次の 2 式で記述される.

$$\frac{dJ_b(t)}{dt} = W_{ji}\frac{dJ_i(t)}{dt} + W_{jt}\frac{dJ_t(t)}{dt} + W_{ja}\frac{dJ_a(t)}{dt} + W_{jh}\frac{dJ_h(t)}{dt} , \tag{7.29}$$
$$\frac{dA_b(t)}{dt} = W_{ai}\frac{dA_i(t)}{dt} + W_{at}\frac{dA_t(t)}{dt} + W_{aa}\frac{dA_a(t)}{dt} + W_{ah}\frac{dA_h(t)}{dt} . \tag{7.30}$$

図 7.8 に陸上部隊全体の兵力損耗と,各軍の偵察兵力 J_s, A_s の損耗とを示す.当初の統合兵力は,A 軍よりも J 軍の方が勝っているものの,偵察部隊では A 軍は J 軍の 2 倍である.戦闘が進むにつれて,J 軍の偵察兵力は急激に損耗し,これに伴い,防空機能がなくなる $t = 51$ 時点以降から主力部隊の兵力も急減していく.さらに $t = 117$ 時点には,$n_J (= 1 - 2J_s(t)/J_{s0})$ が 1 となり,完全な 1 次則型の損耗となってからは,J 軍は地域射撃態勢となるために A 軍

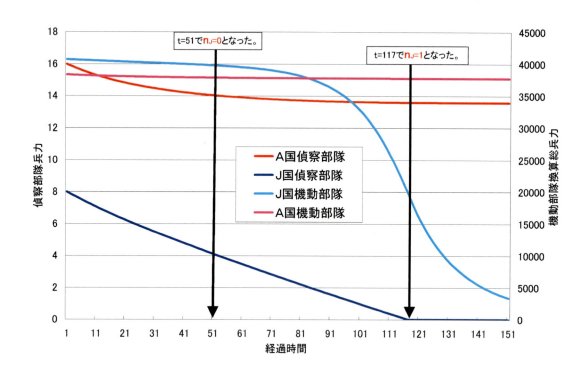

図 7.8: 機動部隊全体と偵察部隊の損耗過程

主力に対して，ほとんど損害を与えられなくなる．こうした兵力損耗の様子から，本モデルは，現実的な部隊構成でも従来モデルにはない，戦闘経過中の複雑な兵力損耗の様子を表現できており，現代戦で特徴的な兵力損耗が情報機能に大きく依存することを表現可能なモデルと考える．

図 7.9 は J 軍の職種部隊ごとの兵力損耗の様子である．図 7.8 の全体兵力の損耗の様子と同様に，中間的な時間帯で大きく兵力を減らしている．図では歩兵兵力が多数のために，他の職種の変化は顕著には見えないが，戦車部隊・砲兵部隊・ヘリ部隊の変化もスケールを拡大すれば，歩兵部隊の変化と同じように中間期に大きく兵力を損耗していることがわかる．

図 7.10 は双方の軍の撃破速度が減少していく様子を示したものである．戦闘開始時は両軍とも同じ撃破速度からスタートするが，偵察機能と撃破速度とを関連づけているために，J 軍の撃破速度が急速に減少し，$t = 51$ 時点で約 3.5 倍，終末期には実に 10 倍以上の能力差がついている様子がうかがえる．

図 7.11 はベキ数 n_A, n_J の変化の様子を示したものである．J 軍偵察部隊を劣勢にしているために n_J が急速に 1 まで上昇している．$t = 117$ 時点に 1 となるが，その時点で J 軍偵察部隊は全滅，換算兵力全体は，当初の約半分まで減少している．このため，この時点以降，J 軍主力には精密な射撃により有効な打撃を加える能力はなく，A 軍主力が兵力を減らさない一方で，J 軍は漸減していく．

以上，情報 (偵察) 機能に大きく依存する現代の陸上戦闘を表現するモデルについて，数値例を通して損耗の様子を検討してきた．以下，本節を総括する．

戦闘開始直後に両軍の全兵力が健在している間は，敵に限りなく近い位置にあたる前方に

7.2. 偵察部隊と打撃部隊と防空部隊で構成される層別型モデル

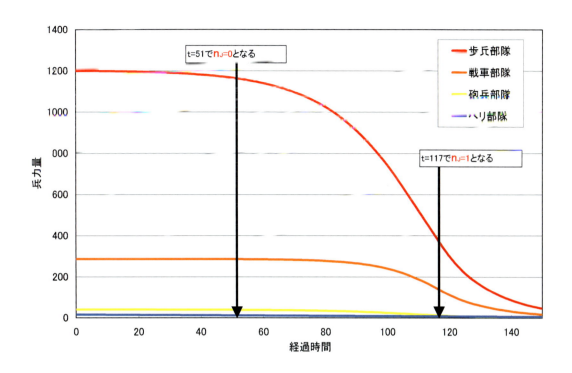

図 7.9: J 軍各職種部隊の損耗過程

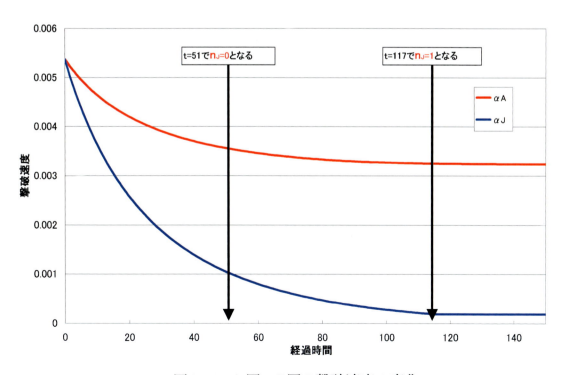

図 7.10: A 軍・J 軍の撃破速度の変化

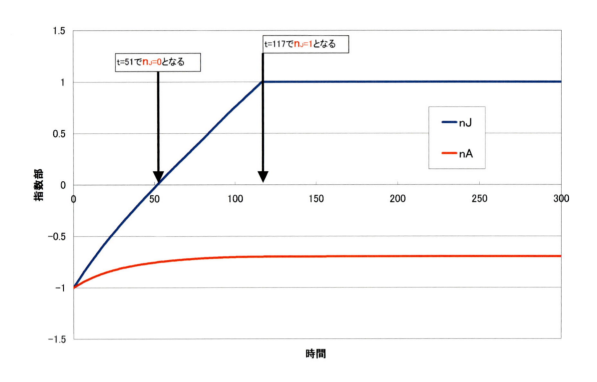

図 7.11: A軍・J軍のベキ数 n_A, n_J の変化

おいて，敵の情報（位置や攻撃方法，防御方法，使用武器等）を得る偵察部隊が，後方の主力機動部隊にその情報を伝達する．得られた情報は精密誘導弾攻撃と自隊防空を可能とする．このときの損耗状況は3次則型に従う．次第に偵察部隊が攻撃を受け減耗していくと，敵の近傍での情報収集が困難となり，主力機動部隊への正確な情報伝達が困難となっていく．そうなると，精密誘導弾に対する防空能力はその機能を果たさなくなるとともに，敵部隊の位置情報も把握しにくくなり，精密誘導弾攻撃もできなくなる．敵の各戦闘単位の捕捉に多くの時間を要しつつも管制射撃で交戦する状況になり，損耗が次第に激化していく．このときの攻撃方法と損耗状況はおおむね2次則型に従う．さらに戦闘が進むと，情報機能が壊滅し，敵の正確な情報が得られなくなり，防戦一方となってしまう．こうなると，損耗は1次則型の地域砲撃型損耗へと劣化してしまう．

このような戦闘様相の変遷は，情報を第一の戦力とする現代戦を表現していると考え，そうした戦闘様相が時間変化していくモデルを構築して，数値実験を行った．その結果，情報機能部隊の初期保有数及びその残存性の優劣により勝敗が決定される結果が得られた．情報機能部隊の保有数が不利に設定されている側の各職種部隊の損耗過程においては，3次則→2次則→1次則へと損耗状況が移り変わるような複雑な損耗の様子が確認できた．

撃破速度に関しても情報機能の劣化に呼応して能力値が急低下する設定とした．いずれの実験結果からも各戦闘様相 (3次則型，2次則型，1次則型，もしくはそれらの混合した状態) にふさわしい値を取ることが確認された．ただし，本検討での撃破速度値設定の考え方は，代表的な武器による確定的な能力値を連続的につなげただけである．例えば，撃破に至るまでの必要弾数など確率的な要素も加味した定式化を検討することで，より現実味のある撃破能力値が算出できると考える．

7.2. 偵察部隊と打撃部隊と防空部隊で構成される層別型モデル

　今後の課題としては，偵察部隊の残存率をベキ部分で反映させるにあたり，今回は1次関数を仮定したが，本文でも触れたように，例えば指数関数のような曲率が変化する際の検討，より本質的には，情報機能の影響のさせ方の研究や，偵察兵力も含めた情報関連部隊の保有数の差が打撃機動部隊（本隊）の兵力量によってカバーできるのかといった問題には，まだ着手していない．こうした点を今後検討すべきである．また，実体のある偵察部隊の残存数が，情報の質も含めて定量化すべき情報に，どのように影響するかも考えるべきである．

　本モデルの更なる拡張として，各職種部隊に対する適切な損耗方程式の表現や，部隊配置，装備の違いなどによる撃破速度の表現方法の工夫が必要だろう．さらに，定式化困難な環境的要素（地形，気象等）の影響や，上空からではない敵部隊の情報収集など情報取得態様が戦闘に与える影響など，現時点では検討できていない．これら実戦的な要素を定量化してモデルに組み込む工夫も今後必要であろう．

　最後に，本章のタイトルにつけた「ピカソモデル」のネーミング理由を述べておきたい．本章のはじめに，「なんでピカソなの？」と皆さん疑問を抱かれたことと思う．本章で取り上げた層別型モデルで特徴的なことは，情報機能の劣化を自軍兵力の肩でベキとして影響させていることである．すなわちフェーズ解が，時間とともに3次から2次，1次まで連続的に変化していくことである．損耗式のフェーズが移ろっていくことが，無味乾燥の代表である1つの数式内で表現されていることをしばし検討していた際に，ふと，中学生のころだろうか，美術の時間に習ったピカソの「泣く女」という絵のことを思い出した．不確かな記憶で正しくはないかもしれないが，「泣く女」に描かれている女性は，実は，時間が移ろうなかで，泣いている様々な表情を異なる方向からとらえて，一枚の絵で表現している，絵の中に時間が表現されている，というようなことを聞いたことを思い出した．そうすると，ここで対象としている静的なものの代表である損耗式でも，兵士の肩の上に乗っかって，様子（フェースでなくフェーズ）を表すもの(=ベキ数)が時間経過に伴って移ろっていくわけで，そうした点が「泣く女」と共通であることから，このモデルをピカソモデルと命名しよう！と思った次第です．(我ながら，ウマい命名だと自己満足しております．) 初めて目にされて奇異に感じられた方が大半であり，申し訳なく思い，恐縮いたしますが，タネを明かせばそういうことなのでご了解いただきたい次第です..... $m(\_\_)m$

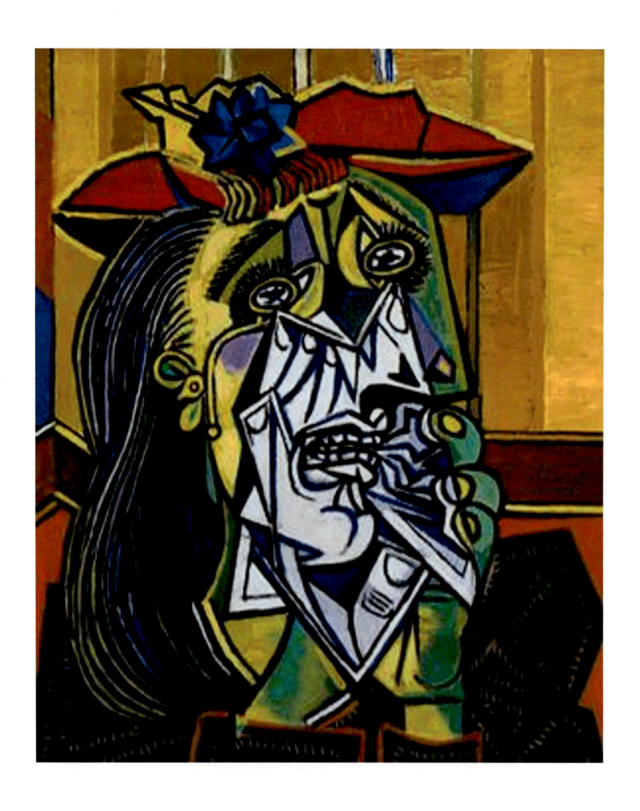

図 7.12: 「泣く女」パブロ・ピカソ (1937)

第8章 一般化モデルの意義と使用方法

前章までで，ランチェスターモデルに関する主要なトピックスは説明し尽くした．基本的な1次則，2次則モデルの説明から始めて，実戦への適用例，近年のゲリラ戦やミサイル打撃／防空戦の表現，撃破速度の話，さらには，一般化モデルの紹介と，その拡張として情報機能の劣化と絡めたピカソモデルを提案した．本章では，第6章で展開した一般化モデルと第7章で提案したピカソモデルの議論とを統一的に考えて，一般化ランチェスターモデルで表現することの意義とその利用方法について，個人的な展望を提示しておきたい．

8.1 一般化モデルの意義

これまでの議論からも明らかなように，ランチェスターモデルのもっとも一般的な記述スタイルは，非整数次数までを許容する，一般化ランチェスターモデル (GLM) であるといえるだろう．この兵力依存表現に，さらに，第5章で示した撃破速度の様々な表現可能性を併せて加味すれば，基本モデルでは想定し得なかったような，より現代的で，複雑な戦闘様相を描くことができるようになると考える．

兵力ベキのパラメータを4つの独立変数とする GLM を再度記述すれば，以下の形式で書くことができる．

$$\begin{cases} \dfrac{dR}{dt} &= -bB^{p_1}R^{q_1} \\ \dfrac{dB}{dt} &= -rR^{p_2}B^{q_2} . \end{cases} \tag{8.1}$$

GLM の研究が始まった経緯は，第6章でも見たように，交戦損耗の忠実な再現を目指すことから始まった．クルスクの戦いやバトル・オブ・ブリテンなどに GLM を適用し，ベキ数パラメータを推定した．兵力ベキを0や1といった整数次数に限って，二者択一のどちらにより適合するか？という，従来からの基本モデルへのあてはめ議論から脱却し，実数次数にまで緩和したことで，実際の損耗データを説明するために，より当てはまりが良い曲線が得られることは自明であるし，当然に受け入れられるべきであった．ただし，この時点では撃破速度に相当する b, r の部分は，交換比的な扱い，すなわち互いに (d と $1/d$ のような) 逆数の関係で捉えられていた．これは，実験式としてのパラメータ p_1, p_2, q_1, q_2 の推定に興味が向けられ，撃破速度も含めて検討するまでの余裕がなかったためだと思われる．

一方で，撃破速度表現に関しては，1960年代から精緻な研究が始まったことは，第5章で見たとおりである．公表されている成果は少ないものの，ROE やコミュニケーション機材の改善効果などまで表現可能となっており，現在に至るまで連綿と研究されてきている．

ランチェスターモデル研究のこれまでの発展の足取りと，戦場での大量のデータ取得が可能となり計算機性能も大幅に向上している現在の状況を併せて考えて，今後の損耗モデルと

向き合って行く際の視点として，以下の2点を提案したい．

提案1　GLMで統一的に表現しよう！

まず，第1に提案したいことは，本書の後半で説明してきたように，ランチェスターモデルで兵力損耗を記述する際には，今後は，GLMを用いて，あらゆる戦闘を統一的に記述することである．戦場は1つなのだから，モデルも1つであるべきである．過去のモデル展開では，戦場を分解的に見る立場に立ってきたため，1次則，2次則(あるいは3次則)と異なるモデルで記述してきた．しかし，本来は1つの戦場なのだから，モデルでも，統一的な視点でとらえるべきである．分解モデルの傍証として，実戦への適用で議論してきたような，1次則が良い，いや2次則(あるいは3次則，…)の方が当てはまりが良い，といった，二者(あるいは三者)択一議論は過去のものとして脱却すべきである．本来のあるべき姿は，第6章で見たようにパラメータ推定により兵力にかかるベキ数を決定し，最もデータにフィットするモデルを見出していく，という姿勢が推進されるべきであると考える．

この場合，これまでのGLM研究では議論されていなかった撃破速度というもう1つのパラメータをどのように設定すべきかという問題にも眼を向けねばならない．すなわち，**5.1**節で見たように，基本モデルの撃破速度 b_1, b_2, b_3 (あるいは r_1, r_2, r_3；以下B軍のみで説明) 間にある，それぞれを構成する異なる物理的概念の枠を超えて，どのように整合性を持たせるか，という問題，また，定量的には，一定の微小時間 dt (たとえば，1分とか1日とか) での兵力損耗 ($= dR/dt$) を，右辺 ($= -b_1 BR^1, -b_2 BR^0, -b_3 BR^{-1}$) で兵力ベキが変わることによる兵力部分での急激な数値変化を緩和させ，右辺値のあまり極端な変化を生じさせないように整合性を取りながら，うまい具合に b_i ($i = 1-3$) を連続的に変化させるような工夫を考案しなければならない．

その問題の1つの解決策として，**7.2.3**節で見たように，使用する代表的な武器の撃破速度の能力値を回帰式で連続変化させる試みを紹介した．その際の定式化でも用いたように，基本アイディアとしては，Bonderの論文[2]にあるような "1目標撃破までに要する時間の逆数" というアイディアが採用されるべきである．Bonder論文から再度引用すれば，このアイディアの採用で，「(当時の)1次則，2次則の垣根を取り払うことができ，統一的に(撃破速度を)表現可能」にできる．ここでこの考え方を1-3次則にまで拡張し，さらには，非整数次数のGLMまで拡張することを許容すれば，GLMでの撃破速度が統一的に解釈されるのである！　この撃破速度の決定の考え方は，その後のATCALモデルや，**5.4**, **5.5**節で紹介した，他の撃破速度決定の例でも採用されており，1目標撃破までの所要時間の逆数，という概念で撃破速度を構成すべきことが，モデルの統一表現のためには重要であると考える．

この立場に立てば，物理的特性に基づく撃破速度の組み立ては意味を持たなくなり，従来からの $n (= 1, 2, 3$ のみ$)$ 次則の呪縛から解放される．ただし物理的な解釈を考えると，左右両辺の次元が不一致なので，どうにかして一致させたいという問題は相変わらず先送りのままであるが．

以上述べてきたことをまとめれば，今後はあらゆる戦場の戦闘様相を，1つのモデルGLMで統一的に記述すべきである．その具体的な記述方法の概略として，

(1) 兵力ベキの依存性の部分はパラメータ推定により決定する．
(2) 撃破速度は，1目標撃破に要する時間(の逆数)の概念でとらえる．

という2つの基本アイディアでモデルを表現していくというスタイルはいかがだろうか？こうすることで，様々な戦闘を統一されたモデルの下で，分析や比較することが可能となる．

8.1. 一般化モデルの意義

もちろんそれぞれの GLM が表現している戦闘が有効な時間帯は，適用可能なある限られた短期間であろう．長期戦の分析のためには，交戦フェーズをいくつかに分割し，各期間ごとで別々のパラメータ ((8.1) 式では b, r 及び p_1, q_1, p_2, q_2) 推定を行うことが必要であろう．また，上記の (1), (2) は相互に関連しあうことが考えられるので，(1), (2) 間の計算を繰り返しながら，パラメータ値を反復的に変化させつつ収束させ，式の形を決定していくなどの工夫が必要になるかもしれない．

GLM による表記は，形式的には，第 1 章で紹介した Helmbold の拡張モデルや，第 6 章の実戦への適用で見た形と同じである．ただし，第 7 章で議論したように，兵力にかかるベキ数の意味合いとしては，例えば，各軍の情報に付随する機能を反映しうる可能性があることを考察した．この点に関して，もう少し拡張した意味づけを次に提案したい．

提案 2　ベキ数 = 洗練化指数 (Sophisticated Factor)

前章のピカソモデルを再度思い出せば，(8.1) 式が示すモデルの右辺で，自軍兵力にかかる非整数次数のベキ数 q_1, q_2 を，自軍の情報機能に関連付けて意識した．(8.1) を見て明らかなように，この連立微分方程式には，他にも敵軍兵力にかかる別のパラメータ p_1, p_2 がある．q_1, q_2 の意味づけをそのまま適用するのであれば，実は，p_1, p_2 も，敵軍の情報機能の良し悪しを定量化しているパラメータとして意味づけることはできないだろうか？ さらには，自他軍の情報機能に限らず，より一般的な見地に立つならば，両軍の戦闘における高機能化の程度，集約度，部隊全体での運用も含めた洗練さの程度など，そうした総合的な戦闘効率ともいうべき定性的・定量的な能力を表現するパラメータとして捉えられないか？ ということを提言したい．各軍が保有する機能が，単にシステム的に優れているというだけではなく，運用能力が優れていること，さらには軍全体の統率や戦闘員の士気などの様々な戦闘要素も総合して，全部隊的にも優れていることを反映するパラメータとして認識されるのが妥当ではないか，ととらえたい．

これらのパラメータ値が正値の絶対値で大きいほど，左辺に示されている損耗率が大きくなることから，その軍には都合が悪く，逆に小さいほど，あるいは，負の値としてその絶対値が大きくなるほど，損耗率が小さくなるのでその軍には有利に働くのである．それぞれの式での，p_1, q_1 間，あるいは p_2, q_2 間の大小関係のバランスなどを将来的には研究する必要もあるだろうが，とりあえずは，そうしたベキパラメータ値の大小の傾向と，戦闘全般での洗練化の度合いとを結びつける認識でベキパラメータを見ていきたい．

そうした意味づけにある程度の確信的な判断を下すには，今後，様々な戦闘状況での損耗の様子で試算し，戦況と照らし合わせた精緻な考察が必要であろう．ここでは，パラメータ値の変化に応じた勝敗の行方を示す簡単な計算例の一つとして，以下のモデルを示す．

$$\begin{cases} \dfrac{dR}{dt} = -0.1 B^{p_1} R^{0.3} \\ \dfrac{dB}{dt} = -0.19 R^{0.25} B^{0.2} . \end{cases} \tag{8.2}$$

この計算例 (8.2) では敵軍兵力ベキ p_1 のみを 1 から -1 の範囲で 0.2 刻みで変化させ，他の q_1, p_2, q_2 や撃破速度パラメータ b, r はそれぞれ上式の値で固定している．これらの固定値には特定の意味はなく，適当な値を設定した．この設定の下で計算した結果を図 8.1 に示す．上述のとおり，p_1 が大きな値の $p_1 = 1.0 \sim 0.4$ の範囲では，左辺の R 軍にとって都合が

悪く，B 軍が最終的に勝利している．一方，その値が小さくなる $p_1 = 0.2 \sim -1.0$ の範囲においては，R 軍が勝利している．さらに，それらの勝敗結果を細かく見ると，p_1 の絶対値が大きいほど (1 や -1 に近づくほど)，短時間で，早く決着がついていることもわかる．

さらに別の計算例として，自軍兵力に掛かるベキ q_2 のみを変化させる (8.3) のモデルで試算を行った．図 8.2 で示すように，上の計算例と同様，q_2 が大きい範囲 ($0.4 \leq q_2 \leq 1$) では左辺の B 軍の損耗が増大することから，R 軍が勝利し，逆にその範囲をはずれて q_2 が小さくなると B 軍勝利となっている．

$$\begin{cases} \dfrac{dR}{dt} &= -0.1 B^{0.4} R^{0.3} \\ \dfrac{dB}{dt} &= -0.19 R^{0.25} B^{q_2} . \end{cases} \tag{8.3}$$

これらの計算例では，ただ 1 つのパラメータのみを変化させたが，本来は，シミュレーションや実動演習等の戦闘結果から，全部のパラメータを推定により決定し，ランチェスターモデルを確定することで，その部隊の，その戦闘での能力値が定量化される．

その際に問題となるのは，上記の計算例では 1 つのパラメータのみに制限して変化させて議論を進めていたパラメータ ($= p_1, q_1, p_2, q_2$) の再現性の問題と，パラメータ相互間の関係性の問題である．すなわち，ある特定の戦闘条件で戦闘シミュレーションを繰り返した場合，あるいは，戦闘条件を一定の方向性で変化させた場合などに，これらのパラメータも一定の傾向で変化していく様子が見えるか? ということと，パラメータ相互に関連がある変化を見出すことができるか? ということである．戦闘条件の系統的な変化にもかかわらず，パラメータ値が独立して動く可能性もあり，注意深く戦闘行動とパラメータ間の依存性や関連性を見ていく努力が必要であろう．(p_1, q_1, p_2, q_2) は，従来からの (1 次則, 2 次則などの) 基本モデルで考えられているように，戦況を通じて一定な値であるかもしれないし，第 7 章で提案したピカソモデルのように，状況の推移とともに変化する値であるかもしれない．そうした一連の分析の結果，パラメータ (p_1, q_1, p_2, q_2) 間の関係性が部隊の (運用や精神面も含めた) 性能の変化に伴って何らかの関数として表現される，例えば単調増加性・単調減少性を見ることができたりしたら，それは素晴らしい発見になると確信する．

さらには，これら 4 つのパラメータ値間に，何らかの関連性が見出すことができ，撃破速度 b, r との兼ね合いまで含めた，何らかの見解を得ることを目指すのが究極の目標であろう．撃破速度 b, r と兵力量 B, R との関係については，確率論的モデルや 5.4 節，5.5 節でもモデルで表現してきたが，さらにベキパラメータ値とも関連が見いだせるのかもしれない．

以上の提案をまとめれば，第 7 章では自軍兵力にかかるベキパラメータ (q_1, q_2) を，現代戦闘での重大要素である情報機能と関連づけたが，今後はすべてのベキパラメータ (p_1, q_1, p_2, q_2) について，情報機能のみに限定せず，システム化部隊相互の連接性・緊密性・機動性・効率等にまで拡張して，それら全体の良し悪しを定量的に示す指標としてとらえたい．混とんとする戦場での重要機能が劣化する具合を表現する尺度として，そして，より広義にとらえるならば，組織的な戦闘を継続可能とする重要機能がどの程度整備・維持できているかを左右する軍団全体の洗練化の度合いまで含めた指標，すなわち，SF(Sophisticated Factor) としてこれらベキパラメータをとらえたい．戦闘における各種行為とパラメータ値との関係性の立証のためには，多くの数値例による検証と議論が必要になってくるが，ベキ数が部隊全体

8.1. 一般化モデルの意義

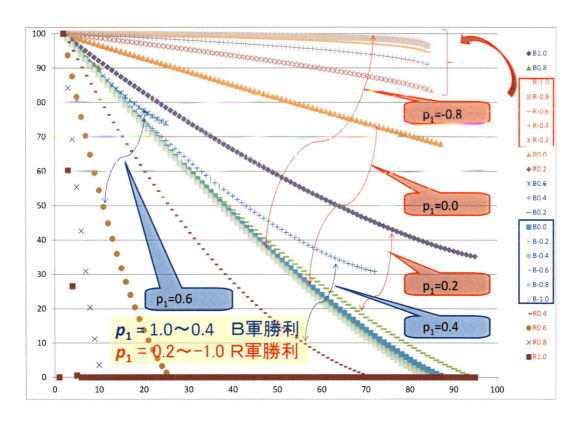

図 8.1: GLM による試算例 (敵軍兵力ベキ p_1 のみ変化)

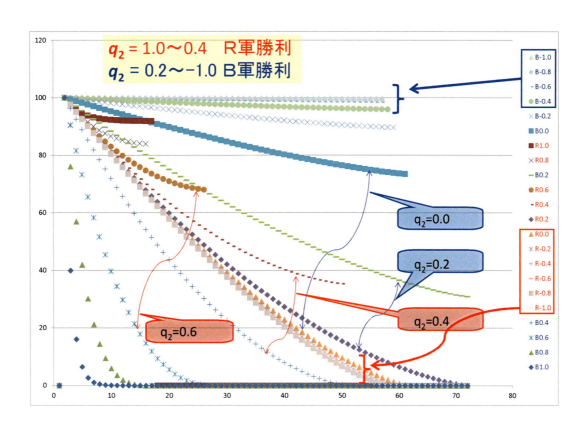

図 8.2: GLM による試算例 (自軍兵力ベキ q_2 のみ変化)

の洗練化度を表現する SF(Sophisticated Factor) に確かになっていること，そしてこの推察が，SF(Science Fiction) ではないことの証明を，これからのランチェスターモデル研究者の方々にご協力頂き，一緒に考えていっていただきたいと切に願う．

8.2 一般化モデルの使用方法

前節で提案したパラメータ推定を経て確定される，特定の敵に対する，特定の部隊の，その時点での GLM が，実際の場面でどのように活用されるべきか，いくつかの運用場面を想定してみる．

提案 3　実験式としての GLM の使われ方

ランチェスターモデルを "使う" 前提で議論を始める場合，根底にあるのは，ランチェスターモデルを使って戦闘がデザインできる，という考え方である．ランチェスターモデルの生い立ちを振り返ってみると，基本的な損耗モデル (1 次則モデル，2 次則モデルなど) を設定して，これに過去の戦闘事例 (硫黄島の戦いや日露戦争陸戦など) を適用してみて，戦闘経過の説明に利用してきた．すなわち，生起してしまった戦闘が，どのような規則性に基づいて経過したかを検証するためのツールとして利用されることが多かった．これに対し，Bonder らが構築し商品化してきたシミュレーションシステムでは，戦闘を評価するためのツールとしてランチェスターモデルを利用していると思われる．リアルな武器システムのデータを用いて実際に近い戦闘環境でシミュレーションを行えば，ある程度の戦闘結果が予測できるはずである，という思想のもとにモデルが活用されているのだろう．

シミュレーション結果に信ぴょう性を保証する統計的な原則がある．それは統計学における中心極限定理である．この定理に従えば，試行時の確率的要素の分布特性 (損耗までの時間や，被害規模などの分布) がどのようなものであれ，多数回試行を繰り返せば，正規分布に従う結果が得られるというものである．シミュレーションの結果の特定の値は，ある平均的な値を中心として，左右に均等に減少する分布で納まる，ということが保証される．部隊を実働させる模擬戦闘から統計的な結果を導くために，多数回の演習を実施することは，コスト面や状況の再現性からほぼ不可能だろう．しかし，計算機内で数値的なシミュレーションを行えば，短時間で，しかも同一条件で多数回同じ戦闘状況を繰り返すことができ，様々な事象に関する，平均・分散などの基本データを統計処理により容易に得ることができる．

以上の原理から，特定の作戦を想定して遂行してみる際の平均的な結果は，統計的原則に基づいて予測できるのである．戦闘結果をランチェスターモデル (のパラメータ) で予測する (しうる) という立場は，十分に説得力があるものと考える．この考え方に基づき，ランチェスターモデルを通じて，戦闘の良し悪しが評価でき，部隊運用や作戦を定量的に扱いうるという立場で，以下，議論を進める．

計算機内で戦闘シミュレーションを実行するシミュレータに関して，代表例を簡単に紹介する．戦闘過程を模擬する目的で，交戦する相互の部隊の戦闘単位を自由に編成し，設定される部隊全体の任務を目指しつつ，個々の戦闘単位 (エージェント) が独立して行動するような，仮想的な戦闘のシミュレーション (Virtual Battlefield Simulation) を実現するソフトウエアが，すでに開発され利用可能となっている [58]．このシミュレーション環境を利用して，実際に想定する部隊編成や使用する武器システム，戦闘を遂行する環境条件 (砂漠や森林，市街地など) や時刻・天候などの条件を設定し，できるだけリアルに近い条件でシミュ

8.2. 一般化モデルの使用方法

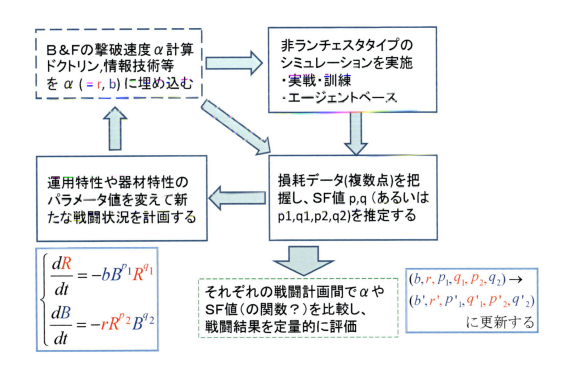

図 8.3: GLM パラメータ推定による戦闘能力評価

レーションを実施する．シミュレータによる試算では，実際の人員や機材を用いる模擬戦闘とは異なり，人的損耗や燃料を消費することなく同一の環境条件下で多数回の戦闘を実施でき，コスト面で非常に優れている．得られる結果に関しては，確率的変動が含まれるものの，数量化可能なデータを様々な切り口でまとめることができ，任務遂行時の平均的な様相を予見することができる．

GLM を用いて戦闘をデザインするプロセスを，図 8.3 に示す循環的なステップに沿いつつ説明する．

- 戦闘シミュレータの目的は，設定する特定の戦闘シナリオのもとで，多数回，同じ戦闘シミュレーションを繰り返すことである．戦闘開始時から終了時までの兵力損耗に関連する様々なデータを統計処理することで，その戦闘条件で戦う際の平均的な兵力損耗過程を描くことができる．さらにその損耗兵力から GLM のパラメータ推定を行えば，SF パラメータ値を確定することができる．

- 次に戦闘条件を少し変更したシミュレーションを実行し，パラメータ推定を再度行えば，前回シミュレーション時の SF や撃破速度から少し異なった値の SF や b, r が得られるはずである．（そうあってほしい．）

- そのシミュレーションで得た SF 値や撃破速度 b, r がどのような値を取るのか，戦闘条件のある指標に注目し，一定の方針に沿って変化させることで，パラメータ値がどのように変化していくのかを見極めることで，武器選択の妥当性や作戦の有効性，さらには将来の装備品取得のための方向性なども見えてくるのではないかと考える．

160　　　　　　　　　　　　　　　　　　第8章　一般化モデルの意義と使用方法

- このような，少しの条件変更→SFや撃破速度の変化の把握を繰り返しつつ系統的に追っていくことで，戦闘条件の変更が戦闘結果に及ぼす影響を定量的に把握できるはずである．(そうあってほしい！)

こうした循環プロセスが適用できそうな場面として，以下，2つの状況を想定例として示す．

[例1：運用の評価]

　一連の戦闘シナリオに沿って設定部隊の能力評価が期待できる．個々の兵士の能力は，日ごろの射撃訓練や行動パターンからある程度は把握できると思われるが，部隊全体での運用評価，特に定性的な要素は表現しにくいと思われる．日々の訓練や模擬戦闘での定性的な要素(指揮統率，習熟度レベル，地形や天候などからの影響)を直接的に数量化しようとする努力を迂回して，戦闘結果からSFを求めることで，その戦闘での部隊の振る舞いの良し悪しを間接的に評価すればよい，というスタンスである．戦闘シミュレータによりそのような定性的な指標の設定が可能であれば，という前提ではあるが，定性的な要素(例えば，戦闘指揮に関して，積極的とか消極的等)を簡単なレベル分けでも入力設定できれば，異なるシミュレーション結果が得られ，兵力損耗状況をプロットした回帰式によりSFを推定して，「運用のうまさ」や上記の「定性的要素」を包括的にSF値により定量評価する．こうした試行を様々な戦闘条件下で，複数回のシミュレーションを繰り返すことで，SF値のシステマティックな変化が見込めるはずである．SF値が，いわば，間接的な戦闘評価パラメータとなりうる．最終的な目標は，自軍・敵軍のSFの値(あるいはそれらの関係，関数)をできる限り□□すること！というような方向性が把握できるようになることを目指す．

[例2：新装備品取得プロセスでの代替案比較]

　現有の装備品に新たな武器システムを追加取得する際に現有兵器との共同運用場面で，あるいは，単独の新装備として運用開始する際の性能評価について考える．VBSを使って特定のシナリオに沿って交戦をシミュレートすることで，損耗や撃破に関する情報が得られ，両軍の損耗の時間変化を記録・プロットして，GLMのパラメータ推定することで，実運用に近い状況から得られる客観的な武器の性能値を算定することができる．カタログデータや実験室内・射場等での静的な状況での運用データではなく，(擬似)運用場面からのデータとして得られる点が重要であり，武器システムが威力を発揮する状況そのものからの性能が把握できるわけである．

　装備品の細部からの積み上げ方式で戦闘に関わる外的要因を定量化して，期待値モデルを構築し，その結果から要求性能・仕様を設定する，というボトムアップ型ではなく，外的要因を付与した交戦状況から戦闘をスタートさせ，多数回のシミュレーション戦闘結果を統計的にまとめて，その兵力損耗に応じた回帰式によりSF値(p_1, q_1, p_2, q_2)を推定し，武器の能力値をSF値と撃破速度b, rにより表現する，という思考過程である．

　最終的な新装備の要求仕様の決定は，SF値(あるいはそれらの関数値)を□□すること，と明示して要求するとともに，利便性や取得予算他，様々な要素も併せて考慮し，適当な水準で折り合いをつけることを目指す．

　いずれの適用例とも，□□の部分で定量的な基準設定を目指せるようにモデルの組み立て，また，その裏づけとなるモデル環境の整備と理解が今後の研究課題である．そのためには，戦闘環境に取り込まれる特定の機能(攻撃能力や防御能力，通信機能など)の優劣やそれらの

8.2. 一般化モデルの使用方法

運用方法，用いる作戦などに応じて，SF 値がどのように応答して行くのか，パラメータ相互の因果関係がどのように影響しあうのか，いや，はたして，様々な機能変化に呼応して，パラメータ値が増加や減少など特定の方向にうまく変化して行くものなのかなど，多くの数値的な検討を積み上げ理解を深めて行く必要がある．このような研究こそが，ランチェスターモデルを過去の緒戦の結果の分析を主目的とした活用だけではなく，現在の戦闘や，将来装備で戦った場合の戦闘の良否，勝敗の行方を描き出すための予測ツールとしての価値を発揮させる道となる．

以上，筆者がイメージしてみた適用場面であるが，このほかにも多くの適用場面があると思われる．戦闘シミュレータと GLM でのパラメータ推定を通して，従来にない戦闘評価を実施し，運用の良否判定や装備品選定場面のみに限らず，他の適用可能そうな場面にも適用してみて，戦闘能力評価の新たな手法として確立されていくことを期待したい．

第9章 新たな100年へ

ランチェスターモデルの誕生からすでに100年以上が経過し，次の100年に向けて，俯瞰的な視点からの個人的な想いを述べて本書を締めくくる．

9.1 モデルを視る新たな視点

これまでの各章のモデルで見てきたように，ランチェスターが戦闘中の各瞬間ごとの損耗状況を微分方程式のモデルで表現しようとしたアイディアは，それぞれの時代の様々な戦闘状況を描き出すことに成功し，誕生以来，100年以上の間受け継がれてきた．この事実から，ランチェスターモデルは，戦闘経過を記述する表現様式として，妥当なアイディアであったと考えられ，また，これからも当分の間は同じ形のままで受け継がれて行くだろうと思われる．モデル自身に対するこれまでのアプローチは，数学的な解法の探求や，論理的な考究が興味の中心であったように思われる．こうした立場から，微分方程式モデルの厳密解を求めたり，そこから得られる解析的な帰結を論じたりすることが研究の主流であった．また，現実の戦闘へのモデルの利用のされ方は，過去の戦闘データにモデルを適用してみて，戦闘経過の説明具合を確認することが多かったことは，これまでのいくつかの章の事例で見てきたとおりである．

一方，モデルが本来めざすべきところは，本書の後半で展開したように，戦闘行為を事前に評価して，戦闘の抑止や回避，限定的な実施策の検討等を行うための道具であるべきと考える．モデルの最終的な出力を意識してモデル研究を進めるばかりでなく，計算途中での過渡的な状況を何度も試算して考察することで，戦闘経過の解析にも意識が向けられるべきと考える．こうした到達点の違いから，モデルを直接的に解くのではなく，モデルを通して戦況変化を眺めつつ何らかの知見を得るためのツールとして，以下の視点を提案したい．

ツール発案のヒントとしたのは，**6.1**節のバトル・オブ・ブリテンの事例研究[26]のパラメータ推定における式変形である．(8.1)式の一般化モデル(GLM)を再度記述すれば，以下の式の連立式となる．

$$\frac{dR}{dt} = -bB^{p_1}R^{q_1}, \quad \frac{dB}{dt} = -rR^{p_2}B^{q_2}. \tag{9.1}$$

バトル・オブ・ブリテンでの式変形(6.10),(6.11)では，この2つの式の両辺の対数をとり，以下の線形式に書き換えた．

$$\log\left(-\frac{dR}{dt}\right) = \log b + p_1 \log B + q_1 \log R, \tag{9.2}$$

$$\log\left(-\frac{dB}{dt}\right) = \log r + p_2 \log R + q_2 \log B. \tag{9.3}$$

9.1. モデルを視る新たな視点

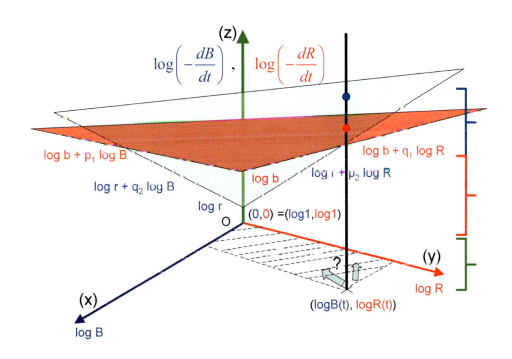

図 9.1: 一般化ランチェスターモデルを分析する視点

対数は，正値に対して定義される．もともとの損耗率 $dR/dt, dB/dt$ はマイナスの量として意識されているので，左辺ではそれらに負号をつけてプラスの量にして対数をとっている．この両式を，3次元対数 (log − log − log) グラフを用いて表示すると，図9.1 に示すような独立した2つの平面で表現される．両平面上の各点は双方の兵力変化率の対数 $\log(-dR/dt), \log(-dB/dt)$ を表現している．それが (9.2), (9.3) の右辺で展開される平面となっている．各平面とタテ軸との切片は $\log b$ あるいは $\log r$ である．おなじみの xyz 座標系のコトバで表現すれば，xy 平面に相当する基底面が，両軍兵力の対数表現である $\log B, \log R$ 兵力に対応している．対数をとることで線形性は崩れているが，log 関数では単調増加性が維持されるので，$\log B, \log R$ と B, R とはそれぞれ 1:1 に対応する．

[座標系の特徴]

まず，この3次元対数グラフ表現で特徴的なことを見ていこう．最初の注意点として，3軸が交差する原点 $(0,0,0)$ は，対数スケールゆえ $(\log 1, \log 1, \log 1)$ を意味している．例えば 10 を底とする常用対数で扱うならば，$0 = \log_{10} 1, 1 = \log_{10} 10, 2 = \log_{10} 100, \cdots$ と目盛りが大きくなっていき，小さくなる方向には，$0 = \log_{10} 1, -1 = \log_{10} 0.1, -2 = \log_{10} 0.01, \cdots$ という減り方をする．以下，平面と座標軸との関係で原点 $(0,0,0)$ となる瞬間，すなわち，兵力 B, R が1，あるいは，撃破速度 b, r が1となる状況について考えてみる．

xy 平面内で3軸が交錯している原点に相当する座標 $(0,0) = (\log 1, \log 1)$ は，対数の底によらず，B軍，R軍兵力の最低単位の1単位を表現している．兵力は，自然に考えれば整数値であるので，1戦闘単位以下の小数兵力は扱わないとすれば，理にかなった xy 原点であるといえる．さらにタテ軸 (おなじみの座標系での z 軸) の座標 0 についても考えてみれば，(9.2), (9.3) 両平面とタテ軸との切片が $0 = \log 1 = \log b = \log r$ となる場合は，いずれの軍でも撃破速度 b, r が (物理的次元を無視して，数値のみで見れば，) 1 となる状況を表す．これは，撃破速度 b, r が微分方程式 (9.1) の両式で兵力に掛けられる係数としてはポジティブに

作用していないこと，より詳細には，撃破速度としての機能は表式上は残っているものの，乗法における単位元のように働き，損耗に影響を与えない形で作用していることを意味しており，これもやはり理にかなったタテ座標の原点の値と見ることができよう．また，これまでの研究でしばしば採用されてきたような，交換比表現を b/r と r/b という逆数関係で考える場合には，いずれかの値が 1 以上であれば，もう一方は必ず 1 以下となり，タテ方向の log 軸上で両平面の切片が原点の上下で別れることになる[1]．前者の場合には，切片が z 軸のプラス領域に位置し，兵力に掛けられる対数撃破速度として，ポジティブに作用することが，一方，後者の場合は，切片がマイナス領域に位置し，兵力に掛けられる対数撃破速度としては，ネガティブに作用する (=1 以下の値が掛けられる) ことが，一目で認識できる．

[ランチェスター平面の特徴]

次に両軍の攻撃能力を表現する平面 (9.2),(9.3) では，各軍の攻撃能力が，'質' と '量' とに分離され，同じ z 軸方向で加法的に表現されている．質に関しては，タテ軸原点 0 から切片 $\log b, \log r$ までの距離で撃破速度，すなわち攻撃の '質' が示される．(図中の緑の波カッコ部分) 今まさに交戦しようとする瞬間の部隊のポテンシャルが，高低差による位置エネルギーレベルとして表現されている．他方，兵力量に依存する攻撃能力は現時点兵力 $(\log B(t), \log R(t))$ からタテ方向に延伸し，各平面と交わる点 (図中の赤丸，青丸の点) の位置の高さで表現される．(各平面ごとで，図中の赤波カッコと青波カッコ部分；順番は任意) こうした緑波カッコ部分による攻撃の '質' と赤・青波カッコによる攻撃の '量' に依存する部分とが合計されて，各軍の現在の攻撃能力が各平面上の一点として表現されている．ただし，いずれの値ともこれまでの線形量とは異なり，対数量で表現されている[2]ことに再度注意されたい．

さらには，交戦する瞬間の各軍の '勢い' あるいは '激しさ' に相当する概念は，兵力にかかるベキパラメータ値 p_1, q_1, p_2, q_2 であり，それらは各平面の勾配として表現されている．すなわち，各軍の「やってやるぞ」という気持ちが，各平面ごとの x, y 軸方向の勾配 (傾き) $\tan\theta_x, \tan\theta_y$ として図示され，また，ベキ数値として定量化されている．ただし，この勾配の値は対数軸で考えるのが妥当と思われ，通常の線形軸で考える勾配値とは異なるので熟慮する必要があると思われる．各軍ごとでその勢いが激しいほど (といって，どのような要素が勢い，激しさを表現しうるのか，現時点では明確ではないが)，x, y 軸と平面がなす角度は急勾配となる．この特性からもベキパラメータは，前章で提案したように，総合的な戦闘能力を示す指標，SF と呼ぶことができるといえよう．

こうした，3 次元対数座標系で定義される 2 枚の独立した攻撃能力を表現する平面は，おおむね第 1 象限 ($\log B \geq 0, \log R \geq 0, \log(-dB/dt) \geq 0, \log(-dR/dt) \geq 0$) 内での議論で有効である．数値計算の結果を実際に描く際には，常用対数の場合は，$(B, R, b(or\ r))$ で適当な小さな値 ($(1,1,1)$ や $(0.1, 0.1, 0.1)$) を原点にとり，3 次元の対数値に変換して描けばよい．この座標系と 2 平面を利用することで，これまでにない視覚的な考察が行えると考える．

以上で座標系とランチェスターモデルを表現する平面 (以下，ランチェスター平面と呼ぶ．) の特性の説明を終えて，次に，現在の両軍兵力 $(\log B(t), \log R(t))$ 時での 2 平面上の 2 点 (赤丸・青丸の点) が，これからどのように振舞うべきかについて考察していく．

---

[1] b, r の絶対値が 1 を前後して常に分かれる，ということではなく，双方の攻撃能力の相対値を逆数関係で見ることで，一方が優位 (>1) であれば，他方は必ず劣る (<1) ということ意図している．

[2] 線形で見るよりも，むしろ，対数で見る方が，本来，正しいのかもしれない．兵力を $1, 2, 3 \cdots$ と数えている状況と $7, 8, 9, \cdots$ と数えている状況を比較した場合，感覚的には，前者の方がよりクリティカルで緊迫した状況であると思われます．対数グラフの軸を思い浮かべていただけば，前者の方が後者よりも広い間隔で表現されていますね．皆さんはどのように感じられますか？ちなみに，聴覚を表現する音圧などでも，デシベルという対数単位を用いて表現されていることは周知のことと思われます．

9.1. モデルを視る新たな視点

[ランチェスター平面上で進みたい方向と進んでしまう方向]

2枚の別々のランチェスター平面では，各軍の現時点 (時刻 t とする) での攻撃能力が図中の赤丸・青丸の点位置の高さで表現されている．相互に攻撃を始めようとする，まさにこの瞬間に，現在の双方の兵力の交差点 $(\log B(t), \log R(t))$ 上方の，それぞれの平面内の赤丸，青丸の点から，自軍にとって，もっとも有利な降下方向ベクトルに沿って新たな次の点に移ることを双方の軍は独立に目指すはずである．それは，原則的には，一定時間内で各平面内で，もっともポテンシャルを下げる方向であると思われる．次の点への落差を最大化することで，自軍攻撃能力を最も発揮でき，敵軍兵力にもっとも損害を与えられるからである．各平面内の視点に立てば，微少時間 Δt 間に基底面内では $(-(\Delta \log B(t)/\Delta t), -(\Delta \log R(t)/\Delta t))$ だけ変化し，各平面上での移動では，それに伴う高低変化を最大化させる方向にベクトルをとりたいと考えるはずである．その際，微少時間がある程度長ければ，戦術の選択に応じた各方向への移動が等距離的ではないかもしれない．また，対数軸ゆえに各方向ごとの距離感は当然異なるはずである．しかし，逆に短時間であればあるほど，その時間内での移動は等距離的な線形の関係に近づき，現在いる点を中心としたある一定距離の円周上への移動となるとみなせる．そのときの上記の座標変化を伴う移動では，各平面上の現在点から最急降下方向ベクトルに向かう移動がベストであろう．ただし，どのような戦術が，あるいは行動方針・意思決定が，降下方向の決定に結びついているか，すなわち，広い意味での戦闘における行動と降下方向ベクトルとが，どのように結び付けられるかについては，現況ではなにも研究されていないようであり，皆目わからない状況である！現時点で，唯一いえることは，両軍とも兵力増強しない暗黙の了解であり，交戦中の兵力が広義の単調減少関数であることから，次に移る点 (の xy 平面への射影) は，図の xy 基底面での斜線部分が示すような，$\log B$ 軸，$\log R$ 軸と各軸に平行な点線で囲まれた矩形領域を基底とする各ランチェスター平面上のいずれかの点であるということだけである．

また，進みたい方向は (希望としては) 最急降下方向かもしれないが，実際の移動希望方向が2つのランチェスター平面間で一致しているとは限らない．各軍は別々の平面上で独立して攻撃能力を発揮しようとしているのだから，各平面上で自軍本位の方向ベクトルに沿って進もうとするはずである．が，次の Δt 間には確実に交戦が生起して，2つの平面間で何らかの相互作用を及ぼしあい，その後の時点 $t+\Delta t$ には，移動方向ベクトル間で折り合いがつけられて，ある共通の方向に移動して，次の時点の兵力点 $(\log B(t+\Delta t), \log R(t+\Delta t))$ に移動しているのである．この移動先の兵力点については，もともとのランチェスターモデルに拘束され，また，合成関数の微分の原理により決定される．すなわち，B軍兵力を例に取れば，次のように計算される．

$$\begin{aligned}\log B(t+\Delta t) &= \log B(t) + \lim_{\Delta t \to 0} \frac{\Delta \log B(t)}{\Delta t}\Delta t = \log B(t) + \frac{d(\log_{10} B(t))}{dB(t)} \cdot \frac{dB(t)}{dt}\Delta t \\ &= \log B(t) + \frac{1}{\log_e 10} \cdot \frac{1}{B(t)} \cdot \frac{dB(t)}{dt}\Delta t \, .\end{aligned} \quad (9.4)$$

これまでの議論では，対数は常用対数で考えてきているので，間違えないように，1行目の最後では，対数の底10を明示した．また，その微分した結果には，定数 $1/\log_e 10$ が付随することにも注意する．これに掛けられる $dB(t)/dt$ には，その状況でのランチェスターモデルの右辺が入力される．同様の計算がR軍兵力についても成り立つ．

$$\log R(t+\Delta t) = \log R(t) + \frac{1}{\log_e 10} \cdot \frac{1}{R(t)} \cdot \frac{dR(t)}{dt}\Delta t \, . \quad (9.5)$$

こうした微少時間経過とその間の2平面上でのベクトルの変化(方向決定と移動)を繰り返し，$\log B = 0$ の平面 (yz 平面)，もしくは $\log R = 0$ の平面 (zx 平面) に繰り返し移動していった点が到達することで戦闘が終結するのである．

[負けない（負けにくい）戦闘を遂行していくためには]

各軍がそれぞれに進みたいと思っている方向と，2枚のランチェスター平面間の相互作用の結果実際に進んでしまう方向との間には，当然，ズレがあり，そのベクトルのズレを，少しでも自軍に都合の良い方向に向けられる方策が分かれば，戦闘を優勢に進め，兵力損耗を抑え，最終的な勝利に結びつけられるカギとなるだろう．そのためには，自軍の現有の戦闘能力を，また，敵の攻撃能力をも含めて正確に見積もって，次に交戦する瞬間の方向ベクトルに正確に結びつけられることが，ランチェスターモデルを用いて戦闘をデザインすることにつながる．そうした，優位な方向ベクトルの決定を微少時間の交戦のたびに繰り返していければ，負けにくい，負けない戦い方ができるはずである．ただし，そのためには，交戦が生起する瞬間ごとの2枚のランチェスター平面を正確に見積もること，すなわち，様々な戦闘要素がランチェスター平面を決定する戦闘能力パラメータに及ぼす影響を精密に把握できることが必要である．(果たして可能であろうか？)

以上のアイディアを実際のモデルに適用する例の典型として，基本モデルごとで，ランチェスター平面の特性を見ていく．

[1次則モデル]

1次則モデル (1.1) の両辺の対数を取れば，以下の式で書くことができる．

$$\log\left(-\frac{dR}{dt}\right) = \log b_1 + 1 \times \log B + 1 \times \log R, \tag{9.6}$$

$$\log\left(-\frac{dB}{dt}\right) = \log r_1 + 1 \times \log R + 1 \times \log B. \tag{9.7}$$

それぞれの式のランチェスター平面を図 9.2 に示す．両平面が重なり見にくくなることを避けるために左右に別々に B,R 軍の攻撃能力を表示する．この図に見るように，1次則モデルでは，両平面とも特徴的な様相を呈する．SF 値が，$p_1 = p_2 = q_1 = q_2 = 1 = \tan 45°$ となることより，両平面は $\log B$ 軸，$\log R$ 軸いずれとも 45° の交差角をなす勾配を持ち，かつ，互いに平行となる．(ただしこの値は通常の線形軸の考え方で見ている．本来は，現在いる点の近傍で対数軸の値をもとに勾配値を計算すべきだろう．以下からの勾配の議論では，通常の線形軸の見方で表現していくので，注意していただきたい．2,3 次則モデルも同様．)

以下，説明のために通常の3次元グラフの慣例表示 (xyz 座標系) に従い，$z_R = \log(-dR/dt)$, $z_B = \log(-dB/dt)$, $x = \log B$, $y = \log R$ と表記するものとする．

両平面からいえることは，1次則モデルに従って交戦が経過する限りは，両軍ともに最急降下方向ベクトル $(-\partial z_R/\partial x, -\partial z_R/\partial y) = (-\partial z_B/\partial x, -\partial z_B/\partial y) = (-1, -1)$ に移動したがるはずである．すなわち，1次則に従う戦闘状況下では両軍の思惑は一致するはずである．現在の兵力量に応じた位置 $(x, y) = (\log B(t), \log R(t))$ にいるとすれば，図 9.2 左下に示すように，現在位置から全く一致した，$\log R$ 軸からの方位角 225° 方向 (南西方向) への平行移動を目指すのが双方の最適反応戦術であるといえる．この損耗方向へのさらなる移動を繰り返せば，結局は x, y 各軸とのなす角 45° の関係を維持したまま， $\log B = 0$ (yz 平面)，もしくは $\log R = 0$ (zx 平面) に到達して戦闘が終結する．

9.1. モデルを視る新たな視点

また，この方向への移動に限らず，任意の方向に移動した，新たな到達点での攻撃能力値 $\log(-dB(t+\Delta t)/dt), \log(-dR(t+\Delta t)/dt)$ は2平面の平行性により，もともとの点から同じ割合で低下しているので攻撃能力の比率は変わらない．このために損耗割合も一定となり，通常の1次則のフェーズ解が示すとおり，直線的な兵力減少が説明される．

こうした特性は，基本的な1次則モデル (1.1) 式で成立するばかりではなく，より一般的な1次則モデル (1.4) 式でも成立する．(1.4) 式の対数を取った関係式を以下に示す．

$$\log\left(-\frac{dR}{dt}\right) = \log b_1 + m \times \log B + n \times \log R, \tag{9.8}$$

$$\log\left(-\frac{dB}{dt}\right) = \log r_1 + n \times \log R + m \times \log B. \tag{9.9}$$

各軸との交差角 (の $\tan$) は，m, n と，これまでとは異なり一般化されているが，両平面は平行関係にあり，兵力損耗過程の様子は，これまでと同じ議論が成立する．以上を整理すれば，

1次則が成り立つ戦闘環境における損耗過程では，両軍の戦術選択は互いに最適反応戦術になっており，初期兵力量が決定された時点以降，戦闘経過は一意に決まり，最終的な決着点も決定される，ということが普遍的にいえる特徴がある．

図 9.3 に微少経過時間ごとの兵力損耗ベクトルの連続的な変化を xy 基底面に射影した点のふるまいを示す．$b_1 = r_1 = 1$ として描いている．$\log - \log$ の尺度ゆえに線形的ではないものの，図 1.3 のフェーズ解と同様に，両軍兵力が時々刻々と減少する様子が示されている．

1次則モデルの微分方程式が $dB(t)/dt = -r_1 R(t)B(t), dR(t)/dt = -b_1 B(t)R(t)$ であるので，Δt ごとの変化の様子は (9.4),(9.5) より次式で表すことができる．

$$\log B(t+\Delta t) = \log B(t) + \frac{1}{\log_e 10} \cdot \frac{1}{B(t)} \cdot \frac{dB(t)}{dt}\Delta t = \log B(t) - \frac{r_1}{\log_e 10}R(t)\Delta t, \tag{9.10}$$

$$\log R(t+\Delta t) = \log R(t) + \frac{1}{\log_e 10} \cdot \frac{1}{R(t)} \cdot \frac{dR(t)}{dt}\Delta t = \log R(t) - \frac{b_1}{\log_e 10}B(t)\Delta t. \tag{9.11}$$

これより $\log B$ 軸 (ヨコ軸) 方向の変化量が $-(r_1 R(t)/\log_e 10)\Delta t$，$\log R$ 軸 (タテ軸) 方向の変化量が $-(b_1 B(t)/\log_e 10)\Delta t$ であることがわかる．$b_1 = r_1$ とした図 9.3 の状況では，これらの変化量は単純に兵力数 $B(t), R(t)$ のみに影響を受けることがわかる．図中の 45°の傾きを持った直線付近では兵力比 (B/R (もしくは R/B) の値) は 1 に近いが，左上もしくは右下の領域に近づくほど，この比が 1 から離れて，大きく，あるいは，小さくなるために，曲線の振る舞いも，水平に近い，もしくは，垂直に近い変化をする傾向になることが図よりうかがえる．

また，従来の線形座標系でのフェーズ解は，撃破速度 $b_1 = r_1 = 1$ とすれば，(1.9) 式より，

$$R_0 - R = B_0 - B \tag{9.12}$$

となるが，この式を変形することで，

$$R = B + (R_0 - B_0) \quad \text{あるいは} \quad B = R + (B_0 - R_0) \tag{9.13}$$

と書くことができる．これらの関係式の両辺の対数をとることで，

$$\log R = \log(B + (R_0 - B_0)) \quad \text{あるいは} \quad \log B = \log(R + (B_0 - R_0)) \tag{9.14}$$

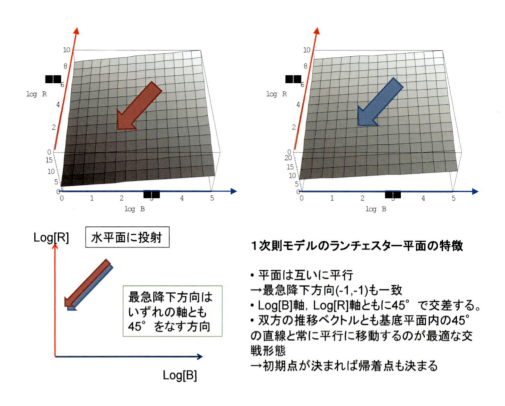

図 9.2: 1次則モデルランチェスター平面と最急降下方向ベクトル

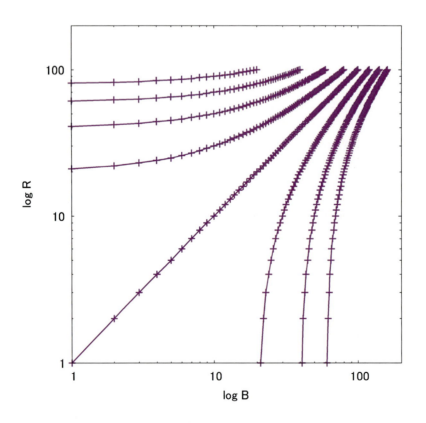

図 9.3: 1次則モデルの log-log フェーズ解 ($B_0 = 20 - 160(20\text{刻み}), R_0 = 100, b_1 = r_1 = 1$)

9.1. モデルを視る新たな視点

が得られる．線形座標系では (9.13) は B, R 各軸と 45°の傾きを持つ直線群として描かれるが，対数座標で表現した (9.14) では，座標目盛りのタテヨコ比が 1:1 ではない長方形目盛りが連続的に変化して行くために，図 9.3 に示すような曲線となる．

カッコ内で定数として付加されている $(R_0 - B_0)$ あるいは $(B_0 - R_0)$ は，$\log R$ 軸あるいは $\log B$ 軸との交点になっている．（正確には $R_0 - B_0 + 1$ あるいは $B_0 - R_0 + 1$ であるが．）

唯一 $R_0 - B_0 = 0$ となる場合のみ，すなわち，初期兵力が両軍で同じ $R_0 = B_0$ の場合には $\log R = \log B$ が成り立つ．$\log - \log$ 座標では，45°方向のマス目はだんだん小さくなる正方形マスが周期的に繰り返されるので，この場合は線形座標系で見るような線形性が崩れずに直線的なフェーズ解のままとなる．（両対数グラフ用紙をご参照ください．）

[2 次則モデル]

2 次則モデル (1.22) 式の両辺の対数を取れば，以下の式で書くことができる．

$$\log\left(-\frac{dR}{dt}\right) = \log b_2 + 1 \times \log B , \tag{9.15}$$

$$\log\left(-\frac{dB}{dt}\right) = \log r_2 + 1 \times \log R . \tag{9.16}$$

2 次則モデルで特徴的なことは，自軍兵力のみの '質' と '量' が右辺で作用していることである．このため，(9.15),(9.16) の右辺でも自軍の兵力変数のみが登場しており，登場してこない敵軍兵力変数には依存しない．これより，ランチェスター平面は，図 9.4 に示すような，敵軍兵力軸に向かって 45°で傾いた平面となる．このとき，各軍損耗の最急降下方向ベクトルは，$(-\partial z_R/\partial x, -\partial z_R/\partial y) = (-1, 0)$ および $(-\partial z_B/\partial x, -\partial z_B/\partial y) = (0, -1)$ となる．1 次則モデルでのランチェスター平面とは異なり，両平面では勾配方向がちょうど 90°ずれており，最急降下方向ベクトルは完全に独立である．

B 軍の攻撃能力は赤ベクトルが平面上に描かれた左の図であり，R 軍の攻撃能力は青ベクトルが平面上に描かれた右の図である．左の図の場合，最急降下赤ベクトルが示す $\log B$ 軸に平行な方向の攻撃 (移動) を考えた場合，B 軍の攻撃能力が低下するのみで，R 軍兵力 $\log R$ の減少は目指していない．これは，B 軍が自軍の攻撃能力のみをもっぱら減少させて，R 軍を減殺するような戦闘を遂行しよう，という戦意に見えないだろうか？青ベクトルが示している R 軍の攻撃能力の右図についても同様の考察ができる．両軍が独立して攻撃能力を発揮した結果，合成ベクトルにより次時点の兵力点が決まる．

図 9.5 に微少経過時間ごとの兵力損耗ベクトルの連続的な変化を xy 基底面に射影した点のふるまいを示す．$b_2 = r_2 = 1$ として描いている．この図の各曲線の傾向は，図 9.3 と同等であるが，左上領域，あるいは，右下領域での変化は 1 次則モデルの場合よりもさらに極端になっていることがわかる．これは 2 次則モデルの微分方程式より説明できる．2 次則モデルの微分方程式が $dB(t)/dt = -r_2 R(t), dR(t)/dt = -b_2 B(t)$ であるので，Δt ごとの変化の様子は (9.4),(9.5) より次式で表すことができる．

$$\log B(t+\Delta t) = \log B(t) + \frac{1}{\log_e 10} \cdot \frac{1}{B(t)} \cdot \frac{dB(t)}{dt}\Delta t = \log B(t) - \frac{r_2}{\log_e 10} \cdot \frac{R(t)}{B(t)}\Delta t , \tag{9.17}$$

$$\log R(t+\Delta t) = \log R(t) + \frac{1}{\log_e 10} \cdot \frac{1}{R(t)} \cdot \frac{dR(t)}{dt}\Delta t = \log R(t) - \frac{b_2}{\log_e 10} \cdot \frac{B(t)}{R(t)}\Delta t . \tag{9.18}$$

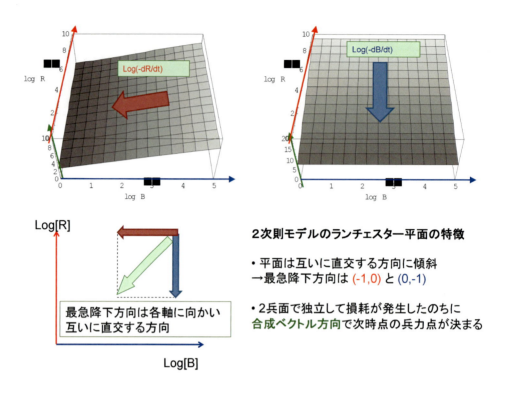

図 9.4: 2次則モデルランチェスター平面と最急降下方向ベクトル

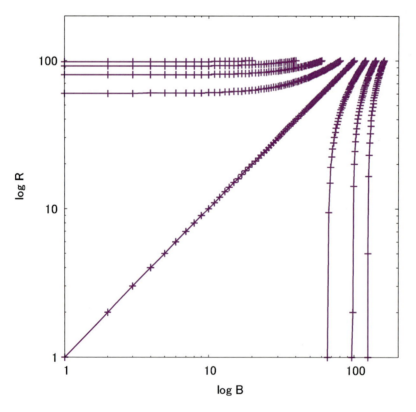

図 9.5: 2次則モデルの log-log フェーズ解 ($B_0 = 20 - 160(20\text{刻み}), R_0 = 100, b_2 = r_2 = 1$)

9.1. モデルを視る新たな視点

$r_2 = b_2$ とするとき，log–log 図上のタテ・ヨコ方向の変化量比は，1次則モデルでは (9.10),(9.11) の比較より $R:B$ であったが，2次則モデルでは上の2つの式で比較すると $(R/B):(B/R) = R^2:B^2$ となる．この比の増大により，左上あるいは右下の兵力比が極端になる領域においては，次の兵力点への移動の様子が1次則モデルよりも加速されていることがわかる．

従来の線形座標系でのフェーズ解は，撃破速度 $b_2 = r_2 = 1$ とすれば，(1.24) 式より，

$$R_0^2 - R^2 = B_0^2 - B^2 \tag{9.19}$$

となり，この式を変形することで，

$$R^2 = B^2 + (R_0^2 - B_0^2) \quad \text{あるいは} \quad B^2 = R^2 + (B_0^2 - R_0^2) \tag{9.20}$$

と書くことができる．これらの関係式の両辺の対数をとることで，

$$\log R = \log\sqrt{B^2 + (R_0^2 - B_0^2)} \quad \text{あるいは} \quad \log B = \log\sqrt{R^2 + (B_0^2 - R_0^2)} \tag{9.21}$$

となるが，これらが図 9.5 の各曲線に対応している．1次則モデルの場合と同様に考えれば，$\log R$ 軸との交点は $\sqrt{1+(R_0^2-B_0^2)}$，$\log B$ 軸との交点は $\sqrt{1+(B_0^2-R_0^2)}$ である．$B_0 = R_0$ となるときだけは，1次則モデルの場合と同様，原点を通る直線となる．

[3 次則モデル]

3次則モデル (4.41) の両辺の対数を取れば，以下の式で書くことができる．

$$\log\left(-\frac{dR}{dt}\right) = \log b_3 + 1 \times \log B - 1 \times \log R, \tag{9.22}$$

$$\log\left(-\frac{dB}{dt}\right) = \log r_3 + 1 \times \log R - 1 \times \log B. \tag{9.23}$$

図 9.6 に示すように，最急降下方向ベクトルは，$(-\partial z_R/\partial x, -\partial z_R/\partial y) = (-1, 1)$ および $(-\partial z_B/\partial x, -\partial z_B/\partial y) = (1, -1)$ である．B 軍の攻撃能力は赤ベクトルが平面上に描かれた左の図であり，R 軍の攻撃能力は青ベクトルが平面上に描かれた右の図となる．これまでの1次則モデル，2次則モデルでの最急降下方向とは異なり，本来，有り得ない最急降下方向がこれらの図に描かれている．それは，兵力が増加し得ないという制約のために，各ベクトルには，$+\log R$ 方向成分，$+\log B$ 方向成分が含まれてはいけないということである．図 9.1 の斜線部分で示された矩形領域内の方向にしか進めないということである．この制約のために，赤ベクトルは，あと 45°回転させて $\log R$ 軸に向かう方向から，135°回転させて $\log B$ 軸に向かう方向までの範囲が，また，青ベクトルはあと -45°回転させて $\log B$ 軸に向かう方向から -135°回転させた $\log R$ 軸に向かう方向までの範囲が進みうる方向の範囲となる．

この領域内に，最急降下方向ではないが，赤ベクトル，青ベクトルがそれぞれの平面内で動こうとする時，図のイメージからもわかるように，平面上で z 軸方向の高さが上昇する，すなわち，攻撃能力が向上する可能性もある．また，上昇しないまでも，このような方向にベクトルの向きを近づけられれば，負けにくい戦闘の展開が期待できることだろう．

図 9.7 には，微少経過時間ごとの兵力損耗ベクトルの連続的な変化を xy 基底面に射影した点のふるまいを示す．$b_3 = r_3 = 1$ として描いている．この図の各曲線の傾向は，図 9.5 と

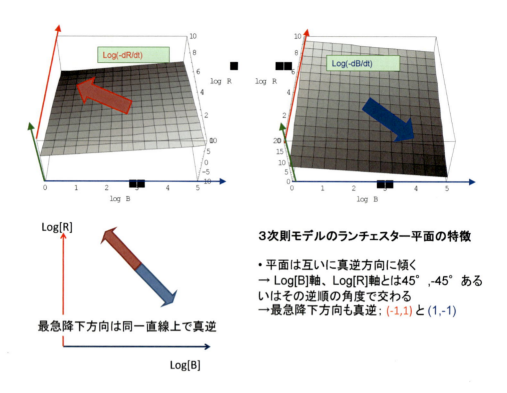

図 9.6: 3次則モデルランチェスター平面と最急降下方向ベクトル

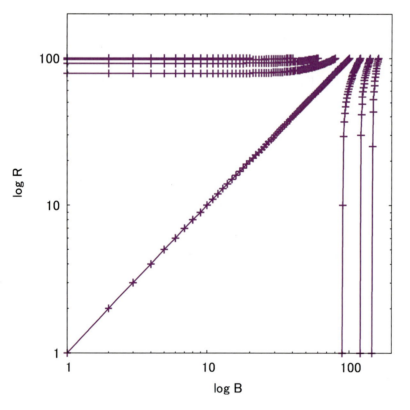

図 9.7: 3次則モデルの log-log フェーズ解 ($B_0 = 20 - 160(20刻み), R_0 = 100, b_3 = r_3 = 1$)

9.1. モデルを視る新たな視点

同等であるが，左上領域，あるいは，右下領域での変化は1次則モデル，2次則モデルの場合よりもさらに極端になっていることがわかる．これも3次則モデルの微分方程式より説明できる．3次則モデルの微分方程式が $dB(t)/dt = -r_3 R(t)/B(t), dR(t)/dt = -b_3 B(t)/R(t)$ であるので，Δt ごとの変化の様子は (9.4),(9.5) より次式で表すことができる．

$$\log B(t+\Delta t) = \log B(t) + \frac{1}{\log_e 10} \cdot \frac{1}{B(t)} \cdot \frac{dB(t)}{dt}\Delta t = \log B(t) - \frac{r_3}{\log_e 10} \cdot \frac{R(t)}{B^2(t)}\Delta t , \quad (9.24)$$

$$\log R(t+\Delta t) = \log R(t) + \frac{1}{\log_e 10} \cdot \frac{1}{R(t)} \cdot \frac{dR(t)}{dt}\Delta t = \log R(t) - \frac{b_3}{\log_e 10} \cdot \frac{B(t)}{R^2(t)}\Delta t . \quad (9.25)$$

$r_3 = b_3$ とするとき，$\log - \log$ 図上のタテ・ヨコ方向の変化量比は，これまでのモデルの場合よりもさらに増幅され $(R/B^2) : (B/R^2) = R^3 : B^3$ となることが上の2つの式の比較よりわかる．この比の増大により，左上あるいは右下の，兵力比がより極端になる領域においては，次の兵力点への移動の様子がこれまで以上に急激な変化となることがわかる．

線形座標系でのフェーズ解は，撃破速度 $b_3 = r_3 = 1$ とすれば，(4.38) 式より，

$$R_0^3 - R^3 = B_0^3 - B^3 \quad (9.26)$$

となるが，この式を変形することで，

$$R^3 = B^3 + (R_0^3 - B_0^3) \quad \text{あるいは} \quad B^3 = R^3 + (B_0^3 - R_0^3) \quad (9.27)$$

と書くことができる．これらの関係式の両辺の対数をとることで，

$$\log R = \log \sqrt[3]{B^3 + (R_0^3 - B_0^3)} \quad \text{あるいは} \quad \log B = \log \sqrt[3]{R^3 + (B_0^3 - R_0^3)} \quad (9.28)$$

となる．各軸との切片もこれまでと同様に求められる．

基本モデルで調べただけでも，このように3つのモデルで全く異なる3とおりの平面イメージが描ける．いずれの図からも明らかなように，この座標軸を利用すれば，両軍勢力に関して，その攻撃の質 b_i, r_i $(i = 1, 2, 3)$ が z 軸切片の高さにより，また，兵力量については xy 平面上の座標点 $(\log B, \log R)$ により，さらには，攻撃時の勢いは両平面の勾配成分 p_1, q_1, p_2, q_2 として，そして，それらを総合した現在の各軍の攻撃能力 (ランチェスター方程式でのその瞬間の撃破能力値) が2枚のランチェスター平面をタテ (z 軸) 方向に串刺しにした2交点で，視覚的に認識できるというメリットがある．現在いるそれぞれの平面上の点の近傍を見渡せば，どのような方向に戦闘を進めれば，攻撃力を十分に発揮できるかが，局所的に認識することができる利点もある．ただし，実際の兵力損耗の推移では，上記の基本モデルで見てきた限りでは，移動したいと思う最急降下方向と，ランチェスターモデルから決定される実際に移動してしまう方向との間には，確実に，ズレがあることもわかる．視覚的に移動したいとわかっていながら，ランチェスターモデルの定式で拘束されるために，その式に則った移動しかできないのが現実である．希望する方向にベクトルを向けることはできないものだろうか？

この可能性を探る手掛かりとして，以下のヒントがある．これまでの考察を振り返ってみると，見過ごしていた点がある．それは，移動方向ベクトルが曲げられるかもしれないということである．上記の3つの基本モデルによる考察では，各モデルでの撃破速度 b_i, r_i は定数として扱ってきたが，**5.4**, **5.5** 節の撃破速度の組み立てで見たように，撃破速度を兵力に

依存するモデルとすることも可能なのである．撃破速度が兵力 B, R の損耗に応じて変化するのであれば，当然ながら，その対数 $\log B, \log R$ も変化していく．すなわち，2 枚のランチェスター平面の表現自体が兵力損耗と共に変化し，降下方向ベクトルが変化していく可能性が十分考えられる．

また，上記の基本モデルでの検証では，撃破速度 b_i, r_i が固定されていたほか，SF 値 p_1, q_1, p_2, q_2 も単純な値に固定されていた．実際に戦闘評価を行う場面のモデルでは，戦況が刻々と変化していくために，これらの推定パラメータ値は短時間しか固定されないと予想され，すぐ次の時間帯には，別のパラメータ値へと変化するはずであり，次々と連続的にパラメータ推定作業を進めていくことで，降下方向を変化させていくことも可能なのではないだろうか？そうした即応性のある変化が実現できるように，この分析手法のベースとなる，GLM の理論を確立し，ランチェスター平面に応用することが，今後の大きな目標である．

こうした一連の議論を厳密に進めていくためには，詳細な分析が膨大に必要となるが，そこに論理的な筋道が示されれば，少しは思いどおりに交戦経過を進められるようになり，戦闘をデザインすることが実現できると考える．

これまでのランチェスターモデル研究では，与えられた連立微分方程式モデルを解析的や数値的に解き，時間解やフェーズ解に目を向け，それらの特性を調べた．また，過去の事例に当てはめて，モデルの当てはまり具合を調べ，うまい説明を引き出すことが主流であったように思う．どちらかといえば，時間に沿ってモデルが数値的に動いていく際の全体像を探求することが主流であった．ランチェスターモデルに関心を寄せる人々は，もともと数学にも興味があり，ひとたび微分方程式モデルが与えられると，その解法に思考をめぐらせ，最終的な時間解を求めたい，というプロセスに進みがちな衝動が起こるのかもしれない．

しかし，本節で提起した視点は，これまで主流であった一連の解析的なプロセスを目指すことではなく，式そのものが示す「自他軍の現状」(の平面) を認識し，自軍の手持ち資源を利用して,「どのような兵力投入を，運用を，戦術を，戦略をとれば，どのような方向にベクトルを向けられるか？」ということを検討するための材料としてランチェスターモデルの利用を意識するものである．モデルが描きたい全体像の把握に向かうよりも，むしろ，モデルを解く前の，モデルとして記述された瞬間の振る舞いに関心を寄せることも，モデル分析のための別の切り口として重要であると考える．「微分」が本来意識していること，すなわち，サムライどおしが刃 (やいば) と刃 (やいば) でぶつかり合う刹那に関心を寄せるようなことこそ，ランチェスターモデルが本来意図する視点である気がする．ランチェスターモデルを数学の計算問題としてではなく，オペレーションをリサーチするための道具として，より意識する扱いをここで新たに提案し，関係各位の皆様には視座の転換をご検討いただきたい．

デカルトは，ギリシャ以来の定規やコンパスによる作図に基づく幾何学に，いわゆるデカルト座標と呼ばれる直交座標系を導入して，幾何学の新たな方向性を示した．ここで設定したランチェスター平面では，逆に，解析的な連立微分方程式を 3 次元の直交座標系内の 2 枚の平面で表現することを試み，戦闘の趨勢を探求するために利用することを提案している．ランチェスター平面は現時点の攻撃能力を表示するメーターであり，次の兵力点を目指す指針 (ガイド) 的な役割も担っている．敵軍の損耗率を増大させ，自軍の損耗率を少なく抑えるための方向付けを提供するイメージング材料である．はたして，この表現方法が戦闘科学における新たな分析手段として，デカルト座標と同じような地位を確立し定着していけるかは，この図式化が今後利用され，利便性が見出されることに掛かっているといえるだろう．

より多くの努力が，実運用における行動や意思決定と GLM モデルパラメータとの関連性の研究，並びにランチェスター平面による表現方法の研究に注がれていくことを望む．

9.2 軍事科学モデルと自然科学モデル

　本書の冒頭でも述べたように，運動方程式に代表される自然科学モデルが成功をおさめ，さらなる多方面への展開が研究されつつある時代に，ランチェスターモデルは考案された．戦闘という複雑な現象を，簡明な形式で記述することを目指した複数の軍人や戦争研究者らにより同時多発的に考案された数理モデルである．当時の'ランチェスターたち'(ランチェスター，オシポフ，フィスケ，チェースら) の間では，表現や内容に多少の違いはあるものの，基本的な 1 次則モデル，2 次則モデルがほぼ同時期に発案された．

　このうち，2 次則モデルは，表面的には，自然科学におけるニュートンの運動法則と同じ形で記述されている．簡明な運動法則の存在とその成功が，2 次則モデルの誕生に影響したかは定かではないが，'ランチェスターたち' の頭の中で，誕生の契機となったのかもしれないと，個人的には推察する．改めて示すまでもないが，比較のために以下に両モデルを記す．

[ニュートンの運動法則]

$$\boldsymbol{F} = m\boldsymbol{\alpha} . \tag{9.29}$$

$\boldsymbol{F}$	外力	物体に外部から作用し，その運動に変化をもたらす原因
m	質量	規模を表す指標，大きさに比例する物体に固有の特性値
$\boldsymbol{\alpha}(=d\boldsymbol{v}/dt)$	速度の変化	外力が作用した結果，物体に速度変化が生じる．外力の向きと速度変化の向きは同じ (通常，両辺とも正符号)

[ランチェスター 2 次則モデル (R 軍の損耗式のみ)]

$$-\frac{dR}{dt} = b_2 B . \tag{9.30}$$

B	兵力数	規模を表す指標，戦闘単位 (兵士・車両等) 数に比例するその部隊に固有の特性値
b_2	撃破速度 (*or* 損耗率)	敵軍に作用し兵力数変化をもたらす能力値
dR/dt	兵力数の変化	撃破速度 (を通した敵からの攻撃) を受け兵力損耗が生じる．右辺と変化が逆 (マイナス), 異符号

2 つの表現での共通点・相違点について思いつくままに列挙すれば以下の各項が挙げられる．

- まず，数学的に明らかなことは，運動法則は運動方向情報を伴うベクトル式であるが，2 次法則は兵力量とその変化のみを対象とするスカラー式である．

- 運動法則からのアナロジーとして，2次則モデルが描かれているように，形式的には見ることができる．損耗の要因を一番自然な形で表現する様式，すなわち，敵の兵力数 B とその能力 b_2 との積で表現されている．二元論でものごとを捉えようとする視点はその単純さゆえに様々なところで見ることができる．防衛問題を例にすれば，戦闘主体の好戦傾向を「意図」と「能力」で表現したり，戦闘部隊についていえば「質」と「量」で見る視点である．ここではまさに部隊ごとの「質 (=撃破速度)」と「(兵力) 量」を対象としている．これらは，戦闘主体に応じて異なるが，これら 2 パラメータの積によって部隊の力を簡潔に表現し，相互に比較したりする．例えば A 国や B 国は軍事技術に傾注して高性能な兵器を有するものの，予算制約からその絶対数量は少ないが，一方の C 国は性能こそ標準レベルにすぎないが，兵力量が絶大である．これらの国々を比較する場合，2 パラメータの積の値によりいずれも同等と見る，などである．いずれにせよ，最小限のパラメータで簡潔に表現した点が (運動法則からのアナロジーかもしれないが) 両モデルで共通する，もっとも基本的なアイディアといえるだろう．

- 見た目上は 2 つのモデルは同等に見えるかもしれないが，内容は両者で大きく異なる．2 つのモデルでは因果関係がまったく逆の関係になっている．

    運動方程式では，左辺でさまざまな力が物体に作用し合成された結果，右辺の物体に加速度が生じるという因果関係が主張される．合力の向きと加速度の向きは基本的に同じである．力の具体的な源 (重力を生じさせる地球や摩擦抵抗を生む平面の存在) は明示されておらず，あくまで，物体のみがクローズアップされて議論の中心となっている．これにより，この式単体で物体の運動状態の様子が表現されている．

    一方のランチェスターモデルは，等号の左辺と右辺とでは登場する主体は等質的である．両者は敵対関係にある戦闘主体であり，右辺で自軍の兵力数と攻撃能力をかけた結果は，左辺で敵軍兵力の時間変化 (損耗) を生じさせるという因果関係を表示している．両辺では符号が異なる．また，この式とは対称的な，敵軍の兵力数と攻撃能力の積が自軍兵力を損耗させる式が，必ずセットで (連立されて) 存在する．

- パラメータの観測可能性について考えると，運動法則は自然科学が対象であり，モデルに取り込まれる観測量には意思が入り込む余地は無い．このため，様々な測定機器によりモデルに登場するパラメータ値を観測することができる．

    一方のランチェスターモデルは，戦闘単位の兵力量や敵軍の変化率は可測であるものの，撃破速度 r_i, b_i は第 5 章で見たように簡単には決まらない．環境条件である地形や気象・海象などの即物的な状況の考慮が必要なだけではなく，人間の心理状況までも加味しなければならない．さらには ROE や情報取得方式などの運用要素や技術的な要素も盛り込める余地がある．このように様々な要素がパラメータ決定に影響していることが，モデル化並びに解を得て吟味するまでのプロセスを極端に難しくしている．

(以上の正統な考察とは別に，表記されている文字から運動方程式 $F = ma$ を見れば，物質に働く外力 F (Force) の合計 (ベクトル和) が，動かしにくさや慣性力の源である質量 m の物体に，加速度 a を生じさせると物理的には解釈できるだろう．一方で，この式を軍事的な用語でとらえるならば，軍事力 (Force) とは，絶対的な兵力量 (マス;Mass) とその "勢い" との積である，と読み替えることができるかもしれない．"勢い" とは，部隊の機動性 (Acceleration) や俊敏性 (Agility)，あるいは攻撃精度 (Accuracy) などを意味していると見れば，運動方程式の表記は，実はミリタリーでも成立する関係式といえるかも？というのは言葉遊びである．)

9.2. 軍事科学モデルと自然科学モデル

このようにランチェスター2次則モデルと運動方程式とは，似ているような，似ていないような，そうした比較ができる近しい関係にあるといえるかもしれない．しかしながら，本書を通じて見てきたように，ランチェスターモデルは，それだけではない．敵の兵力のみならず自軍の兵力が，正のベキ数 (+1 → 1次則モデル) でも，負のベキ数 (−1 → 3次則モデル) でも作用しうるモデルが存在し，自軍兵力依存の多様性が，運動方程式よりも問題解決を格段に難しくさせている．

1次則モデルでは，そこに自軍兵力が存在しているために，かえって，損耗を拡大させてしまっている状況を表現している．第1章のモデル設定を参照すれば，面で制圧することを意図した地域全面への爆撃投射により，展開兵力の面密度に比例して被害が拡大し，兵力が存在するだけで損耗が拡大してしまう悪循環をモデルが描写している．

$$\frac{dR}{dt} = -b_1 BR, \quad \frac{dB}{dt} = -r_1 RB . \tag{9.31}$$

一方，自軍兵力が存在することで，損耗を薄める効果が生まれる3次則モデルを，第4章で提案した．展開する兵力全体で攻撃を受容し，損耗の増加を抑えるという好ましい効果を発揮するモデルである．攻撃・防御機能が分化され，システム化されている部隊が，このモデルにふさわしい部隊と思われるが，システムの一部が崩壊すると当初の態勢が急速に劣化するために，2次則型損耗が成立する状況に退化してしまうと思われる．

$$\frac{dR}{dt} = -b_3 \frac{B}{R}, \quad \frac{dB}{dt} = -r_3 \frac{R}{B} . \tag{9.32}$$

さらには，1次則モデルと2次則モデルを包括的に記述した Helmbold モデルや，近年まとめられた戦史データとの照合目的で案出された，より一般的な形式の GLM の登場が，状況をさらに複雑にしてしまった．

$$\frac{dR}{dt} = -bB^{p_1}R^{q_1}, \quad \frac{dB}{dt} = -rR^{p_2}B^{q_2} . \tag{9.33}$$

1次則, 2次則, 3次則モデルでの兵力ベキの整数性を取り払ってしまったことで，兵力損耗に及ぼす双方の兵力量のきき方の可能性が無限に広がった．すなわち，非整数次の兵力量依存性を許容したために，ランチェスターモデル自体は，ほぼカオスな状況に陥ってしまったのである．どの兵力量依存性 (の指数) に注目して検討を進めればよいのか？また，単独にその兵力の指数の変化だけ注目するのではなく，敵の兵力の指数も絡めて分析を進めるべきか？そもそも，どのようなパラメータから着手し始めるべきか？どのように分析手法を確立する (確定する) か？どういう手順で着手し始めればよいか？など，問題は山積である．

以上，両モデルを比較考察してきたことを整理すれば，自然科学モデル (運動方程式) は，今日では，自然科学・工業分野の基盤をなす基本法則として確立し，広く普及している．私たちの日常生活の様々なレベルで接する通常サイズの物体の運動をつかさどる規則となり得ている．機械のメカニズム，自動車・ロケット・人工衛星の運動など，あらゆる自然科学及び工業技術の原理として利用されている．

一方，軍事科学モデル (ランチェスターモデル) は，兵力損耗プロセスを記述する簡明で基本的な規則として広く認識されているものの，戦闘を記述する様式としては，うまく当てはまったり，そうでなかったりする経験則のようなレベルを脱していない．残念ながら現状では，法則として確立されたものとは言いがたい．その原因は，自然科学モデルに比べて，様々な要素 (環境条件・技術的要素・運用要件・意思等) が複雑に絡み合って作用していることが根元にあるためと考える．特に，人間の様々な思惑が相互作用しあうことで，複雑な結果を生じさせている面が多分にあると思われる．法則化への道は未だ前途多難である．

9.3 野望

前節で比較したように，誕生から100年以上が経過したランチェスターモデルは，依然として経験則レベルに過ぎず，まだまだ，発展途上段階にある．法則性が確立されて，軍事科学におけるスタンダードなモデルとしての地位を獲得する日はやって来るのだろうか？これこそ，ランチェスターモデル研究者たちが長年目指している夢であろう．戦闘関係の話題なので，あえて"野望"という言葉で，ランチェスターモデルを法則へと昇華させるためにクリアすべき課題及び使えそうなアイディアを挙げ，法則化までの(個人的に思う)長期展望の道筋を示しておきたい．

その道筋の参考としたい，気象予報での微分方程式モデルによる数値計算(数値予報モデル)について概観する．参考文献[51]によれば，ランチェスターモデルが提唱された20世紀初頭の同じ時期に，英国の気象学者，L.F.リチャードソン[49]によって近い将来の天気予報のための数値モデルの可能性が示された．「リチャードソンの夢」と呼ばれる彼のアイディアでは，気象予報の対象となる空間を多数の微小領域に分割し，微小領域ごとで大気の物理的特性のデータが収集・入力され，局所的な領域ごとでの大気状態のモデルを記述する．これらの局所大気の振る舞いが，時間が経過するに連れて，上下左右の領域へと次々に伝播していく微分方程式モデル(今日の数値予報モデル)による計算手順が提案され，実際に計算が実施された．この計算は手計算で実施されたため，わずか6時間の予報に2ヶ月の時間を要し，数値処理にも問題があったため，実際の予報には利用できなかった．彼が著書に記した方法によれば，64000人の計算者が整然と計算を行えば，実際の天候の変化と同じ程度の速さで天気予報が行えることを見積もった．

この予想は，当時の計算能力の限界ゆえに実現できなかったものの，1970年代になると電子計算機の計算能力の向上と並列処理の普及により，当時は夢でしかなかった数値予報が，ようやく実現されたのである．その後の計算機性能の飛躍的な向上と数値計算モデルの研究・改良により，21世紀の今日では，予報する範囲が時間的にも空間的な広がりでも拡大され，様々なレベルの予報が可能となり成功を収めている．

ほぼ同じ時期に考案された2つの予想モデルであるが，気象予報モデルでは計算機性能の向上や並列処理技術・観測技術の発展，解析モデル研究など，それぞれが相まって進歩した結果，実用段階に到達している．一方の戦闘予想モデルを目指すランチェスターモデルでは，何度も言うように，経験則の域を脱していない．

このように停滞している原因のひとつには，将来予測モデルとしての明確な視点やそこを目指す明示的な指針がなかったことが挙げられると思われる．ランチェスターモデルではこれまで，過去の事例を説明する目的での使用が中心であり，直近の戦闘推移の予測に活用するという視点が乏しかったように思われる．また，実際に生起する戦闘事例数が，気象現象の生起回数に比べて圧倒的に少なかったことも，将来予測も含めた事例分析が進まなかった原因と考える．

これまでのこうしたランチェスターモデルの利用状況から脱して，戦闘推移予測のためのツールとしての活用に至るまでの1つのハードルは，指揮官や部隊全体の意思が戦術に作用するプロセスの解明である．技術的要素の定量化や複数ある戦術の選択肢からの選択はある程度モデル化でき，シミュレートできることは，第5章で見たように現在の技術レベルでも実現できそうである．問題なのは，心理的に，精神的に，極限状況の中で，どのように意思が決定され，戦術を選択するか，というプロセスの解明である．手持ち資源の中から，投入兵力量，投入順序やタイミングなど様々な要素を決定しなければならない．現在の決定プロ

9.3. 野望

セスは，合議制による合意形成や隊長のカンなどが主流であることと思われる．

意思決定プロセスの解明を支援する技術として，人工的な知性 (Artificial Intelligence)AI が有効な手段となりうると予測する．計算機の性能が飛躍的に向上しつつある現在，計算機シミュレーション出力から多量の疑似戦闘データが収集でき，それらを意思決定材料として機械学習させ，意思決定までの過程を探求するのである．もちろん，最新の社会科学や心理学からの材料も併せて取り込む必要があるだろう．そうして得た様々な代替案や選択順序の中から，直面する状況に最も即した決定をもとに戦術を組み立て，再度，戦闘シミュレーションを実施するのである．この一連のよりよい戦闘が練り上げられていく過程で AI などの計算技術からの支援が提供されることに期待する．かつて，OR が執行部の意思決定の判断材料を提供する機能として利用されていたように，AI などの最新 IT 技術の研究成果が，戦闘における様々な局面での判断材料を提供すべき段階にきていると考える．気象モデルのブレークスルーが並列処理であったように，戦術判断モデルのブレークスルー (の少なくとも 1 つ) は，AI ではないかと考える．

もう 1 つ周辺を固めるアイディアとして，AI などの IT 技術を意思決定支援ツールとして採用するための環境整備として，交戦の際の戦闘公理のようなものを明確に設定すべき時期に来ていると考える．従来の基本モデルを定義した枠組みでは，兵力均一で，全体対応で，というような数学的に扱う際の均質性の仮定などを設定をしたが，AI などの技術がスムースに動作できるような戦闘環境を明確に定義し，そこでシミュレーションを設定できるような，新たな公理的な命題をきちんと定義すべきであろう．モデル構築が進められる際に，戦闘公理のようなものを規定することで，AI の判断が妥当となる条件が整えられるからである．採用すべき戦闘公理は，何が適当かはよく分からないが，自明と思われる，例えば，次のような命題が挙げられるだろう．

- 最適な戦術は存在する．自軍兵力がこの戦術に従わない場合は，従った場合に比べて，撃破する敵兵力は減少し，自軍兵力の損耗は増大する．

- 撃破速度 (あるいはその比，関数など) は装備や通信インフラなどの定量的な部分だけではなく，運用効率や士気など，あらゆる戦闘遂行性能を含む総合的な能力指標である．

- GLM モデルが成立する時間は有限である．次の時間帯には別のパラメータに依存する GLM モデルへと移ろっている．

戦闘における基本的な概念を公理として設定することで，AI などの計算機技術の動作規準を与え，合理的な判断を出力するまでの，よりスムースな意思決定プロセスがサポートされると考える．計算機技術による人智の機械化が，戦闘において指揮官が抱きがちな，迷いやためらいを除外し，運用方針を最適に決定させる時代が到来し，戦闘の趨勢がこれまで以上に正確に予想できる状況になるだろう．計算機技術を使って兵を動かす時代となることで，戦闘での意思決定に，人間のあやふやな判断が，より入りにくい時代となり，状況に即して人工知能が判断した意思が，実際の戦闘経過を忠実に再現しうる環境になりつつあると考える．ランチェスターモデルにより，真の戦闘結果に至るまでの状況が忠実に予測される時代が到来しつつあると考える．

ただし，開発者や AI 自身でさえ説明できない判断が出力されないように常に注意を払う必要もあるだろう．大量のデータを深層学習し出力を返すような仕組みであるために，AI の思考過程が見えず，システム開発者でさえ，AI の判断根拠が理解できないことが起こりうるかもしれない．

本節では，ランチェスターモデルを使って，直近の将来戦闘での経過概要や勝敗予想ができるようになるためのポイント(として個人的に思うこと)を解説した．既存のランチェスターモデルをベースとするならば，自他両軍の撃破速度と兵力依存性(ベキ数)を正確に見積もるための努力が必要であり，上述したようなポイントをクリアしなければならないと考える．そうすることで，ランチェスター平面での降下方向ベクトルと自軍・他軍の戦闘能力とを結び付けて最適な降下方向を精密に予想し，負けにくい(負けない)戦闘推移を逐次描き続け，戦闘帰結までを見通すことができるようになれば，無駄な戦闘行為が減少していくことにつながるだろう．

戦闘モデルの将来展望について，気象学における「リチャードソンの夢」を引き合いに出して説明した．現段階では，ランチェスターモデルは経験則に過ぎないが，運動方程式や気象予報モデルに比べて，唯一勝る点がある．それは，モデルの対象が制御可能であるという点である．物理現象は必然的に決定され，また，気象現象は制御がほぼ不可能である．それらの事象に比べれば，戦闘行為は，人間の理性により制御も回避も可能である．モデルの法則化は困難な課題ではあるが，法則化によって得られる成果から，無益な争いや衝突が，計算機の理性により事前に回避できるような状況が生まれるかもしれない．'次世代のランチェスターたち'には，戦闘予測モデルを確立するための努力に集中していただき，これからの100年，あるいは，それ以上の期間になるかもしれないが，できる限り早い時期に法則化を実現していただきたいと心より願う．

9.4 残された課題

以上までに展開してきたランチェスターモデルの将来像の議論とは別に，これまで触れずに回避してきた根本的な懸案事項，今後の検討を試みたいと思う課題について列挙する．未来への宿題として書き留めて，本書を締めくくる．

- 確率論的モデルと決定論的モデルとの狭間をどのように区分するか？

    今後の戦闘のあり方を考えると，大規模な同じ能力を持った一様な部隊どおしが激突する，すなわち，基本モデルの適用が想定されるような戦闘が生起する可能性は低減し，替わって，小規模なシステム化された兵力が一連の順序で組み立てられる作戦に沿って行動するような戦闘が生起する可能性が増大すると思われる．それは，投入部隊の規模とリスクのバランスから予想される流れであると思われる．作戦目的達成のために効率的な運用を目指すこと，また，大規模部隊の動員が準備期間やコスト面から以前よりも難しくなっていることなどから適切な運用サイズが決定されるだろう．

    こうした流れで考えた場合，以前に比べれば，よりスリム化した中間的な規模の兵力どおしの交戦モデル，システム化された限定部隊どおしの層別モデル・合成兵力モデル，あるいは確率論的なモデルなどのニーズが高まることが予想される．従来のモデル体系では，大規模な兵力間の交戦を記述する決定論的モデルと，少数部隊間での交戦を分析する確率論的モデルに大別して研究されてきているが，今後もこの流れに沿って，決定論・確率論モデルで分析して行くべきであろうか？両者を分ける兵力数の境界値はどのような思考過程で決定したら良いのだろうか？また，そのほかに，中間的な規模の兵力間での戦闘を記述する新たなモデル体系を確立する必要があるのではないだろうか？

9.4. 残された課題

中間的な規模のモデル作りの際にヒントとなりうる手がかりとしては，例えば，物理学における，中間的なスケール，サブスケールの物理学の手法が挙げられるかもしれない．物理学においては，古典的な力学・解析力学とミクロな世界の事象の記述に利用される量子力学・統計力学をつなぐ，中間的な領域 (メソスコピック領域) の現象を理解するための研究が始められている．そうした状況での現象の扱い方が中間規模兵力でのモデル作りのヒントとなるかもしれない．

- **物理的解釈と数式表現**

    撃破速度の次元が GLM の登場によってオカシなことになってしまっている．本書での GLM の導入以降はその点について触れずに議論してきた．第 1 章で見たように，1 次則モデルや 2 次則モデルでは物理的な解釈にもとづいて撃破速度の次元が適正に組み立てられていた．GLM の導入後は，物理的な解釈は無視して，数値のみでモデルを扱う立場として説明してきた．本来，ランチェスターモデルは，戦闘経過を記述する現実に根差すモデルあることから，各パラメータについては物理量に基づく組み立てであってほしい．基本モデルでの物理的な組み立てと，GLM で見た単なる数値を入力するだけの式としての扱いとの差異を，どのように理解したらよいのだろうか？どのようにしたら，つなげられる解釈が可能となるのだろうか？

- **損耗過程の形態論**

    第 1 章の基本モデルの時間解の導出で見たように，基本的なモデルの時間解が示す兵力損耗は，時間とともに単調減少で損耗していく exp 型の損耗形態である．一方で，日露陸戦モデルやピカソモデルで見たような，戦闘開始直後には双方の兵力があまり減耗しないものの，中間期で大きく兵力を減らすような損耗形態も存在する．実践的には，後者のほうが現実をうまく表現できているようであり，自然な気がする．現代兵力構成での戦いでは，特に，システム化された部隊間の交戦形態が主流であり，開戦当初は双方で損耗があまり生じないように配慮されて戦闘がスタートすると思われる．こうした事情で，後者のような損耗形態が主流になっているように思われる．この損耗過程を描く工夫としては，日露陸戦モデルで想定したように，戦闘中盤の撃破速度を大きく設定することや，ピカソモデルのように，撃破速度とともに兵力ベキも時間変化させ，損耗フェーズ自体を変化させていくことで説明した．現代兵力による交戦で特徴的な損耗形態を論理的に組みたて，説明するためのモデル自体の構築様式を再検討して，より現代的な戦闘に即したランチェスターモデルを改めて考えなおすことが必要な時期かもしれない．

付録A　数学的補足

A.1　微分方程式の数値解法

　微分方程式は，物理学が対象とする現象 (物体の運動，振動，原子核の崩壊など) をはじめ，社会現象，生態系の食物連鎖等，世の中の様々な現象を表現するモデルとして広く利用されている．簡単な微分方程式は解析的に解く努力がなされ，実際に解くことも可能であるが，少し複雑なものになると，途端に手に負えなくなる．しかし，近似解を得ようとするならば，どのような微分方程式でも数値解法による (数値的な) 解 (の振る舞い) を得ることができる．理工系の大学生にとっては，微分方程式の数値解法の習得は，必修事項の1つであるので理解されている方も多いと思う．ここでは，まず，微分方程式の数値解法の原理を解説し，簡単な例により実際に微分方程式の数値解を求めてみる．

A.1.1　オイラー法，修正オイラー法，ルンゲ・クッタ法

　微分方程式は一般に次の形で与えられる．

$$\frac{dy}{dx} = f(x, y) , \tag{A.1}$$

$$y(x_0) = y_0, \qquad x_0 \in [x_{min}, x_{max}] . \tag{A.2}$$

(A.1) が微分方程式本体であり，(A.2) は初期条件である．初期条件では，計算を開始する初期点 $x = x_0$ に対して，解曲線 y が通過する関数値 y_0 が指定されている．これは，一般に微分方程式の解 y には，不定の定数項が含まれているために，無数の平行移動した解曲線が存在する可能性があるため，そうした可能性を排除して一意に決定されるように，通過する1点をあらかじめ指定しておくのである．

オイラー法

　最も単純な数値解法は，オイラー法と呼ばれる計算法である．この方法では，(A.1) を解析的に解く代わりに，初期点 (x_0, y_0) から始めて，反復パラメータ $n = 0, 1, \cdots$ に対して，

$$x_{n+1} = x_n + h , \tag{A.3}$$

$$y_{n+1} = y_n + hf(x_n, y_n) \tag{A.4}$$

を計算していく．計算のイメージを図A.1に示す．x については，一定の微少量 (正でも負でも構わない) h ずつ加えるのと同時に，y については，x の変化に伴う関数値の増加分 dy を加える．この増分 dy の計算根拠は，次に示すとおりである．

$$dy \approx \Delta x \frac{\Delta y}{\Delta x} \approx h \left(\frac{dy}{dx}\right)_{x=x_n} = hf(x_n, y_n) . \tag{A.5}$$

A.1. 微分方程式の数値解法

この手順を次々に繰り返しながら，(x_{n+1}, y_{n+1}) の値を順次求めていく．現在の点 (x_n, y_n) から外側に伸ばして次の点 (x_{n+1}, y_{n+1}) とつないで，連続する折れ線により近似的に解曲線の形状を描写するという原理は非常に単純である．ただし，オイラー法では，現在の点での勾配情報 $f(x_n, y_n)$ のみを利用するので，以下に紹介する方法に比べると精度は良くない．

この近似精度の問題を改善するために，複数の勾配情報を利用する修正オイラー法 (ホイン法)，ルンゲ・クッタ法について以下で説明する．これらの手法では，増分 dy を求める際に複数の情報を利用することから，オイラー法に比べれば，真の解により近い精密な解曲線を得ることができる．

修正オイラー法 (ホイン法)

オイラー法で真の解に近い数値解を求めるための工夫として，刻み幅 h の値を小さくとり計算を進めることがある．この際には，解を求めたい区間 $[x_{min}, x_{max}]$ 内をより細かな多数の点に区切って数値解を計算する必要があり，多量の時間 (あるいは計算コスト) を要することになる．また，あまりにも小さな h で計算を実行すると，丸め誤差の影響によりかえって精度が落ちることもある．そこで，ある程度の大きさの h の値を保ったまま，精度の良い数値解法が模索され，修正オイラー法が考案された．

修正オイラー法では，現在の点 (x_n, y_n) から傾き $f(x_n, y_n)$ で進んだ点の y 座標を仮に $\tilde{y}_{n+1}$ とする．この仮の点 $(x_{n+1}, \tilde{y}_{n+1})$ で，さらに，傾き $\tilde{f}(x_{n+1}, \tilde{y}_{n+1})$ を求めて，この傾き $\tilde{f}(x_{n+1}, \tilde{y}_{n+1})$ と，もともとの点での傾き $f(x_n, y_n)$ の平均 (足して 2 で割ったもの) を x_n から x_{n+1} に伸ばす場合の平均の増加率とする方法である．イメージで言えば，1 つ先までの点での傾き情報を利用して，現在の点からの増加傾向を決定することになり，"先を見越した" 決定方法であるといえる．この方法によれば，分割数はオイラー法と同じであるので，n の増加に伴う反復回数は同じになるが，傾きの計算が各反復ごとに 2 回必要となるために，全体的な計算負荷は 2 倍程度を要することになる．しかし，計算誤差に関しては，オイラー法が誤差 $O(h)$ の解法であるとすれば，修正オイラー法は，$O(h^2)$ の誤差の解法であり，より真の解曲線に近い結果が得られることが保証されている．

$$\tilde{y}_{n+1} = y_n + h f(x_n, y_n), \tag{A.6}$$

$$y_{n+1} = y_n + \frac{h f(x_n, y_n) + h \tilde{f}(x_{n+1}, \tilde{y}_{n+1})}{2}. \tag{A.7}$$

ルンゲ・クッタ法

次の点での関数値 y_{n+1} を求める際に，以下に示す 4 つの増分情報の加重平均により決定する方法である．

$$k_1 = h \cdot f(x_n, y_n), \tag{A.8}$$

$$k_2 = h \cdot f(x_n + h/2, y_n + k_1/2), \tag{A.9}$$

$$k_3 = h \cdot f(x_n + h/2, y_n + k_2/2), \tag{A.10}$$

$$k_4 = h \cdot f(x_n + h, y_n + k_3) \quad \text{とし}, \tag{A.11}$$

$$y_{n+1} = y_n + \frac{1}{6} \times (k_1 + 2k_2 + 2k_3 + k_4). \tag{A.12}$$

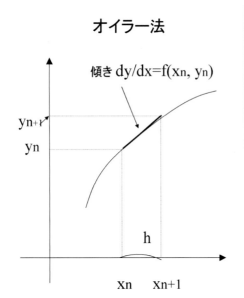
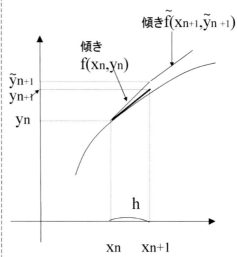

図 A.1: オイラー法・修正オイラー法による増分計算イメージ

これまでの 2 つの方法では，x の変化量を h として反復計算を実施していたが，ルンゲ・クッタ法では，「半分くらい進んで様子をみる」というアイディアに基づいて増分計算に役立てている．すなわち，h ごとで進んだ場合の増分 k_1, k_4 に対して，$h/2$ 進んだ場所での増分 (=勾配 × h) k_2, k_3 をあらかじめ計算しておく．そして，(A.12) に示すように，これら中間的な場所での増分を手厚く 2 倍の影響度で，一方，h ごとの場所での増分は少なく影響させて，加重平均して増分を決定しているのである．この方法では，今までの方法よりもさらに精度が向上し，$O(h^4)$ の精度があることが保証されている．

簡単な微分方程式でこれらの数値解法の精度の違いを例示する．次の微分方程式を考える．

$$\frac{dy}{dx} = 1 - y^2 , \tag{A.13}$$

$$y(0) = 0, \quad x \in [0, 1] . \tag{A.14}$$

この微分方程式は，解析的に解くことができ，$y = \tanh x (= (e^x - e^{-x})/(e^x + e^{-x}))$ が解となる．図 A.2 は，Mathematica® により $y = \tanh x$ を区間 $[0, 1]$ で描いたものである．これに対して，(A.13) に基づいて，表計算ソフトで $x = 0.2, 0.4, \cdots, 1.0$ での y の値をオイラー法，修正オイラー法，ルンゲ・クッタ法で計算してみると，それぞれ次の表に示すような結果となった．

表 A.1　各計算方法による計算結果　($h = 0.01$)

$x =$	0	0.2	0.4	0.6	0.8	1.0
$Mathematica$ での $\tanh x$	0	0.197375	0.379949	0.537050	0.664037	0.761594
オイラー法	0	0.197564	0.380613	0.538261	0.665666	0.763422
修正オイラー法	0	0.197372	0.379942	0.537040	0.664025	0.761582
ルンゲ・クッタ法	0	0.197375	0.379949	0.537050	0.664037	0.761594

A.1. 微分方程式の数値解法

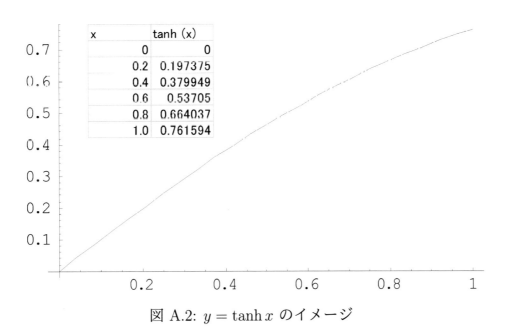

図 A.2: $y = \tanh x$ のイメージ

対象としている関数は $y = \tanh x$ であり，区間 $[0,1]$ で上に凸な増加関数である（$y' > 0, y'' < 0$）．2 階微分が負なので，勾配は次第に減少していく．こうした変化傾向のため，現在の点情報のみで勾配（および増分）を計算していくオイラー法では，次の点を過剰見積りがちとなるため，各点の関数値 y は真の関数値 $\tanh x$ に比べて，やや大きめの値を計上している．一方，修正オイラー法では，1 つ先の点までの勾配（および増分）情報を求め平均化した結果，実際の関数値よりもやや小さな値を計算していることがわかる．ただし，計算精度は向上し，真値と異なるのは小数点以下 5 ケタ目からである．そして，よりマイルドに，中間的な増加点での情報を利用するルンゲ・クッタ法では，数値計算結果と $\tanh x$ の値とは，提示した有効数字の範囲では，ピタリと一致していることがわかる．

どの数値計算手法を利用するかは，求める計算精度や計算の負荷を考えて選択すればよいと思うが，実際の戦場から得られるデータ（あるいは戦闘シミュレーションデータなど）に基づいてランチェスターモデルの数値計算を実施する際には，簡便なオイラー法で十分であると考える．なぜならば，計算対象は，戦場という混沌とした乱雑な環境から得られるデータであり，データ自体が実験室レベルや工業データほどの精度で要求も保証もされていないからである．また，即応性が要求される現場でもあり，あまり長時間の（アルゴリズム上は多ステップの）損耗情報を計算する必要がないと考えるからである．以上のような事情から，簡単なオイラー法により短時間で数値解を計算する方針を推奨したい．

A.1.2 連立微分方程式の数値解法

次に連立微分方程式であるランチェスターモデルの数値解法について考える．微分方程式での増分の計算方法は，これまでに説明した諸手法（オイラー法等）と同じでよい．ただし，求めるべき関数値（残存兵力）を B 軍，R 軍独立に，同時並行的に計算していく点がアルゴリズム上で異なっている．計算の流れを図 A.3 に示す．

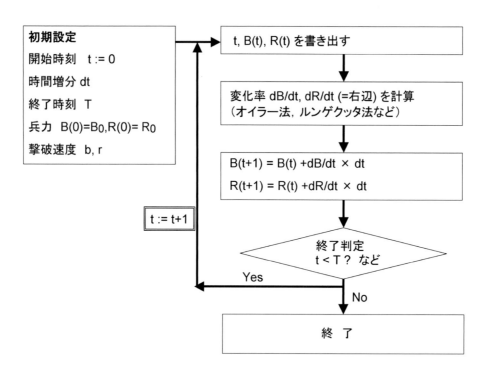

図 A.3: 連立微分方程式の数値解法のアルゴリズム

まず，計算開始時刻を $t = 0$ として，適当な時間増分幅 dt，計算終了時刻 $t = T$ を設定しておく．また，兵力に関するパラメータ値を設定する．初期兵力 $B(0) = B_0, R(0) = R_0$，撃破速度 b, r を与える．繰り返し操作では，最初に，$t, B(t), R(t)$ を記録する．次に兵力の変化率 $dB(t)/dt, dR(t)/dt$，すなわち，与えられているランチェスターモデルの右辺をオイラー法等により計算する．この変化率に時間増分 dt を掛けて，増分 $dB(t), dR(t)$ とし，もともとの兵力それぞれに加えたものを $B(t+1), R(t+1)$ とする．(ランチェスターモデルゆえに，実際は，兵力の減少分を計算しているが，便宜上，増分と呼ぶ．) 現在時刻 t と上限 T とを比較して，上限に到達しているか判定する．到達していなければ，$t = t + 1$ と更新して，再び，次の時刻で同じ手順を繰り返す．このフローでは，時刻の上限が T に到達すれば計算を終了するとしているが，例えば，いずれかの軍の兵力が1以下になったなら，プログラムを終了する，というような終了判定条件に変更してもかまわない．

A.1.3 プログラミング実習

数値計算の演習課題として，基本的なランチェスターモデル (1次則, 2次則, 混合則) の問題例を示す．数値的に解いてみて，様々な条件下での解の挙動や収束するまでに要する時間などを実際に観察していただきたい．(表計算ソフトでの実行を推奨いたします．)

A.1. 微分方程式の数値解法

演習問題 1: （1 次則モデル）

$$\begin{cases} \dfrac{dR(t)}{dt} = -a_B s_B B(t) \dfrac{R(t)}{A_R} = -b_1 B(t) R(t) \\ \dfrac{dB(t)}{dt} = -a_R s_R R(t) \dfrac{B(t)}{A_B} = -r_1 R(t) B(t) . \end{cases} \quad (A.15)$$

(A.15) で示される 1 次則モデルで，次の各パラメータ値の場合について数値計算を実行し，その結果 (時間解, フェーズ解) を図示しなさい．また，得られた結果を各ケース間で比較し，撃破速度 b_1, r_1 及び初期兵力量 B_0, R_0 の点から考察しなさい．

1. $B_0 = 100$, $R_0 = 100$, $b_1 = 0.001$, $r_1 = 0.002$ の場合．
2. $B_0 = 100$, $R_0 = 100$, $b_1 = 0.001$, $r_1 = 0.001$ の場合．
3. $B_0 = 100$, $R_0 = 100$, $b_1 = 0.002$, $r_1 = 0.001$ の場合．
4. $B_0 = 50$, $R_0 = 100$, $b_1 = 0.002$, $r_1 = 0.001$ の場合．

演習問題 2: （2 次則モデル）

$$\begin{cases} \dfrac{dR(t)}{dt} = -p_B s_B B(t) = -b_2 B(t) \\ \dfrac{dB(t)}{dt} = -p_R s_R R(t) = -r_2 R(t) . \end{cases} \quad (A.16)$$

(A.16) で示される 2 次則モデルで，次の各パラメータ値の場合について数値計算を実行し，その結果を図示するとともに，各ケース間で比較・考察しなさい．

1. $B_0 = 100$, $R_0 = 100$, $b_2 = 0.01$, $r_2 = 0.02$ の場合．
2. $B_0 = 100$, $R_0 = 100$, $b_2 = 0.01$, $r_2 = 0.01$ の場合．
3. $B_0 = 100$, $R_0 = 100$, $b_2 = 0.02$, $r_2 = 0.01$ の場合．
4. $B_0 = 10$, $R_0 = 100$, $b_2 = 0.1$, $r_2 = 0.001$ の場合．
 （「B 軍は兵力を 1/10 とするためには 100 倍の性能が必要」という命題は本当か？）

演習問題 3-1: （混合則モデル）

$$\begin{cases} \dfrac{dR(t)}{dt} = -b_1 B(t) R(t) \\ \dfrac{dB(t)}{dt} = -r_2 R(t) . \end{cases} \quad (A.17)$$

(A.17) で示される混合則モデルで，次の各パラメータ値の場合について数値計算を実行し，その結果を図示するとともに，各ケース間で比較・考察しなさい．

1. $B_0 = 100$, $R_0 = 100$, $b_1 = 0.001$, $r_2 = 0.01$ の場合．（Blue の勝ち）

2. $B_0 = 100$, $R_0 = 100$, $b_1 = 0.0001$, $r_2 = 0.01$ の場合．　(Redの勝ち)

3. $B_0 = 100$, $R_0 = 100$, $b_1 = 0.0002$, $r_2 = 0.01$ の場合．　(引き分け？)

演習問題 3-2:　(混合則モデル-advance)
テキスト中に記述されている以下の状況について確認しなさい．
B軍(政府軍)が地域射撃を行い，R軍(ゲリラ)が照準射撃を行う．いま，10名のゲリラ ($R_0 = 10$) が10m四方 ($10m \times 10m$) に1人の割合で潜伏しつつ射撃する状況を考える．($A_R = 1000m^2$) ゲリラ射弾のSSKP $p_R = 0.10$, 人体の標的面積 $a_B = 0.2m^2$, 射撃速度は両軍同等 ($s_R = s_B$) とする．ゲリラと対抗しうる政府軍の所要兵力 $B_0 = 100$ 名となる．

参考：他の微分方程式解析ツール
Mathematica® により微分方程式を数値的に解くこともできる．(各行のコマンドを実行するためには，コマンド入力後に Shift + Enter を入力する．操作の詳細はソフトウエアのマニュアル参照．)

```
NDSolve[{eqns},y,{x,xmin,xmax}]
```
（単独の微分方程式の場合）
```
NDSolve[{eqn1,eqn2,...},{y1,y2,...},{x,xmin,xmax}]
```
（連立微分方程式の場合）

ただし結果は中間点を補間した関数が得られたことを表示するのみである．

グラフ化するためには，次のように記述する．

```
Plot[Evaluate[y[x] /.%],{x,xmin,xmax}]
```
（単独の微分方程式の場合）
```
Plot[{Evaluate[**[x] /.%],Evaluate[**[x] /.%],...},{x,xmin,xmax}]
```
（連立微分方程式の場合）

たとえば，$dy/dx = 1 - y^2$, $y(0) = 0$ 解いて [0,1] 区間でグラフ化するためには次のように記述する．(各行ごとで，入力後に Shift + Enter することで実行される．)

```
NDSolve[{y'[x]==1-y[x]*y[x],y[0]==0},y,{x,0,1}]
Plot[Evaluate[y[x] /.%],{x,0,1}]
```

A.2　マルコフ連鎖モデル

5.4節の撃破速度モデルでも見たように，攻撃目標の探知状況については，攻撃目標を発見し捕捉し続けているか，あるいは，目標を見失っているか，というように，常に状態が変化する中で状況は推移する．探知／失探事象は確率的に発生するものである．統計を取れば，ある平均的な一定のパラメータ値に従う確率分布に則って，各状態(=発見・捕捉, 未探知)に存在していると考えられる．本文中では，各状態ごとの存在確率間での推移に関する連立微分方程式を設定し，時間解を求めて，その極限をとることでそれぞれの状態に平均的に存在する定常確率を求めたが，この方法とは別に，マルコフ連鎖と呼ばれる確率モデルにより存在確率の計算も可能である．撃破速度をモデル化する際に，微視的視点からパラメータを設定するためにも重要な考え方となるので，以下では，このマルコフ連鎖モデルについて解説する [59]．まず，モデルを記述して行く際の基本的な概念と用語について解説する．

A.2. マルコフ連鎖モデル

A.2.1 概念と用語の定義

ある試行 X を反復的に繰り返すことを考える．試行の結果を定期的に，あるいは連続的に観測する必要がある．これより，観測時点の集合として，離散型 $T = \{0, 1, 2, 3, \cdots\}$ あるいは，連続型 $T = \{t | t \geq 0\}$ を考える．(ただし，連続型の観測は，概念的には妥当であるが，データ取得には有限の観測時間を必要とし，どうしても離散時点でのデータ取得にならざるを得ないから，実際は離散型の観測及びデータ収集である．)

離散型の観測で各時点 $t = 0, 1, 2, 3, \cdots$ における，ある観測量 $f(t)$ の実測値をそれぞれ $f(0) = x_0, f(1) = x_1, f(2) = x_2, \cdots$ とする．観測量の特性については，定量的 (例えば，$x_0 = 3.1, x_1 = 3.14, x_2 = 3.141, x_3 = 3.1415, \cdots$) でも，定性的 (例えば，$x_0 =$ 晴れ, $x_1 =$ 曇り, $x_2 =$ 雨, $x_3 =$ 雪, $\cdots$) でもどちらでもかまわない．これらの観測量は，観測対象の特性にもよるが，一般に，次の時点での観測量が，確実に予測できるものではなく，偶然性に支配され，たまたまその時点の観測結果が，実現された計測可能な量であると想定する．

$x_0, x_1, x_2, x_3, \cdots$ がとりうる値の範囲が有限であっても，そうでなくてもかまわないが，ある時点での観測量 x_i に対して，その結果となる確からしさ (確率) が，ある有限値 p_i (ただし $0 \leq p_i \leq 1$) で与えられているとき，X は確率変数と呼ばれ，x_i と p_i との対応関係は確率分布となる．時系列的に見れば，確率変数 X が時間に依存して $X(t)$ として観測でき，各時刻 t での実現値が $f(t)$ となる．この確率変数の系列を確率過程と呼び，$\{X(t) | t \in T\}$ あるいは簡単に $\{X(t)\}$ と表記する．$X(t)$ が取りうる値の集合を状態空間 S とする．実際に実現される個々の値が個々の状態に対応する．例えば，$S = \{$ 実数全体 $\}$ であったり，$S = \{$ 晴れ, 曇り, 雨, 雪, $\cdots\}$ などである．モデルなどを議論する際には，観測対象の物理的な特性を排し，$S = \{1, 2, \cdots\}$ などと，番号や記号列で状態を取り扱うのが通常である．

次に，マルコフ過程について説明する．マルコフ過程と呼ばれる確率過程は，次の時点の状態への推移が，現時点の状態 (実現値) にのみ依存する確率過程 $\{X(t)\}$ である．すなわち，$t_1 < t_2$ である2つの時刻 t_1, t_2 が与えられたとき，t_1 における状態 $X(t_1)$ の実現値のみにより確率変数である $X(t_2)$ の分布が定まる．t_1 以前の分布や実現値には依存せず，現時刻 t_1 の状態のみに依存して未来が決まっていく，そのような確率過程がマルコフ過程である．さらに，次の状態がとりうる値 (状態) の集合，状態空間 S が有限集合である場合，$\{X(t)\}$ をマルコフ連鎖 (またはマルコフチェーン) と呼ぶ．

以上で概念的な用語の定義・解説を終え，以下からは少しずつ数学的な記述に入っていく．マルコフ連鎖を説明するために，現時点 $t = t_0$ から n 時点先 ($t = t_n$) までの状態が実現される確率を，それぞれの状態にいる確率どおしの積事象により次式のように表現してみる．

$$P\{x(t_n)x(t_{n-1})x(t_{n-2})\cdots x(t_2)x(t_1)x(t_0)\}$$
$$= P\{x(t_n)\}P\{x(t_{n-1})\}P\{x(t_{n-2})\}\cdots P\{x(t_2)\}P\{x(t_1)\}P\{x(t_0)\} \tag{A.18}$$
$$= P\{x(t_n)|x(t_{n-1})\}P\{x(t_{n-1})|x(t_{n-2})\}\cdots P\{x(t_2)|x(t_1)\}P\{x(t_1)|x(t_0)\}P\{x(t_0)\} \tag{A.19}$$
$$= P\{x(t_n)|x(t_{n-1})x(t_{n-2})\}P\{x(t_{n-1})|x(t_{n-2})x(t_{n-3})\}\cdots$$
$$\cdots P\{x(t_3)|x(t_2)x(t_1)\}P\{x(t_2)|x(t_1)x(t_0)\}P\{x(t_0)\}. \tag{A.20}$$

この式では，異なる概念を同じ式で表現している．(A.18) では各時点にいる確率がすべて独立であるような状況 (独立事象) を表している．(A.19) では，1つ前の状態のみが次の状態に影響しているような状況の確率を表し，さらに，(A.20) は，2つ前からの状態が次の状態に影響しているような確率を表している．(A.19),(A.20) から類推して，一般に m 時点前

までに生じた結果から影響を受け，もう一つ前の $(m+1)$ 時点以前の事象には影響を受けない試行の列を m 重マルコフ連鎖という．(A.19) は1重 (あるいは単純) マルコフ連鎖といい，(A.20) は2重マルコフ連鎖である．以下の議論で重要となるのは，すぐ直前の状態が，すぐ後の状態にのみ影響する単純マルコフ連鎖である．

マルコフ連鎖で中心的な話題となることは，マルコフ連鎖の確率的な挙動を調べる (計算する) ことである．その際の，定常という概念について解説する．

状態空間 $S = \{1, 2, \cdots, n\}$ の要素として，状態 i および j が含まれているとする．このとき現在の状態 i から将来的に状態 j へ遷移する状況を考える．2時点 t_1, t_2 $(t_1 < t_2)$ に対して，i から j に遷移する確率は，

$$P\{x(t_2) = j | x(t_1) = i\} \tag{A.21}$$

である．推移が定常であるとは，時点間の差 $m = t_2 - t_1$ 及び状態 i, j に対して，次の関係が任意の時刻 t について成り立つことである．

$$P\{x(t+m) = j | x(t) = i\} = P\{x(m) = j | x(0) = i\}. \tag{A.22}$$

これは，観測時点 t によらず，m 時点 (ステップ) 後の特定の状態への遷移確率が一定となることを意味している．逆に見れば，現時点で状態 j にいる確率は，m 時点前に状態 i に存在し，そこから連続してきた事象に影響を受けて決定されているともいえる．これより，特に，状態 i から1時点後に状態 j への移動 (推移) を生じさせる確率を p_{ij} で定義する．

$$p_{ij} = P\{x(t+1) = j | x(t) = i\} = P\{x(1) = j | x(0) = i\}. \tag{A.23}$$

各 i, j に対して，1時点後の推移確率を要素として並べた行列

$$\boldsymbol{P} = \begin{pmatrix} p_{11} & p_{12} & \cdots & p_{1n} \\ p_{21} & p_{22} & \cdots & p_{2n} \\ \vdots & & p_{ij} & \vdots \\ p_{n1} & p_{n2} & \cdots & p_{nn} \end{pmatrix} \tag{A.24}$$

を，推移確率行列という．この行列においては，各要素は確率であるので，
$p_{ij} \geq 0$ $(\forall i, \forall j = 1, 2, \cdots, n)$ であり，かつ，特定の状態 i から次の時点には1から n のいずれかの状態に確実に推移するので，$\sum_{j=1}^{n} p_{ij} = 1$ $(\forall i = 1, 2, \cdots, n)$ が成り立つ．これは，(A.24) の各行での要素の和が1になることを意味する．また，(A.24) を m 時点 (ステップ) 後の推移まで拡張した推移確率行列を m 次推移確率行列という．

$$\boldsymbol{P}^{(m)} = \begin{pmatrix} p_{11}^{(m)} & p_{12}^{(m)} & \cdots & p_{1n}^{(m)} \\ p_{21}^{(m)} & p_{22}^{(m)} & \cdots & p_{2n}^{(m)} \\ \vdots & & p_{ij}^{(m)} & \vdots \\ p_{n1}^{(m)} & p_{n2}^{(m)} & \cdots & p_{nn}^{(m)} \end{pmatrix}. \tag{A.25}$$

一方，時刻 t に状態 i にいる確率を $p_i(t)$ とするとき，時刻 t における状態確率ベクトル $\boldsymbol{\pi(t)}$ を次のように定義する．

$$\boldsymbol{\pi(t)} = (p_1(t), p_2(t), \cdots, p_n(t)). \tag{A.26}$$

A.2. マルコフ連鎖モデル

特に，推移開始時点 $t=0$ における状態確率ベクトル

$$\pi(0) = \pi_0 = (p_1(0), p_2(0), \cdots, p_n(0)) \tag{A.27}$$

を初期確率ベクトルという．状態確率ベクトルの各成分についても各時点 t には 1 から n までのいずれかの状態にいるので，$\sum_{i=1}^{n} p_i(t) = 1$ $(\forall t)$ であり，また，$p_i(t) \geq 0$ $(\forall i)$ である．$\pi(t)$ のような各要素が非負でその和が 1 に等しいベクトルを確率ベクトルという．また，P のような，各行が確率ベクトルとなっている行列を確率行列という．

次に推移確率行列 P や状態確率ベクトル $\pi(t)$ の性質について考える．まず，単純なマルコフ連鎖での推移行列に関しては，通常の行列計算と同様に，$P^{(m)} = P^m$ の関係が成立する．これは，高次 (m 次) の推移確率行列は，単純な 1 次の推移確率行列を m 乗したもの，すなわち，m 回目の推移が，1 回ごとの推移を m 回繰り返すことに他ならないということを意味している．ただし，$m=0$ の場合は $P^{(0)} = P^0 = I$ (単位行列) で定義する．また，$m = s+t$ など2つの数に分解するとき，s 次までの推移とその後の t 次の推移とに分離できることを示した等式 $P^{(s+t)} = P^s P^t$ は，チャップマン・コルモゴロフの等式と呼ばれ，単純マルコフ連鎖での重要な性質である．

状態確率ベクトルの変化に関しては，時刻 t に状態 $1, 2, \cdots, n$ にいる確率は，それぞれ $p_1(t), p_2(t), \cdots, p_n(t)$ であり，次の時点 $(t+1)$ に状態 j に推移させる確率が，それぞれ，$p_{1j}, p_{2j}, \cdots p_{nj}$ なので，次の関係が成り立つ．

$$p_j(t+1) = p_1(t)p_{1j} + p_2(t)p_{2j} + \cdots + p_n(t)p_{nj} . \tag{A.28}$$

これをベクトルと行列でまとめて書けば，次のようになる．

$$\pi(t+1) = \pi(t)P . \tag{A.29}$$

さらに $\pi(1) = \pi(0)P, \pi(2) = \pi(1)P = \pi(0)P^2, \pi(3) = \pi(2)P = \pi(0)P^3, \cdots$ なので，

$$\pi(t) = \pi(0)P^t \tag{A.30}$$

が成り立つことがわかる．これより，初期確率ベクトル $\pi(0)$ と推移確率行列 P が与えられれば，t 時点経過後の状態ベクトル $\pi(t)$ を容易に計算できる．

A.2.2　2状態マルコフ連鎖モデル

次に，もっとも簡単な2状態のマルコフ連鎖について調べていく．図A.4に示すように，取りうる状態を $S = \{1, 2\}$ とし，それぞれの状態への推移確率を $0 \leq p, q, r, s \leq 1$ とする．このとき，推移確率行列 P は次のように書くことができる．

$$P = \begin{pmatrix} s & p \\ q & r \end{pmatrix} = \begin{pmatrix} 1-p & p \\ q & 1-q \end{pmatrix} . \tag{A.31}$$

この P に対して，m 回の推移を実行する行列 P^m は次の式で表すことができる．(ただし，$p+q > 0$)

$$P^m = \frac{1}{p+q} \begin{pmatrix} q & p \\ q & p \end{pmatrix} + \frac{(1-p-q)^m}{p+q} \begin{pmatrix} p & -p \\ -q & q \end{pmatrix} . \tag{A.32}$$

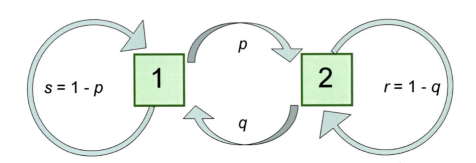

図 A.4: 2状態のマルコフチェーン

この式を説明するために，前半部分，後半部分の行列をそれぞれ A, B とおく．

$$A = \frac{1}{p+q} \begin{pmatrix} q & p \\ q & p \end{pmatrix} = \begin{pmatrix} q/(p+q) & p/(p+q) \\ q/(p+q) & p/(p+q) \end{pmatrix}. \tag{A.33}$$

$$B = \frac{1}{p+q} \begin{pmatrix} p & -p \\ -q & q \end{pmatrix} = \begin{pmatrix} p/(p+q) & -p/(p+q) \\ -q/(p+q) & q/(p+q) \end{pmatrix}. \tag{A.34}$$

さらに，$u = p/(p+q), v = q/(p+q)$ とおけば，A, B は次のように書き換えられる．

$$A = \begin{pmatrix} v & u \\ v & u \end{pmatrix}, \quad B = \begin{pmatrix} u & -u \\ -v & v \end{pmatrix}. \tag{A.35}$$

このとき $u + v = 1$ であり，また，$A + B = I$(単位行列)，$AB = BA = O$ である．さらに，$A(A + B) = A^2 + AB = A$ より $A^2 = A$ となり，同様に $B^2 = B$ となる．

[$m = 1$ の場合]

まず，$m = 1$ の場合について考える．(A.32) で $c = 1 - (p + q)$ とおけば，P は A と cB の和として書くことができる．

$$\begin{aligned} P = A + cB &= A + (1 - p - q)B = A + B - (p+q)B = I - (p+q)B \\ &= \begin{pmatrix} 1 & 0 \\ 0 & 1 \end{pmatrix} - \begin{pmatrix} p & -p \\ -q & q \end{pmatrix} = \begin{pmatrix} 1-p & p \\ q & 1-q \end{pmatrix}. \end{aligned} \tag{A.36}$$

[$m \geq 2$ の場合]

さらに，$PA = AP = A$, $PB = BP = cB$ であることから，

$$P^2 = PP = (A + cB)P = AP + cBP = A + c^2 B, \tag{A.37}$$

$$P^3 = P^2 A = (A + c^2 B)P = AP + c^2 BP = A + c^3 B, \cdots \tag{A.38}$$

A.2. マルコフ連鎖モデル

などとなり，繰り返し $\boldsymbol{P}$ をかけることで，一般に

$$\boldsymbol{P}^m = \boldsymbol{A} + c^m \boldsymbol{B} \tag{A.39}$$

が成り立つことから，結局 (A.32) が導かれる．

次に平均到達時間と平均訪問時間について解説する．まず，確率 $f_{ij}(m)$ を定義する．
$f_{ij}(m)$：状態 i から推移を開始し，m 時間 (ステップ) 後に，はじめて状態 j に到達する確率 とする．この $f_{ij}(m)$ に到達時間数 m で重み付けした和を計算すれば，j に到達するまでの平均的な時間が求められる．すなわち，状態 i から状態 j に到達するまでの平均到達時間 h_{ij} は，次により定義される．

$$h_{ij} = \sum_{m=1}^{\infty} m f_{ij}(m) \ . \tag{A.40}$$

また，すべての i, j に対する要素 f_{ij} を並べた行列 $F(m)$ を用いて平均到達時間も行列 $\boldsymbol{H}$ で表現すれば，次の形に書くことができる．

$$\boldsymbol{H} = \sum_{m=1}^{\infty} m F(m) \ . \tag{A.41}$$

(A.31) について $f_{11}(m), f_{12}(m), f_{21}(m), f_{22}(m)$ を計算する．まず $m = 1$ を初期状態とすれば，(A.31) より次のような初期値が設定できる．

$$f_{11}(1) = s = 1-p, \ f_{12}(1) = p, \ f_{21}(1) = q, \ f_{22}(1) = r = 1-q \ . \tag{A.42}$$

次に，$m \geq 2$ の場合には，$f_{ij}(m)$ は次の漸化式で計算される．

$$f_{ij}(m) = \sum_{k \neq j} p_{ik} f_{kj}(m-1) \ . \tag{A.43}$$

これは 1 時点前に，j 以外の状態 k にいて，次の時点で初めて j に移動する，そのときの推移確率が p_{ik} という考察から得られる関係式である．もちろん $m-1$ 時点よりも前に j を訪問したことがないことは，$f_{kj}(m-1)$ で保証されている．(A.31) について考えれば，

$$f_{11}(m) = p f_{21}(m-1), \ f_{12}(m) = s f_{12}(m-1), \tag{A.44}$$

$$f_{21}(m) = r f_{21}(m-1), \ f_{22}(m) = q f_{12}(m-1) \tag{A.45}$$

である．これより $f_{12}(m), f_{21}(m)$ は等比数列であり，(A.44),(A.45) に (A.42) を代入して考えると，次の結果が得られる．

$$f_{12}(m) = p s^{m-1}, \ f_{21}(m) = q r^{m-1} \ . \tag{A.46}$$

これを $f_{11}(m), f_{22}(m)$ に代入すれば，

$$f_{11}(m) = pq r^{m-2}, \ f_{22}(m) = qp s^{m-2} \tag{A.47}$$

となる．以上により各 $i, j = 1, 2$ について，平均到達時間の計算に必要な $f_{ij}(m)$ が得られた．(A.31) に対して，平均到達時間 h_{ij} を計算すれば，次の結果が得られる．

$$\begin{aligned} h_{11} &= \sum_{m=1}^{\infty} m f_{11}(m) = s + \sum_{m=2}^{\infty} m pq r^{m-2} = s + \frac{pq}{r} \left\{ \sum_{m=1}^{\infty} m r^{m-1} - 1 \right\} \\ &= s + \frac{pq}{r}\left(\frac{1}{q^2} - 1\right) = s + \frac{p(1+q)}{q} = \frac{p+q}{q} \ . \end{aligned} \tag{A.48}$$

$$h_{12} = \sum_{m=1}^{\infty} m f_{12}(m) = \sum_{m=1}^{\infty} m p s^{m-1} = p \sum_{m=1}^{\infty} m s^{m-1} = p \cdot \frac{1}{(1-s)^2} = p \cdot \frac{1}{p^2} = \frac{1}{p} \ . \tag{A.49}$$

同様の計算より，$h_{21} = 1/q, h_{22} = (p+q)/p$ を導くことができる．以上を行列形式でまとめて書けば，以下の $\boldsymbol{H}$ となる．

$$\boldsymbol{H} = \begin{pmatrix} (p+q)/q & 1/p \\ 1/q & (p+q)/p \end{pmatrix}. \tag{A.50}$$

次に平均訪問時間について定義する．平均訪問時間 w_{ij} とは，$t=1$ に状態 i から出発し，$t=m$ までに j を訪問した回数の期待値(平均値)である．これは，i から j への推移確率成分 $p_{ij}^{(m)}$ に訪問回数 m で重みづけした平均である．計算の発散を防ぐために，当初は m を有限値に固定しておき平均値の表現を確定したのちに極限操作を行う．すなわち，次の形で定義される．

$$w_{ij} = \lim_{m \to \infty} \frac{1}{m}\{p_{ij}^{(1)} + p_{ij}^{(2)} + \cdots + p_{ij}^{(m)}\}. \tag{A.51}$$

あるいは行列でまとめて表現すれば，平均訪問時間 $\boldsymbol{W}$ は，以下の式で表される．

$$\boldsymbol{W} = \lim_{m \to \infty} \frac{1}{m}\{\boldsymbol{P} + \boldsymbol{P}^2 + \cdots + \boldsymbol{P}^m\}. \tag{A.52}$$

(A.31) について，平均訪問時間 $\boldsymbol{W}$ を計算すれば以下のようになる．

$$\begin{aligned}
\boldsymbol{W} &= \lim_{m \to \infty} \frac{1}{m}\{\boldsymbol{P} + \boldsymbol{P}^2 + \cdots + \boldsymbol{P}^m\} \\
&= \lim_{m \to \infty} \frac{1}{m}\{(\boldsymbol{A} + c\boldsymbol{B}) + (\boldsymbol{A} + c^2\boldsymbol{B}) + \cdots + (\boldsymbol{A} + c^m\boldsymbol{B})\} \\
&= \lim_{m \to \infty} \left\{\boldsymbol{A} + \frac{(c + c^2 + \cdots + c^m)}{m}\boldsymbol{B}\right\} \\
&= \boldsymbol{A} + \lim_{m \to \infty} \frac{1}{m} \cdot \frac{c(1 - c^m)}{1 - c}\boldsymbol{B} = \boldsymbol{A}.
\end{aligned} \tag{A.53}$$

A.2.3 例題

[例題1]

5.4 節で解説したように，撃破速度の微視的な表現を導く過程で，攻撃目標を「発見・捕捉」しているか，あるいは「未探知」であるかは，重要な事象である．この状況でのマルコフチェーンモデルを考察するために，再度，5.4 節の状態推移図を以下に示す．

攻撃目標を「発見し捕捉」している状態を V ($Visible$)，「未探知」の状態を I ($Invisible$) で書く．このとき，別の状態への推移が生起するまでの時間は指数分布に従うとし，そのときのパラメータを，それぞれ η, μ で表す．これらの値は必ずしも 0 以上 1 以下になるとは限らないが，適当な単位で指数分布を再定義することで，この範囲の値に変換できる．(例：1時間に平均1回生起する事象では指数分布パラメータ $\lambda = 1$ だが，これは 60 分あたりで 1 回生起するとも考えられ，この場合は指数分布パラメータ $\lambda' = 1/60$ となる．) η, μ とも 0 以上 1 以下の範囲に収めることで，推移確率とみなすことができ，図 A.5 は 2 状態間のマルコフ連鎖モデルの状態推移図としてとらえ直すことができる．

まず，(A.31) での推移確率を下図の η, μ で置き換えれば，$\boldsymbol{P}$ は次のようになる．

$$\boldsymbol{P} = \begin{pmatrix} s & p \\ q & r \end{pmatrix} = \begin{pmatrix} 1 - \mu & \mu \\ \eta & 1 - \eta \end{pmatrix}. \tag{A.54}$$

A.2. マルコフ連鎖モデル

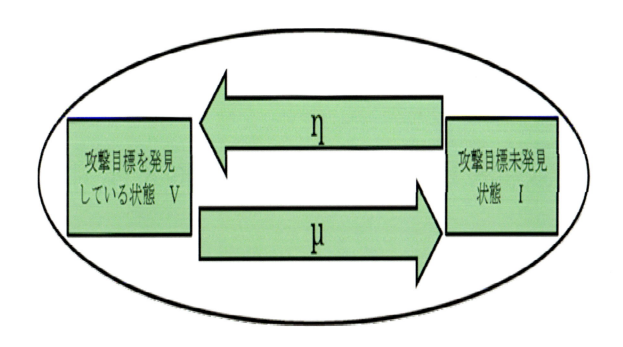

図 A.5: 2状態マルコフ連鎖モデルの状態推移図

このとき m 次の推移確率行列も (A.32) より次のようになる.

$$\boldsymbol{P}^{(m)} = \frac{1}{\mu+\eta} \begin{pmatrix} \eta & \mu \\ \eta & \mu \end{pmatrix} + \frac{(1-\mu-\eta)^m}{\mu+\eta} \begin{pmatrix} \mu & -\mu \\ -\eta & \eta \end{pmatrix}. \tag{A.55}$$

初期状態は,捜索開始時点に目標を探知していない前提なので,初期状態ベクトルが $\pi_0 = (P_V(0), P_I(0)) = (0,1)$ と設定される.1時点経過後には,次の状況に推移する.

$$\boldsymbol{\pi_0 P} = (P_V(0), P_I(0)) \begin{pmatrix} 1-\mu & \mu \\ \eta & 1-\eta \end{pmatrix} = (0,1) \begin{pmatrix} 1-\mu & \mu \\ \eta & 1-\eta \end{pmatrix} = (\eta, 1-\eta). \tag{A.56}$$

これは,捜索開始後の最初の時点には,目標発見に至るか $(P_V(1) = \eta)$,相変わらず発見に至っていない $(P_I(1) = 1-\eta)$ かのいずれかに変化することを表す.次に平均到達時間 $\boldsymbol{H}$ であるが,これも (A.50) より,次のようになる.

$$\boldsymbol{H} = \begin{pmatrix} (\mu+\eta)/\eta & 1/\mu \\ 1/\eta & (\mu+\eta)/\mu \end{pmatrix}. \tag{A.57}$$

この行列において,$h_{12} = 1/\mu, h_{21} = 1/\eta$ はいずれも μ, η をパラメータとする指数分布の平均 ($\int_0^\infty t\mu \exp(-\mu t)dt, \int_0^\infty t\eta \exp(-\eta t)dt$) に相当する.状態 $V \to$ 状態 I もしくは状態 $V \leftarrow$ 状態 I に推移するまでの,まさに平均到達時間そのものである.最後に平均訪問時間 $\boldsymbol{W}$ であるが,これも (A.53) より,次のように書くことができる.

$$\boldsymbol{W} = \boldsymbol{A} = \begin{pmatrix} \eta/(\mu+\eta) & \mu/(\mu+\eta) \\ \eta/(\mu+\eta) & \mu/(\mu+\eta) \end{pmatrix}. \tag{A.58}$$

すなわち,$P_V = \eta/(\mu+\eta)$ となるが,これは,**5.4**節で求めた (5.30) に他ならない.

[例題 2]

次に，**5.3** 節で Bonder-Farrell の撃破速度モデルの検討をした際に設定した 3 状態間のマルコフ連鎖モデルを解き，目標を撃破する時間間隔の期待値を求める [45]．**5.3** 節の状態推移図 5.3 に目標撃破 (Kill) の情報も追加した図 A.6 を以下に示す．この図において，各状態はそれぞれ次の状況を示している．

- 状態 1 ： 初弾が発射されて，今まさに目標に向かって飛翔している状態
- 状態 2 ： 前弾が命中して次弾が発射されて飛翔している状態
- 状態 3 ： 前弾がハズレて次弾が発射されて飛翔している状態

射撃は必ず状態 1 から開始されるとする．（目標捜索から初弾発射の射撃緒元取得完了までに要する時間が t_a として計上され含まれている．）

また，各状態を示す円内に書かれた時間 $\tau_i (i=1,2,3)$ は，各状態で最低限必要な時間であり，それぞれ，**5.3** 節と同じ記号を用いて以下のように書くことができる．

$$\tau_1 = t_a + t_1 + t_f, \tag{A.59}$$

$$\tau_2 = t_h + t_f, \tag{A.60}$$

$$\tau_3 = t_m + t_f. \tag{A.61}$$

さらに，$x_i (i=1,2,3)$ を状態 i から状態 1 への移動に要する時間の期待値とする．図に付した状態間の各推移確率から，x_i は，それぞれ次のとおりとなる．

$$x_1 = \tau_1 + P_1(1 - P(K|H))x_2 + (1 - P_1)x_3, \tag{A.62}$$

$$x_2 = \tau_2 + P(H|H)(1 - P(K|H))x_2 + (1 - P(H|H))x_3, \tag{A.63}$$

$$x_3 = \tau_3 + P(H|M)(1 - P(K|H))x_2 + (1 - P(H|M))x_3. \tag{A.64}$$

この定義に従えば，x_1 は再び状態 1 に戻るまでの期待時間であり，すなわち，これが目標を撃破する時間間隔となる．x_2, x_3 の式は x_1 を含まないので簡単に解くことができ，それぞれ次のように求められる．

$$x_2 = \frac{\tau_2 + \tau_3(1 - P(H|H))/P(H|M)}{P(K|H)}, \quad x_3 = \frac{\tau_3}{P(H|M)} + (1 - P(K|H))x_2. \tag{A.65}$$

これらを x_1 に代入すれば，最終的に次の式で書くことができる．

$$\begin{aligned} x_1 &= \tau_1 - \tau_2 + \frac{\tau_2}{P(K|H)} + \frac{\tau_3}{P(H|M)} \left\{ \frac{1 - P(H|H)}{P(K|H)} + P(H|H) - P_1 \right\} \tag{A.66} \\ &= t_a + t_1 - t_h + \frac{t_h + t_f}{P(K|H)} + \frac{t_m + t_f}{P(H|M)} \left\{ \frac{1 - P(H|H)}{P(K|H)} + P(H|H) - P_1 \right\}. \tag{A.67} \end{aligned}$$

5.3 節のパラメータで書き戻した (A.67) は，(5.23) と同じ結果であり，マルコフ連鎖モデルを用いることで，撃破までに要する期待時間が簡単に求められることがわかる．

A.2. マルコフ連鎖モデル

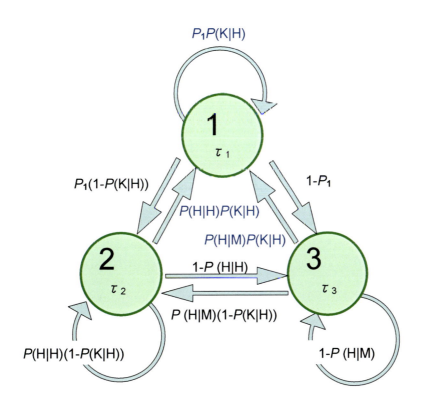

図 A.6: Bonder-Farrell モデルの射撃プロセスでの目標撃破までの状態間推移

以上見てきたように，マルコフ連鎖モデルでは，確率的な状況変化を記述するのに適したモデルであり，少ない状態数，すなわち，比較的単純な反復される状況を容易に解析できるツールである．例題1で見たように，反復される事象が指数分布に従う場合には，確率分布パラメータの簡単な演算で平均的な振る舞いが記述できる．また，例題2では，状態間の推移確率の考察から推移時間の期待値を定式化し，簡単な代数的計算を経て，期待値が求められた．撃破速度を微視的な事象に分解してモデル化することを考える際には，マルコフ連鎖モデルでのご検討を推奨いたします．

参考文献

[1] 防衛庁編:日本の防衛 (防衛白書, 平成16年版) (国立印刷局,2004).

[2] S. Bonder: The Lanchester Attrition Rate Coefficient. *Operations Research*, **15** (1967), 221-231.

[3] Seth Bonder: https://www.informs.org/Recognizing-Excellence/Award-Recipients/Seth-Bonder.

[4] J. Bracken: Lanchester Models of the Ardennes Campaign. *Naval Research Logistics*, **42** (1995), 559-577.

[5] H. Brackney: The Dynamics of Military Combat. *Operations Research*, **7** (1959), 30-44.

[6] R.H. Brown: Theory of Combat: The Probability of Winning. *Operations Research*, **11** (1963), 418-425.

[7] Center for Army Analysis: Krusk operation simulation and validation exercise- Phase II (KOSAVE II). In *The U.S. Army's Center for Strategy and Force Evaluation Study Report*, CAA-SR-98-7, (Fort Belvoir, VA, 1998).

[8] Data Memory Systems Inc.: The Ardennes Campaign Simulation Data Base (ACSDB) Final Report. (Center for Army Analysis, Fort Belvoir, VA, 1990).

[9] G.M. Clark: *The Combat Analysis Model* (Ph. D. Thesis, The Ohio State University, Columbus, OH, 1969). (Also available from University Microfilms International, P.O. Box 1764, Ann Arbor, MI 48106 as Publication No. 69-15, 905).

[10] カール・フォン・クラウゼヴィッツ: https://ja.wikipedia.org/wiki/%E3%82%AB%E3%83%BC%E3%83%AB%E3%83%BB%E3%83%95%E3%82%A9%E3%83%B3%E3%83%BB%E3%82%AF%E3%83%A9%E3%82%A6%E3%82%BC%E3%83%B4%E3%82%A3%E3%83%83%E3%83%84.

[11] 大日本帝国陸軍参謀本部: 明治三十七八年日露戦史 第一巻〜第十巻 (大正四年).

[12] S.J. Deitchman: A Lanchester Model of Guerrilla Warfare. *Operations Research*, **10** (1962), 818-827.

[13] J.H. Engel: A Verification of Lanchester's Law. *Operations Research*, **2** (1954), 163-171.

参考文献

[14] ユーロファイター・タイフーン: http://m3i.nobody.jp/military/ef2000menu.html.

[15] F/A-18E/F (航空機): https://ja.wikipedia.org/wiki/F/A-18E/F_(%E8%88%AA%E7%A9%BA%E6%A9%9F).

[16] F-15E (項目: 日本のF-Xについて):
https://ja.wikipedia.org/wiki/F-15E_(%E8%88%AA%E7%A9%BA%E6%A9%9F).

[17] F-35(戦闘機):
https://ja.wikipedia.org/wiki/F-35_(%E6%88%A6%E9%97%98%E6%A9%9F).

[18] B.A. Fiske: American Naval Policy. *United States Naval Institute Proceedings*, **31** (1905), 1-80.

[19] B.W. Fowler: *The Physics of War: An Introduction to Lanchestrian Attrition Mechanics* (U.S. Army Aviation and Missile Command, Redstone Arsenal, AL, 2003).

[20] R. Fricker: Attrition Models of the Ardennes Campaign. *Naval Research Logistics*, **45** (1998), 1-22.

[21] R.L. Helmbold: A Modification of Lanchester's Equations. *Operations Research*, **13** (1965), 857-859.

[22] R.L. Helmbold: Osipov : The 'Russian Lanchester'. *European Journal of Operational Research*, **65** (1993), 178-288.

[23] 飯田耕司, 小宮享: ミサイル打撃戦の決定論的ランチェスター・モデル そのI：3次則モデル試論. 防衛大学校理工学研究報告, 41巻2号 (平成16年), 9-19.

[24] 飯田耕司: 戦闘の科学・軍事ORの理論 (三恵社, 2005).

[25] 井上成美: 資料編 (その四)：「戦闘勝敗ノ原理ノ一研究」(昭和7年4月). 井上成美伝記刊行会編 (井上成美伝記刊行会，1982), 80-86.

[26] I.R. Johnson, N.J. MacKay: Lanchester Models and the Battle of Britain. *Naval Research Logistics*, **58** (2011), 210-222.

[27] アントワーヌ＝アンリ・ジョミニ:
https://ja.wikipedia.org/wiki/%E3%82%A2%E3%83%B3%E3%83%88%E3%83%AF%E3%83%BC%E3%83%8C%EF%BC%9D%E3%82%A2%E3%83%B3%E3%83%AA%E3%83%BB%E3%82%B8%E3%83%A7%E3%83%9F%E3%83%8B.

[28] T. Kisi: A Verification of the Law of Lanchester. *Memoirs of the Defense Academy*, **2** (1963), 69-73.

[29] 小宮享, 飯田耕司: ミサイル打撃戦の決定論的ランチェスター・モデル その2：地域防空能力と情報能力の評価モデル. 防衛大学校理工学研究報告, 42巻2号 (平成17年), 17-27.

[30] 小宮享, 森田宏樹: 日露戦争陸上会戦へのランチェスターモデルの適用. 防衛大学校理工学研究報告, 47 巻 2 号 (平成 22 年), 9-18.

[31] F.W. Lanchester: *Aircraft in Warfare : The Dawn of the Fourth Arm* (Constable and Company Limited, London, 1916).

[32] J.W.R. Lepingwell: The Law of Combat ? Lanchester Reexamined. *International Security*, **12** (1987), 89-134.

[33] T.W. Lucas and J.A. Dinges: The Effect of Battle Circumstances on Fitting Lanchester Equations to the Battle of Krusk. *Military Operations Research*, **9** (2004), 17-30.

[34] T.W. Lucas and T. Turkes: Fitting Lanchester Equations to the Battles of Krusk and Ardennes. *Naval Research Logistics*, **51** (2004), 95-116.

[35] アルフレッド・セイヤー・マハン:
https://ja.wikipedia.org/wiki/%E3%82%A2%E3%83%AB%E3%83%95%E3%83%AC%E3%83%83%E3%83%89%E3%83%BB%E3%82%BB%E3%82%A4%E3%83%A4%E3%83%BC%E3%83%BB%E3%83%9E%E3%83%8F%E3%83%B3.

[36] 明治三十七八年戦没統計編纂委員会: 明治三十七八年戦没統計 第二巻, 1911 年.

[37] 明治三十七八年戦没統計編纂委員会: 明治三十七八年戦没統計 第五巻, 1911 年.

[38] 将来の戦闘機に関する研究開発ビジョンについて:
https://www.mod.go.jp/j/press/news/2010/08/25a_02.pdf.

[39] 森本清吾: 各個撃破に就て. 高等数学研究, 7 巻 7 号 (1938), 1-3.

[40] 森屋和也: Bonder & Farrell の交戦規則に基づくランチェスターモデルの撃破速度シミュレーション. 防衛大学校情報工学科第 54 期卒業論文 (防衛大学校情報工学科, 平成 22 年).

[41] P.M. Morse and G.E. Kimball: *Methods of Operations Research* (Wiley, New York, 1950).

[42] 野間口広: 情報取得方式が撃破速度に影響を与えるランチェスターモデル. 防衛大学校情報工学科第 55 期卒業論文 (防衛大学校情報工学科, 平成 23 年).

[43] 野満隆治: 交戦中彼我勢力遞減法則ヲ論ズ. 海軍砲術学校 昭和七年度 基戦参考資料, 第 12 号, 1932.

[44] 日露戦争: https://ja.wikipedia.org/wiki/%E6%97%A5%E9%9C%B2%E6%88%A6%E4%BA%89.

[45] Naval Postgraduate School: *Aggregated Combat Models* (Operations Research Department, Naval Postgraduate School, Monterey, CA, 2000).
(http://faculty.nps.edu/awashburn/Washburnpu/aggregated.pdf).

参考文献

[46] 小笠原直樹: 情報能力の減耗が防空能力・攻撃能力の低下に波及するランチェスターモデル. 防衛大学校情報工学科第 53 期卒業論文 (防衛大学校情報工学科, 平成 21 年).

[47] K.W. Olson(Ed.) : Estimation of Attrition Rates using the Single Shot Markov Dependent Fire Model. in *Military Operations Research Analyst's Handbook Vol.1*, Military Operations Research Society, 1994.

[48] レーダー反射断面積と探知距離: http://www.masdf.com/crm/crmrcs.shtml.

[49] ルイス・フライ・リチャードソン: https://ja.wikipedia.org/wiki/%E3%83%AB%E3%82%A4%E3%82%B9%E3%83%BB%E3%83%95%E3%83%A9%E3%82%A4%E3%83%BB%E3%83%AA%E3%83%81%E3%83%A3%E3%83%BC%E3%83%89%E3%82%BD%E3%83%B3.

[50] 佐藤總夫: 自然の数理と社会の数理 I (日本評論社, 1984).

[51] 佐藤總夫: 自然の数理と社会の数理 II (日本評論社, 1987).

[52] J.R. Scales, A Modified Lanchester Linear Process Calibrated to Historical Data. *Naval Research Logistics*, **42** (1995), 491-501.

[53] J.G. Taylor: *Force-on-Force Attrition Modelling* (Military Applications Section of the Operations Research Society of America, Ketron Inc., Arlington, 1981).

[54] J.G. Taylor: *Lanchester Models of Warfare, Vol.1 & 2* (Military Applications Section of the Operations Research Society of America, Ketron Inc., Arlington, 1983).

[55] J.G. Taylor and B. Neta: Explicit Analytical Expression for a Lanchester Attrition-Rate Coefficient for Bonder and Farrell's m-period Target-Engagement Policy. Working Paper No.5, DTRA Project, 2001.

[56] J.G.Taylor et al.: An Analytical Model That Provides Insights into Various C2 Issues. ADA465243, Information for Defense Community, 2004.

[57] T. Turkes: *Fitting Lanchester and other equations to the Battle of Krusk data.* (Masters Thesis, Dept. of Operations Research, NPS, Monterey, CA, 2000).

[58] VBS2: http://www.realviz.co.jp/product/hml_interface/vbs2.html.

[59] 渡部隆一: マルコフ・チェーン (数学ワンポイント双書 31) (共立出版, 1979).

[60] H.K. Weiss: Lanchester-Type Models of Warfare, *Proceeding of First International Conference on Operations Research*, (1957), 82-98.

[61] 横田博之: 軍事研究, 2003 年 9 月号, ジャパン・ミリタリー・レビュー.

あとがき

　本書のタイトルにあるランチェスターモデルが複数の研究者らにより同時多発的に考案されてから，100年が経過した．この間の代表的なトピックスについて各章で簡潔に取り上げた．前書きにも書いたとおり，わが国における本モデルに対する一般的な理解レベルは，導入された当時とほぼ変わらず，これまでの100年間の遅れを取り戻すべきマイルストーンとして，と同時に，21世紀のランチェスターモデルを展開していくための手掛かりとして，各章を記述したつもりである．各章は独立して書かれているものの，関連する内容もあるので，ゆっくりと咀嚼していただき，十分に理解していただきたい．

　本文でも触れたように，軍事科学モデルは，物理的な外的要素のみならず，集団としての運用の適否，人間の認知機能や心理状況といった内的要素にも大きく依存する意思決定モデルである．過去に発生した戦闘の経過を微分方程式モデルで確認することがメインの目的ではなく，戦闘を起こさせる様々な要素や，指揮官・兵士の意思がどのように戦闘の進め方に結びつき，遂行された戦闘結果と特定のパラメータとがどのように結びついて微分方程式として記述されているかをつきとめることが本来の目的である．使用する装備により，戦闘遂行者の意思により，また，国家的戦略や国民の空気感などから，微分方程式を決定するパラメータが，どのような影響を受け，決定されるかをつきとめることが最終的な目標である．これを実現することで，戦闘推移の描写を可能とし，予測される戦闘結果を提示することで，戦闘を実施することがいかに無益であり，国民生活を阻害し，社会の発展を停滞させるかを示すことができる．モデルによる描写力を確かなものとするために，シミュレーションやAIなど最新の計算機技術を活用して，少しでも科学的に対応可能な部分が広がるように，不断の努力を続けていかなければならない．複雑な問題ゆえに，モデルの進展には時間を要し，細部の解明にはまだまだ長い時間が必要かと思われるが，人智により無益な戦闘の抑制を可能とするための努力は継続し続けなければならない．

　本書を終えるにあたり，各章の題材として取り上げさせていただいた内容の出典を振り返り，これまでのランチェスターモデルの発展に尽力して頂いた多くの研究者の方々に謝意を示したい．

　第1章の基本的な1次則・2次則モデルはF.W.ランチェスターをはじめとする20世紀初頭の'ランチェスターたち'の業績である．彼らが戦闘を定量的に評価するアイディアを提案してくれたこと，また，戦い方に応じて損耗のしくみが異なることを見出してくれたことは画期的であった．基本モデルを包括的に拡張し，統一モデルとして記述したHelmboldの業績も秀逸である．その後の，兵力に掛かるベキ数の実数までの緩和が着想できたのは，彼のアイディアのおかげといえるだろう．この章に関しては基本的な知識の導入とともに，解を導出するまでの計算プロセスを詳細に紹介する意図ももって記述した．

　第2章では，基本モデルでは想定されていなかった様々な戦闘場面の，特に交戦時の兵力規模の違いに注目した拡張モデルを紹介した．確率論的モデルはBrown[6]により1963年に発表された．層別モデルや合成型モデルは，現在の部隊構成での戦闘を記述するのに適した

モデルであると思われる．現実的な様々な場面で活用されていると思われる．それゆえ，明確な出典は把握できていないが，1980年代にTaylorにより網羅的にまとめられた書籍[53, 54]を参考文献とした．さらに，非対称な兵力規模間の交戦モデルは，1930年代に森本[39]により，さらに50年以上経過して同じモデルがScales[52]により発表された．あえて非対称な兵力規模での戦闘に持ち込み，数的に優勢な状況で戦いに臨む戦法は，古くから何度も唱えられている戦理である．最近では戦闘車両の機動力の向上や情報技術の進歩により，敵兵力の分断と味方の防御，さらには精密な射撃の実施でこのような非対称規模の戦闘が現実のものとなってきている．定期的に見直される各国の戦略指針，例えば，米国統合参謀本部のJoint Visionなどでも，常時，構想されている．以上見てきたように，何人かの研究者が，その時代の運用要請に応じて様々な戦闘シーンへとモデルを拡張する研究を実施し，基本モデルに広がりを与えた．

第3章の事例分析の紹介では，はじめに，有名なJ.H.Engelによる硫黄島の戦闘経過の研究[13]を紹介した．さらにLepingwellによる1990年ころまでの事例研究の概要[32]を紹介した．その中の研究成果の1つであるKisiによる島嶼戦での分析手法[28]を詳しく解説した．事例研究には，交戦損耗データが不可欠であるが，戦場へのIT技術の導入により，交戦結果が以前にも増して容易かつ正確に入手できる環境が整いつつあるので，今後は収集データに基づく分析事例も増加していくものと思われる．

第4章では，より現代的な戦闘形態に着目して，Deitchmanによるゲリラ戦闘モデル[12]および，飯田と私との共同研究のミサイル打撃・防空モデル[23]を紹介した．第2章での兵力数の多寡の問題とは別の切り口で，戦闘技術に関して焦点を当てた結果，非対称モデルや3次則モデルが創出されたことは重要な成果である．

第5章では，モデルを記述するもう1つのパラメータである，撃破速度に関する研究を紹介した．撃破速度モデルの研究は1960年代から開始され，半世紀以上継続されている．Bonderによる微視的な組み立て[2]が端緒となり，最近のTaylorらの研究[55, 56]まで紹介した．また，それらの研究事例に基づく数値計算例として，我々が実施した卒業研究からの成果[40],[42]も紹介させていただいた．

第6章で紹介した一般化モデルは，1990年代になり登場してきたものである．第2次世界大戦での交戦損耗データが公開された時期でもあり，これらのデータを用いたクルスクの戦い，アルデンヌの戦い，バトル・オブ・ブリテンでの損耗の様子が，従来の整数次元の枠組から解き放たれたモデルにより記述された[4, 20, 26, 33, 34, 57]．この手法を参考にして，日露戦争陸戦に適用した卒業研究[30]の成果も紹介した．卒業研究の短い期間に防衛研究所に足を運んでデータ収集・分析を実施した労作である．

第7章も卒業研究での学生と私との共同研究の成果[46]である．我々が着想したピカソモデルに，真剣に向き合ってくれたことに対して謝意を申し上げる．

第8章は一般化モデルの価値を私なりに明確化し，現業に活用する状況例をイメージしたものをまとめた．状況をイメージしてみたものの，そのような場面が現実のものとなるまでには，まだまだ，多くの課題を克服しなければならないことは本文でも述べたとおりであるが，1つの指針として気にとめていただければありがたいと思っている．続く第9章は，ランチェスターモデルのあり方と今後の可能性についての私見をまとめたものである．私見ゆえに，間違った見方をしているかもしれない．また，研究の第一線から離れてかなりの時間が経過し，その間の研究をフォローしていないので，同じような見解がすでに発表されているかもしれない．最後の2つの章での主張は，長年，モデルと向き合ってきた経験に基づい

て記述したものであり,今後の研究される方々の何らかのヒントとなれば幸いである.

最後に,本文でもいくつか紹介させていただいたが,筆者が防衛大学校情報工学科に勤務した10年ほどの間に,卒業研究として実施したランチェスターモデル関連の研究タイトルを以下に紹介する.防衛大学校の学生の特性もあると思うが,いずれの学生も熱意を持って,各自がテーマとする戦闘状況でのモデル研究に取り組んでいただいた.改めて彼らの真摯な姿勢に謝意を示すとともに,その努力をたたえたい.

高野学生	戦術航空作戦における各攻撃段階での最適兵力配分
ソンブーン学生	非対称な防空・情報能力を考慮した決定論的ランチェスター・モデル
牧学生	ランチェスターモデルによる防大棒倒しの研究
塩谷学生	情報能力と打撃能力を考慮したランチェスターモデル
メーティー学生	ミサイル打撃・防空戦の確率論的ランチェスターモデル
川路学生	模擬戦闘シミュレーションモデルの構築
森田学生	日露戦争陸戦へのランチェスターモデルの適用
東福学生	各兵種の残存性が撃破速度に影響する戦術航空作戦の最適兵力配分
小笠原学生	情報能力の減耗が防空能力・攻撃能力の低下に波及するランチェスターモデル
東尾学生	非対称なミサイル打撃・防空戦の確率論的ランチェスタモデル
森屋学生	*Bonder & Farrell* の交戦規則に基づくランチェスターモデルの撃破速度シミュレーション
野間口学生	情報取得方式が撃破速度に影響を与えるランチェスターモデル
高須賀学生	陸上戦闘におけるネットワーク化部隊の連続状況モデル
藤原学生	目標精査により射撃精度を向上させたランチェスタモデル
武谷学生	*RMA* 環境下の市街地戦闘におけるランチェスタモデル

We didn't start the fire, No we didn't light it, But we tried to fight it.

—— Billy Joel, "We Didn't Start The Fire"

■著者略歴
小宮 享（こみや・とおる）

博士（工学）（東京工業大学）
元　防衛教官（防衛大学校情報工学科　准教授）
元　防衛庁技官（海上幕僚監部　分析主任研究官）

●本文使用絵画：Pablo Picasso「The Weeping Woman」
© 2019 - Succession Pablo Picasso - BCF(JAPAN)

●本文使用楽曲：WE DIDN'T START THE FIRE
Words by Billy Joel　　Music by Billy Joel
© Copyright JOELSONGS
All rights reserved. Used by permission.
Print rights for Japan administered by Yamaha Music Entertainment Holdings, Inc.
JASRAC 出　190418049 － 01

ランチェスターモデル

2019 年 7 月 17 日　　初版発行

著　者　　小宮 享
定　価　　2,850 円＋税
発行所　　株式会社　三恵社
　　　　　〒462-0056 愛知県名古屋市北区中丸町 2-24-1
　　　　　TEL 052-915-5211　FAX 052-915-5019
　　　　　URL http://www.sankeisha.com

本書を無断で複写・複製することを禁じます。　乱丁・落丁の場合はお取替えいたします。
Ⓒ2019 Toru Komiya　　　　　　　　　　　ISBN 978-4-86693-075-6 C3040